Agricaltural Policy Journalist 40 Years

農政記者四十年

食と農のララバイ、あるいは大震災十年とコロナ禍

伊本克宜 Imoto Katsuyoshi

農林統計協会

目　次

第3章　メガ FTA と「4面作戦」展開 ························· 63

■ 覚悟の緊急記者会見

■ 全農　新たな船出

■ 100兆円市場へ挑む

■ 商品開発「提携で周回遅れ挽回」

■ ホクレン「次の100年」と「共生の大地」

■ 十勝と記者40年の巡り合わせ

┃記者のつぶやき┃

第6章　農林族群像と農政

—　専門知識を有する自民農林族は農政展開に欠かせない存在だ。
　　時々の政権の曲折を経ながら、食と農を守る道への模索が続く。

■ 方向性示す農林族

■ 角栄のDNA

■ 石破に「このままでは飼い殺しになる」

■ 1993年政権交代「権力は簡単に地に墜ちる」

■ 多士済々な農林族群像

■ 誠実な谷津のエピソード

■ 先見の明あった松岡

■ 八面六臂の森山国対委員長

■ 豪腕・西川の〈光と影〉

■「進次郎の乱」と嵐の後

■ 農協〈参院3本の矢〉

■ 野党の農政通にも期待

■「政治とカネ」の陥穽

■ 農林族地図も地殻変動

┃記者のつぶやき┃

プロローグ

【ことば】

「過去は幻影としての刺激を保ちながら、その生命の光と動きを取り戻して現在となる」

———————ボードレール

「希望は日光に似ている。つまり、どちらも明るさだ。一つは荒んだ心の聖（きよ）い夢となり、一つは泥水に金の光を浮かべてくれる」

———————ヴェルレーヌ

「日の輝きと暴風雨とは、同じ空の違った表情に過ぎない。運命は甘いものにせよ、苦いものにせよ、好ましい糧として役立てよう」

———————ヘッセ

「頂上を目がける闘争それだけで、人間の心を満たすのには十分たりるのだ。いまや、シーシュポスは幸福なのだと思わねばならぬ」

———————カミュ『シーシュポスの神話』

「世界は粥で作られてはいない。君たちはぐずぐずするな。喉が詰まるか、消化するか。二つに一つだ」

———————ゲーテ

■ 政治が揺れ農政が動く

政治が揺れ動く。農政は政治と表裏一体だ。

6月に入って政府の重要経済指針である骨太の方針、成長戦略、規制緩和実施計画と農政に関連する重要事項も次々と決まる。

通常国会が閉会し、次の政局を探る動きが表面化していく。6月25日告示、7月4日投開票の〈第二国政選挙〉とされる東京都議選も迫る。7月4日は縁起の良い〈大安〉。米国独立記念日とも重なる。各党の勝敗は国政にも大きな影響を及ぼす。そして解散・総選挙が迫る。出来秋にはコメ過剰問題も深刻化しかねない。

こんな慌ただしい世相の中で、あえて長い歴史を振り返る『農政記者四十年』を著した。政治と農政は連動し共振する。激動の〈40年〉を俯瞰することも一定の意義を見いだせるかもしれない。

■「昭和」「平成」「令和」駆け抜けた

昭和最後の10年、平成の30年、そして令和と、元号にして三つ、40年以上にわたり日本農業新聞記者として農政課題を追いかけてきた。約1万5500日の日々は、喜怒哀楽の記者生活に彩りを添える。今、深い眠りに就くと、閉じたまぶたの〈銀幕〉にはその時々が人々の息づかいと共に映り出す。思えば多くの場面を、ある時は雪深い地で、ある時は日差しがまぶしい南方の島で、ある時は国際機関が集まるスイス・ジュネーブをはじめ外国の地で取材してきた。

■ 堆く積まれる「国会手帖」

自室の本棚に目をやれば、歳月のほこりをまとう漆黒の「国会手帖」

3

が30冊あまり積んである。ページをめくれば朝8時の自民党農林部会から始まり国会議員宿舎での夜回りまで1日のスケジュールが事細かく記してあるのに驚く。

　取材ノートは小型のA7版の背広の内ポケットに収まるものを常用した。その場でメモを取れない時には、忘れないため別の場所で、すぐ手軽に書くためだ。表紙に書き始めた日時を書いておく。1カ月で1冊。だから1年で12冊となる。この進度がこなせない場合は取材が足りない、人と会っていない証し。そう自らを戒めた。

■「明日」への架け橋に

　時々の人の言葉や生の声を交え40年の取材を振り返る。このことは、過去と現在を踏まえ食と農を巡る人の営みと時代を映す。未来へと続く「明日」を照射する架け橋の一助にならないか。本著はそんな試みから書き始めた。

■ 心の叫び刻んだコラム

　2021年の春、国内で戦後最大の惨事ともいえる東日本大震災から10年を迎えた。2011年、ふるさとの仙台を巨大波が襲う映像は講演先の大阪で見た。その数日後に書いた1面コラム「四季」に〈ふるさとはどうなったのか。友らは無事なのか〉と心情を吐露した。

　新聞コラムとは、これまでの経験と知識を織り交ぜ描く。ちょうど新聞を開く朝食時の食卓に吹く爽やかな微風でありたい。そう心がけてきた。だが10年前はそうはいかなかった。いや、ペンが自然にあの緑豊かな東北の「杜の都」の悲劇を嘆かせたかもしれない。大震災からの10年の歩みも本著で触れるが、関係者のインタビューは100人を超す。当

時、家族全てを失い「鬼の目」をした農業者は今、地域全体を包み込む「柔和」さを取り戻し前へ進む。そんな時の移り変わりも見てきた。

■ 大震災とパンデミック

　歴史の巡り合わせを改めて思う。大震災が起きた2011年3月11日から9年後の同じ3月11日に、国連の世界保健機関（WHO）は新型コロナウイルスで世界的大流行を示すパンデミック宣言を行う。識者からは「新型コロナは過度のグローバル社会が招いた」として、「グローバリズムの『復讐』が始まった」（佐伯啓思　京都大学名誉教授）などの指摘も相次いだ。

　世界が一瞬でつながるグローバル社会の利便さは危機の連鎖も伴う。便利は不便の裏返しでもある。コロナ禍の食料異変は改めて自国での食料生産、安定供給の重要性を我々に迫る。大災害と疫病の厄災と過度のグローバル化は結びついているのではないか。そんな中で、食と農の果たす本来の役割も考えたい。

■ どう生きるのか問う

　吉野源三郎の『君たちはどう生きるか』は長い歳月を経ても色あせることのない感動を与えてくれる本の一つだ。今年（2021年）没後40年を迎える昭和を代表する進歩的知識人で、岩波書店の雑誌『世界』初代編集長も務めた。同著に〈ある時、ある所で、君がある感動を受けたという繰りかえすことのない、ただ一度の経験の中に、その時だけにとどまらない意味のあることがわかって来る。それが、本当の君の思想というものだ〉。

　ちょうど40年前の記者を始めたころに逝った吉野とは何かの因縁が

あるのかもしれない。〈君は何のために生きるのか〉のルフランがいつも心に聞こえてくる。同時に、自分なりの「思想」とは何なのかとも思う。先の吉野の表現を借りれば感動と経験は「そのときだけにとどまらない意味」を持つ。40年の軌跡は、その試行錯誤の道のりとも重なる。

■ 農政は政治経済の〈連立方程式〉

　農政記者は名の通り、農業政策を取材するが、農政は農業政治でもある。産業活動を書く経済部でもあり、国会議員の当落を左右する農民票を巡り政治的な思惑が交錯する。そんな裏舞台も探る政治部の記者の素養も欠かせない。個人的には経済部4に対し政治部6の割合かもしれない。

　当然、与野党問わず政治家との付き合いも欠かせない。議院内閣制の日本にとって、政治家、農林議員に密着することは農政を理解することと表裏一体である。特に長年政権を握ってきた自民党は「事前審査制」という、国会に法案を提出する時に事前に自民政調の部会に諮り了承を得なければならない。実質はインナーと呼ばれる幹部会議で話は進むが、農林合同会議は激しい議論で有名だ。

　農政を貫くのは〈政治経済学〉と言っていい。経済合理性で物事が決まれば政治はいらない。今は相対取引などが中心だが、かつての米価、乳価などの政策価格は、この〈政治経済学〉の典型だった。農業者の経済状況、国政選挙の有無、農業団体の要求など、さまざまな要素を組み合わせた〈連立方程式〉から答えを導く。むろん基本は、決められた算定方式に基づき生産コストなどをもとに算出するが、出てくる答えは特定の変数などを加え政治的意向を映す。

■ 多くの農林族を取材

　本著では何十人もの政治家、特に多くの農林族も登場する。40年間を通じて思うのは、農業問題の複雑さと利害調整の難しさだ。だから、議論百出を一つの解に導きまとめ上げる農林幹部を務めれば、政治力は抜群となる。農林幹部経験の政治家たちが後に大物となるのは、こういった勉強と試練と訓練を経たからに他ならない。

　現在なら二階俊博自民党幹事長と共に菅政権の流れを作った元農相の森山裕国対委員長などは典型だろう。与野党問わず人の話に丁寧に耳を傾け信頼が厚く、難しい国会運営を支えてきた。今も自民党本部などで出会うと、忙しくても少しの時間を割いてくれる実直な性格だ。かつて重要閣僚を歴任した中川昭一が自民農林幹部の時に、農業予算上積みへ財政当局に「情か理か」と迫ったが、「情も理も」こそが本質だ。こうした政治経済学のバランス感覚が農政を動かす。

■ 長く農業団体を拠点に

　長く農業団体に拠点を据え取材活動をしてきた。JAグループの司令塔であるJA全中とは特に関わり深い。歴代の全中会長とは、ほぼ二人きりで意見交換する場を続けてきた。本著でもいくつかの場面に触れるが、こうした記者はほとんど例がない。時に意見の相違もあったが、率直な関わり合いは系統組織の活力にも多少は役立ってきたと思いたい。試練の時を経て今、地域農業振興に力を発揮するJA全農。将来的には生産から販売までの食農バリューチェーン構築を目指す。全農取材を30年以上続けてきた。新聞記者としては前代未聞の長さだが、生産現場と食の最前線で新たな挑戦を続ける最新の動きも紹介したい。

■「ミスターノーキョー」と呼ばれて

　記者は客観的で包括的な話題を提供し、判断は読者に任せる仕事である。だが、世論を二分する時には立ち位置は鮮明にする必要がある。農政課題の中でも市場開放、自由化問題で食料、農業、農村を守る姿勢を示すのは当然だろう。特に、ニュースの持つ意味を解き明かす解説、世論をつくる論説ではなおさらだ。論説委員長をはじめ、論説委員室にも11年近く在籍した。取材を通じ、周りの報道記者たちからは、愛称も兼ね「ミスターノーキョー」と呼ばれたこともある。『坂の上の雲』を書いた国民的な作家・司馬遼太郎は新聞記者出身。〈無償の功名心〉と記者の本質を突く。確かにそう思う。「ミスタードーナツ」ならぬ「ミスターノーキョー」は、農政記者、言論人としてもちょっぴり誇らしい気もする。

　明治の社会主義者に堺利彦がいる。権力の謀略ともされる「大逆事件」で親友・幸徳秋水らを失いながらも、平等社会を求め仲間を募り、粘り強い活動を終生やめなかった人物だ。アイロニーに満ちた名の「売文社」を立ち上げ、文筆活動を続けたジャーナリストでもある。堺が晩年、好んで揮毫した言葉に「棄石埋草」の四字。〈きせきまいそう〉と読むが、まさに捨て石となり埋め草となる。思想や理想のために自らが犠牲になる覚悟を示した。そんな心情も心に届く。一途さは、ある意味で記者にとって前に進むエネルギー、熱量を与えてくれる。

■「明日」への子守り歌

　副題の〈食と農のララバイ〉は少し説明が必要だろう。
　子守り歌を指すこのララバイ、旋律は眠らせるためだけではない。明日の夜明けを迎える準備でもある。跳ぶために縮む。その不可欠な〈符号〉でもあるのだ。

　いつも「跳ぶために縮む」ことを教えてくれ、前を向く勇気をくれるシンガーソングライター・中島みゆきのいくつもの歌を思い浮かべた。代表曲の一つ「ララバイ SINGER」。歌詞に右の翼は悲しみを忘れさせる夜。左の翼は忘れたくなかった人を思い出させる海。そして〈歌ってもらえるあてがなければ人は自ら歌びとになる　どんなにひどい雨の中でも自分の声は聞こえるからね〉〈ララバイ　ララバイ　眠れ心　ララバイ　ララバイ　すぐ明日になる〉。副題の〈食と農のララバイ〉は明日に向けた子守り歌でもあろう。それを考え書き留める著書がなければ〈自ら歌びと〉、つまりは〈自ら書きびと〉となり筆を執るしかない。それが、農政記者40年という年輪を刻み、緑の葉や実を付けるやや大きな木に育った者の、せめてもの役割ではないかとも思う。

　同じ中島の「地上の星」はNHKの「プロジェクトX　挑戦者たち」の主題歌としても知られる。〈地上にある星を誰も覚えていない　人は空ばかり見てる〉と奏でる歌に登場する〈水底のシリウス〉とは何者なのか。シリウスは、おおいぬ座で最も明るく凍てつく夜空に輝く冬の大三角形の中心を成す。湖底深く沈むシリウスの輝きは、満月の夜に銀貨を蒔いたように湖面に彩りを添えるさざ波を、より美しく演出しているに違いない。こんな〈水底のシリウス〉の存在感も意識したい。

　40年前の駆け出しの頃、初赴任地の札幌で、まだ地元の北海道を活動拠点にしていたデビュー間もない中島に会う。既にスケールの大きい名曲「時代」で有名だったが、決してテレビに出ず名前と顔が一致しない。「農政記者四十年」の歴史とも因縁深い。ほぼ同年代の日本を代表する二人の歌姫、中島みゆきとユーミンこと松任谷由実。イメージで言うと、中島は地方的で「吉野家の牛丼」、ユーミンは都会的で「ミスタードーナツ」と関連本にある。なるほど「吉野家の牛丼」「ミスタードーナツ」とは言い得て妙である。やはり米と牛。道産子の中島には何となく親近感がわく。副題に絡めた所以でもある。

■『農業問題』に目覚める

　深遠で資本主義の本質を突く農業問題に導いてくれたいくつかの出来事があった。

　大学時代、社会問題にしか関心を示さずあまり勉強熱心とはいえない学生を農業問題に引き込んだ最初は、東京・神田の古書街で手にした一冊の本との出会いからだ。大内力の『農業問題』（岩波全書）は、コンパクトながら読み進むうちに、社会の全てが詰まっているような興奮を覚えた。

　書名はドイツ社民党の理論家で資本主義と農業問題の関わりを掘り下げたカール・カウツキーにならう。大内は日本のマルクス経済学を世界水準に引き上げた宇野弘蔵の高弟。父は著名なマルクス財政学者で法政大学総長を務めた大内兵衛。兵衛は護憲派としても知られた。

■ 国独資下の農業課題

　大内は宇野経済学の「原理論」「段階論」「現状分析」という独自の〈三段階論〉を駆使し、日本の農業問題を解き明かす試みに力を入れた。マル経学者にして名文家でもあった。

　1918年と日本の歴史に残る「米騒動」の年に生まれた。そのためでもなかろうが、農業経済学を掘り下げ、「現状分析」の成果では『国家独占資本主義』という名著を書いた。大内の最晩年、総評（当時）関連の労組の集まりで話を交わした。「日本農業は危機的状況。もっと日農が頑張らないと」と諭された。今もあの低い声が耳に残る。

■「健土健民」理念の変遷

　もう一つの本は大島清の『米と牛乳の経済学』（岩波新書）だ。大島の先見は、米と牛乳、つまりは耕種農業と酪農など畜産の結びつきこそが、日本農業に展望を与えることを示した。今に続く日本農業の根本問題を言い当てた。地域ぐるみの水田農業確立、耕畜連携の実現は急務の課題だ。以来40年、農業問題を追い、特に「米と牛乳の経済学」を軸に日本農業はどうあるべきかが取材テーマとなった。

　かつて世界的な食品メーカーとして存在感を持った雪印乳業。利益追求に偏重し、やがて企業のあるべき姿から道を踏み外す。大手商系メーカーに対抗し北海道・十勝の農民は自分たちの手で農民資本の農協乳業を設立する。今のよつ葉乳業だ。NHK連続ドラマ小説「なつぞら」で

写真1　農民資本による北海道協同乳業（よつ葉乳業提供）

写真2　現在の最新鋭のよつ葉乳業工場（よつ葉乳業提供）

も取り上げられた。雪印は現在、農林中金や全農などの支援も得て雪印メグミルクとして新生した。酪農と乳業の発展と対立、再生の象徴である。その経過も描く。農と食を考える道程でもあるからだ。

■ 酪農の父取材の最後の記者

雪印メグミルクは2025年に創業100年を迎える。元々は生乳加工を通じて道内酪農の振興を第一義的に掲げた創業者の黒沢酉蔵は、崇高な理念を持ち「健土健民」を掲げた。

健やかな土から健康な国民が育つ。核となる役割を担うのが酪農と乳業であるとの意

写真3　変遷を経て新生・雪印メグミルクは酪農支援にも力を入れる

味を込めた。土づくり、草づくり、牛づくりの循環農業を説いた「健土健民」は今にも通じる普遍的なスローガン。北海道酪農の父とされる黒沢に生前に会った最後の記者ともなった。

入院していた札幌医科大病院を訪ねたが、伝説的な人物だけにあごひげが長くまさに仙人に見えた。写真を撮ろうとすると、案内した酉蔵の息子の黒沢信次郎サツラク組合長（当時）は「だめだ。フラッシュをたけば死にかねない」と制された。そんな様々な経過のある雪印を取材してからも40年となる。

■「埋火」の思い消えず

〈うずみび〉と読む埋火は意味深い二字だ。灰の中にあり燃えつづけ

る炭火を指す。5年前の2016年、101歳で逝った孤高のジャーナリストむのたけじは、大内とほぼ同年代だ。菅首相と同郷の秋田で反戦・平和を貫いた。残した言葉の一つに〈烈火は消えやすいが、埋火は消えにくい〉。〈埋み火〉に例え、一過性でない粘り強い平和運動の必要性を説いた。

経済学者とジャーナリストと履歴は違うが、晩年の大内の著書に『埋火　大内力回顧録』(生活経済政策研究所)がある。同様の意味合いでタイトルにした。二人が偶然にも使った同じ二字。振り返れば「農政記者四十年」の足跡も、元気な地域への農業振興、食料自給率向上を目指した細々とした炎でも決して消えない〈火だね〉を糧に暗闇を手探りで進んだ道だったかもしれない。

■ 複眼思考と「二つの道」

物事の事象は常に複雑で多面体だ。本質を探ろうとすれば複眼思考が欠かせない。いくつかの選択肢を持つべきである。奇異に感じたのは、例えば安倍長期政権時の「この道しかない」という決めつけ。いや別の道があるはずだ。「二つの道」を見比べ慎重に判断していかねばならない。違った方向だと気づけば、引き返し別の道を歩むことが必要だろう。

1世紀あまり前に世界初の社会主義革命、ロシア革命を主導したレーニンは農業の「二つの道」を〈アメリカ型〉と〈プロシア型〉と見た。現代中国建国の父・孫文は〈アジアの王道〉と〈欧米の覇道〉に分けた。環境問題の危機を説いたレイチェル・カーソンの『沈黙の春』は終章で「別の道」を挙げ、経済効率追求の道から脱し〈地球の安全〉を守る道を行くべきだと強調した。

例年、年明けに世界の経済人がスイスの保養地に集うダボス会議。主宰するクラウス・シュワブですら近著『グレート・リセット』で新型コ

ロナウイルス後の社会を気候変動に対応した環境重視型に大転換、まさに〈グレート・リセット〉すべきと唱える。こんな中で、日本の食と農はどうあるべきなのかも考えたい。

■〈農レス社会〉でいいのか

　地域で農業が成り立たない社会でいいのか。農業が衰退する〈農レス社会〉は国家の安全保障上も大きな問題だ。農業の成長産業化で一部の農業者だけが発展するのでは不十分だ。地域全体の生産力の底上げが欠かせない。大規模農家も集落営農も中小家族農家も全体が前を向き、明日へ希望を持つ政策、農政こそが問われなければならない。微力ながら、本著はそれを模索したい。

■ 農政史の〈証言〉目指す

　この本は、時系列に重大事項を追う、いわゆる農政史とは異なることをお断りしておく。記者個人が関わった自分史の趣が色濃い。半面で農政を決定づける様々な場面に立ち会い、歴史の証言の側面もある。
　2020年秋まで所属した日本農業新聞は、農村と地域に明かりを灯し続け今年で紙齢93年を刻む。日刊農業専門紙は世界でも類がない。昭和初期の農村不況のただ中で、農業者や関係者に正確な市況情報を届けるなどの役割を担うために産声を上げた。私個人の記者40年史は日本農業新聞の社史の一部分でもあろう。
　40年余の歳月には、ここに登場し取材を重ねた中で鬼籍に入った方も少なくない。改めてご冥福をお祈りしたい。（敬称略）

第1章　遙かなる「食料安保への道」

【ことば】

「人口は幾何級数的に増加するが、食料は算術級数的にしか増加しない」

―――――マルサス『人口論』

「歴史とは現在と過去との絶え間ない対話である」

―――― E・H・カー『歴史とは何か』

「ここで地球は一個の宇宙船となり、無限の蓄えはどこにもなく、採掘するための場所も汚染するための場所もない。それゆえ、この経済の中では、人間は循環する生態系やシステムの中にいることを理解するのだ」

―――――ケネス・E・ボールディング

エッセイ『来たるべき宇宙船地球号の経済学』

■ 1995 年国連 FAO 半世紀

・「自国の食料主権は当然」と FAO 事務局長

　今日の日本は見かけ上の飽食という「砂上の楼閣」の中にある。2020年春に襲いかかった〈コロナ・ショック〉は、そんな日本の食と農の危うい実態をさらけ出した。そこで、「農政記者四十年」の物語はまず、食料安全保障を柱に据えた国際問題と貿易自由化の話題から始めるのがいいだろう。

　自宅書斎でうず高く積み上がった A7 版の取材ノートを点検していると、古く黄ばんだ「FAO 取材ノート」が見つかった。読み進むうちに〈今〉に通じる出来事をメモしインタビューしたものだとわかり、当時の様子が天然色を伴いよみがえってきた。

　国内農業に脅威を与える農業自由化の流れが止まらない。今年 1 月には日英経済連携協定（EPA）が発効した。バイデン新政権の下で日米貿易協定の再協議も始まるだろう。日本の通商交渉は「4 面作戦」とされる。

　米国が抜けた環太平洋連携協定（TPP）11 カ国、欧州連合（EU）との EPA、米国、さらには東アジアを中心とした地域包括的連携協議（RCEP）を想定してきた。米中対立の中で RCEP もインドが離脱ながら RCEP 合意となった。この中には中国、韓国も入っており、実質的な日中韓 EPA の役割も果たす。そして EU を離脱する英国は TPP 参加も表明した。

　要するに日本は、南米などの主要国を除き全世界規模で市場を開放したことになる。いわば正真正銘の〈農業総自由化〉時代に突入する。

・日本の市場開放深化

　自由化の巨大波が日本農業を襲う構図は、日本が先進国として経済発展する中で深化していった。自由化品目が拡大し続け、特に 7 年半に及

ぶガット・ウルグアイラウンドの国際交渉で決定的となる。地域の特産品目である12品目を巡るガット「クロ裁定」、日米牛肉オレンジ交渉、さらには「例外なき関税化」を掲げた1993年のガット農業交渉妥結で聖域だったコメ部分開放に至った。コメは後に政治判断を経て、関税化する。

このように、特に日米経済摩擦激化に伴う1980年代後半から続いた多くの日米交渉も大きな突破口に、農業分野は自由化に次ぐ自由化の嵐にさらされた。こうした中で、直接取材に加わった1990年代を振り返りたい。日本農業にとっては国際競争の荒波に直面する決定的な選択を迫られた「怒濤の90年代」と言ってもいい。

・**朱色に染まるケベック**

先の「FAOノート」の話は93年の農業交渉妥結、ガットを改組し今日の世界貿易機関（WTO）を経た、1995年秋のカナダ・ケベックシティーでの取材のやり取りが30ページあまりにわたり記されている。

舞台は、ヨーロッパ風の古都ケベック旧市街のセントローレンス川沿いに建ち、数々の歴史的会談や映画撮影でも使われた高級ホテルのシャトー・フロンテナック。名の通り城のような偉容を誇る。

主な登場人物はアフリカ初のFAO事務局長となったジャック・ディウフ、松岡利勝農水政務次官、豊田計全中会長である。

世界は農業自由化の流れの一方で、その反動も大きくなっていた。自由化は欧米などの農産物輸出国ばかりを利した。そんな中で国連は、人々の命の糧「食料」に照準を当てた初の国際会議開催へ動き出した。96年のローマでの世界食料サミットである。そこで世界食料サミットへの道のりをみたい。

世界食料サミット1年前の95年秋、国連はカナダで国連食糧農業機関（FAO）の50周年記念式典を開く。サミット前段の各国の意思統一

も兼ねた。

　カナダを訪ねて驚いた。まずは国土の広さだ。米国に覆いかぶさるようにあり、米国との政治、経済的な一体感は強い。復路はエア・カナダで横断すると、食事が何度も出て時計の針の修正を求められる。それもそのはずだ。国土はロシアに次ぐ世界2位の広さだ。

　FAO 50周年式典会場となる東端にあるケベックへ。往路は高速バスなどを利用した。濃緑色の針葉樹に混ざり赤、黄、あるいは様々な色が重なり合った広葉樹の木々がどこまでも続く。紅葉が美しい。情緒ある日本の秋とは趣が異なるが、これほど秋の美しい国はそれほどあるまい。カナダの国旗のメープル（サトウカエデ）は見事な朱色で同国を訪れる人を迎える貴公子の役割を果たす。樹木から採取する甘味は特産品のメープルシロップとして国の代表的なお土産品ともなる。

・飢餓減らし食料安保どう保つか

　FAO 50周年記念式典は四半世紀前の出来事だが、今なお深刻な課題を大きなテーマに据えた。アフリカ・サハラ以南と南アジアを中心に8億人を数える飢餓人口をどう減らし、揺らぐ世界規模の安全保障をどう確立していくのか。100カ国以上の要人が一堂に会す。式典を前後して各シンポジウムも開かれ、多角的な農業、食料問題を本格的に論議する初めての国際会議の様相を呈した。日本からは全中をはじめ農業団体、非政府組織（NGO）が参加した。

写真 1-1　1996 年の初の世界食料サミット
（ローマで著者と FAO 広報部長）

会議締めくくりの記者会見でFAO事務局長のディウフは能弁でエネルギッシュだった。アフリカ・セネガル出身であり、目の前で多くの貧困、食糧難の悲劇を見てきた。それだけに、飢餓人口撲滅、先進国と途上国の貧困格差解消、食料の増産と適正な分配、何よりも各国の安定的な農業生産が、世界の人の命を守るという信念で貫かれていた。

　各国の記者たちが次々質問する中で、筆者はこう尋ねた。「日本は先進国だが農産物輸入大国でもある。主食のコメをはじめ国内でできるだけ農業生産を維持、確保することが、日本の安全保障、ひいては世界の食料安保につながるのではないか。どう思うか」と。彼は即答した。「日本は先進国でも農産物輸出国の欧米と立場が違うのは理解している。食料主権の主張は当然だろう」と食料自給率向上の動きに理解を示した。

・コロナ禍で悲劇増す

　2019年夏、食料安保に尽力してきたディウフが亡くなる。享年81。悲報に接した時、四半世紀前の彼の熱量がよみがえった。だがその後、世界は一進一退を繰りかえしながら飢餓撲滅はなかなか進まない。コロナ禍でむしろ食料を持たざる国の悲劇は深みを増す。

　国際機関の実質的トップである事務局長人事の動向が気に掛かる。中国の存在感が強まり、米中紛争は世界経済の覇権争奪戦とつながる。中国の戦略の一つが国際機関への人材配置、ポストを抑え、今後の対応を優位に進めることにある。そんなことを改めて認識するのは、FAOの現在の事務局長が中国出身の屈冬玉であることとも関連する。むろん、屈事務局長が国際機関の公的立場で振る舞っているはずだが、中国とは対照的に自給率38％と先進国最低の異常国家ニッポンの存在感は薄まるばかりだ。世界的な食料問題の展開次第で日本にも大きな影響を及ぼす。FAOでも日本の存在感を高める努力は一段と問われる。

・水田守ることが安保の土台

　全中の豊田計会長はこの時、翌年のローマにおける初の試みである世界食料サミット開催を見据えていた。1995年の50年式典を前後して各国農業団体、NGOなどと精力的な意見交換を続け、日本の農業団体の意見を浸透させようと努めた。いわば世界中が注目するはずの食料サミットの世論づくりを狙う。何度か豊田にインタビューした。豊田は「FAOの論議が途上国問題一色になってはいけない。各国の持続的な農業生産構築、自給率向上こそが世界の食料安保に貢献する。大量の食料品、穀物を輸入する今の日本経済のあり方は早晩立ちいかなくなる。コメ自給、水田を守ることこそが食料安保の土台になるはずだ」と重ねて強調した。こうした考えは、後述するが現在の中家徹全中会長にも、地域内自給を目指す「地産地消」から一歩踏み出し、国民が消費する食料は国内で極力生産、供給していくことを意味する「国消国産」の形で脈々

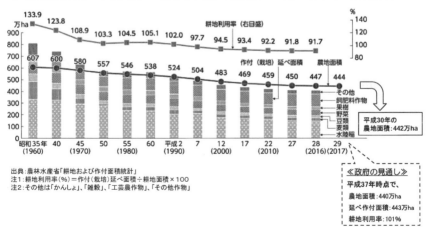

図表1-1　食料安保の基本が揺らぐ農地・人の減少（全中資料より）

「持続可能な食と地域づくり」に向けたJAグループの取り組みと提案
～「食料安全保障」に資する基本政策と取り組みの展開方向～【イメージ①】

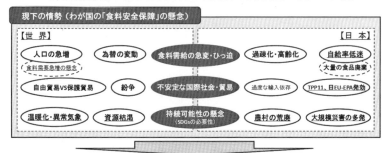

以上の現状をふまえ、JAグループは、現在進めている「JAの創造的自己改革」の実践とともに、「持続可能な食と地域づくり（食料安全保障の確立）」に向けた取り組みと提案を行っていきます。

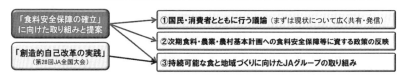

図表1-2　食料安保提言・展開方向（全中資料より）

「持続可能な食と地域づくり」に向けたJAグループの取り組みと提案
～「食料安全保障」に資する基本政策と取り組みの展開方向～【イメージ②】

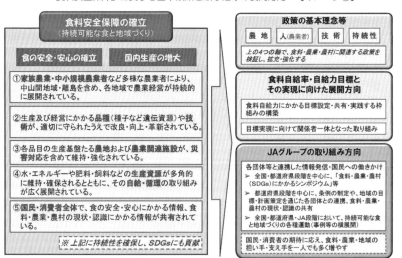

図表1-3　食料安保の基本が揺らぐ農地・人の減少（全中資料より）

と引き継がれる。

・日本代表は農林族・松岡政務次官

　同式典に日本政府を代表して来たのが松岡農水政務次官だ。滞在したホテルでインタビューするが、約束の時間よりも2時間遅れで現われた。夕闇が迫っていた。

　訊けば、せっかくのカナダ訪問なので『赤毛のアン』の舞台となったセントローレンス湾に浮かぶ小さな島プリンスエドワード島に行ったが、往復に思わぬ時間がかかったと頭を下げた。作者ルーシー・モンゴメリのふるさとで「世界で一番美しい場所」と表現しただけに、松岡は豊かな自然に見とれたとも話した。

　日本では、同著を訳した村岡花子の生涯をたどったNHK連続テレビ小説「花子とアン」でも有名となった。いつも前向きで夢多き少女アンの忘れがたい台詞にこうある。まだ見ぬ未来に希望をつなぎ、「曲がり角の向こうにはきっと良いことがあると思うの」と。松岡がこんなことを知っていたか分からないが、インタビューは1時間とってくれた。

・食料輸入国の立場強調

　松岡が熱弁したのは世界の食料問題と日本の立ち位置だ。人口、環境、食料は地球規模で大きな課題となっていた。「21世紀も想定し各国と議論を深める。食料輸入先進国として、このままでの自給率低下は看過できない。世界の食料問題に影響するからだ。日本としてコメをはじめ基礎的食料をできるだけ自給する努力は欠かせない」。政治姿勢として地域と農業・農村を守る立場を鮮明にしてきただけに、この世界の舞台での自らの役割に意気込みを感じたのだろう。

・FAO 会議 12 年後に 〈暗転〉

　あの時から 12 年後の 2007 年に運命は暗転する。松岡は九州・熊本出身の衆院議員で農水省の林野技官出身。自民農林幹部としても様々な農政立案に関わってきた。後に第一次安倍内閣で念願の農相に就任するが、「カネと政治」を巡る疑惑の国会追及のさなかに自死した。個人的にも旧知の関係で、よく米価、乳価決定などの情報を取りに議員会館や議員宿舎を訪ねた。特に畜産には熱心で、財政当局ににらみを効かし農政でも独自の見解を持っていた。議員会館の部屋で「役所はこう言って政策価格を押さえ込むはずだが、農家実態を踏まえ特段の配慮が必要だ」などと話すと、「そうだな。何か知恵はあるか」などと応じ肝も据わっていた。2007 年 5 月逝く。享年 62 の若さ。同年 3 月に会った時には、「少し時間があいたら一杯やろう。またいろいろ聞かせてくれ」と話を交わした 2 カ月あまり後の突然の死だった。

■ ローマで世界初の食料サミット

・マスコミ 1000 人超す

　1996 年、ローマで初の世界食料サミット。世界中から要人が続々と集まる。180 カ国以上、先進国はフランス、イタリア、スイス以外は大臣クラスの出席。一方で途上国は 40 を超す国家元首、30 を超す首相が出席した。食料を巡る先進国と途上国の温度差が改めて浮き彫りとなる。

　それに環境保護団体、農業団体、労働組合など NGO も多数詰めかけた。日本からは全中をはじめ農業団体が参加した。各国のマスコミは 1000 人を超す。

・ラテン語で「人々に食べ物あれ」

　関係者に記念の特注メダルが配られた。中央に食料を象徴する麦の穂

をあしらう FAO のシンボルマーク。〈fiat panis〉の文字。ラテン語で「人々に食べ物あれ」と言う意味を持つ。FAO の活動指針とも重なる言葉である。いまでも自宅に大切に持っている。このメダルを見るたびに、当時の熱気と時の流れを思う。

・巨漢カストロは先進国に激怒

　注目したのは当時、世界で最も有名な2人の動向だ。1人はキューバのカストロ首相、もう1人はリビアのカダフィ大佐。両者とも米国と敵対し、出国は身の危険も伴いかねない。それでも直前までサミット出席の意向を示していた。食料の安定確保は他の大半の途上国同様に両国にとって死活問題につながる。それに、初の食料サミットで意見表明の機会を得ることは、自身のアピールの舞台でもあり、国内外で存在感が増すことを意味した。はたして2人は来るのか、いや正確には来られるのか。

　カストロを乗せた特別機がキューバを出発しローマに向かっているとの情報が入る。カストロは来る。そして世界の要人を前に大演説をぶつ。

・カダフィは来なかった

　実際はキューバ政府が発表するだいぶ以前に飛行機は出発していた。時刻を知らせれば米国の迎撃ミサイルを受ける可能性がある。それで偽情報を流したのだろう。おとりの飛行機も数機飛ばしたに違いない。一方で、カダフィは結局現われなかった。距離にすればキューバよりリビアははるかにローマに近い。それでも警戒して出国しなかったのは、彼の置かれている厳しい立場の表れでもある。カダフィは後に米国などの支援を受けた反政府勢力の攻撃で死に至る。食料サミットから15年後の2011年のことだ。

　緊迫の国際情勢の中でのサミット。登壇したカストロはやはり巨漢

だった。だがさすがに老いが目立つ。暗殺を防ぐボディーガードは数人。自国の屈強な男たちとイタリア政府の警察に囲まれながら演説が始まった。カメラマンがフラッシュをたくたびに、警戒するボディーガードの目が鋭さを増す。登壇と演説終了後に会場は割れんばかりの拍手と歓声に包まれた。米国に立ち向かう第三世界の英雄そのものだ。

　「飢餓は富の不公正な分配と不正義からきている」と切り出し、「多くの人が餓死や病気で死んでいくのに、食料や医療を含めばかげた封鎖が行われているのはなぜか」と米国が続ける経済封鎖を批判の矢面に挙げ、人道上も許されないと転換を迫った。最後に「毎日が餓死している人に教会の鐘は鳴っているが、我々が賢明でなければ全ての人類に（餓死者としての）鐘が鳴るだろう」と、まさに食料を武器にする姿勢に〈警鐘〉を鳴らした。

・護衛に跳ね返される

　カストロに個別インタビューしたい。そう思ったが、分厚い護衛に跳ね返された。彼の宿泊したホテル前には亡命キューバ人らによるカストロ糾弾のデモも起きた。

■ 誰が中国を養うのか

　サミットで大きな話題となったのは12億人（当時）の巨大な胃袋を持つ人口大国・中国の対応だ。同国が世界中から穀物や食肉をこのまま大量に買い続ければ、途上国の飢餓はさらに深刻となりかねない。

・李鵬首相は「自給」強弁

　李鵬首相は中国が農業振興を強力に推し進め食料輸入国から脱する決意を示した。李鵬は、1989年6月の北京の天安門広場に集結していた

学生らを中国人民軍が鎮圧した天安門事件で、民主派弾圧の強硬路線を主導した人物としても知られる。その後の中国は西側からの批判を受け、経済制裁などで苦境に立たされた。

　サミットで李鵬は、中国発食料危機説を否定し自給をことさら強調した。背景には、米国民間シンクタンクのレスター・R・ブラウンの著書『誰が中国を養うのか?』が反響を呼んだことがある。サミットの2年前、1994年に発刊し、日本では翌年95年暮に訳本が出て大きな話題となった。副題は「迫りくる食糧危機の時代」である。

・問われる「民以食為天」

　実際に中国は歴史上何度も深刻な飢餓を経験してきた。そこで古くから「為政之要、首在足食」(政治の要諦はまず民の食を足らしめることにある)や「民以食為天」(民は食をもって天となす)などの言葉が語り継がれてきた。食の不安定が続けば共産党一党支配を揺るがしかねない。

　サミットの演説でもブラウン博士の警告に中国は過敏に反応した。ブラウンはローマでのNGO会議などに参加し、先の豊田全中会長の招きで訪日もして会長の地元の栃木県内の農村も回った。同行取材したが、彼は中国による食の爆買いパワーの脅威を語りながら「日本の自給率の低さは異常だ。もっと国内農業の振興をすべき」と懸念を繰り返した。サービス精神旺盛で、彼とは国内外で幾度か接したが、長時間の取材にいやな顔一つせず応じた。「いいよ、いいよ。君らジャーナリストはいつも『これが最後の質問』と言ってからが、長いよね」と言いながら。

・WFPから「世界中どこにでも案内」

　サミット取材期間中で改めて思い出すのは国連食糧計画(WFP)との会話だ。ローマのレストランで会食していると、たまたま隣席で日本

人スタッフを含めた WFP 関係者らと居合わせた。WFP は飢餓の現場に食料を届ける国連の人道機関。60 年前の 1961 年に FAO などの協力で創設された。だから本部は同じローマにある。

WFP スタッフからこう声をかけられた。「飢餓の実相、食料問題の深刻さを取材するのなら喜んで協力しますよ。アフリカ、南アジア。世界中の途上国のどこでもジープで案内しますよ」。そしてこう付け加えることを忘れなかった。「ただしどこに地雷が埋まっているのかは分かりませんが。紛争の前線こそ飢餓の温床です」と。彼らは体を張って〈命の糧〉を子供たちなど社会的弱者に届けようとしているのだ。それを極力応援するのは先進国の責任でもある。

■ 食料は平和への道

先進国最低の食料自給率の「異常国家ニッポン」。足りなければ買う。そんな経済行為は途上国の飢餓問題を一層深刻にしかねない。途上国への食料援助と共に、まず出来る限りの自国での農業生産確保、自給率底上げの努力が問われる所以でもあろう。

・WFP ノーベル平和賞

うれしいニュースが昨年末飛び込んできた。WFP が 2020 年ノーベル平和賞に輝いたのだ。12 月の授賞式でビーズリー事務局長は「われわれは食料が平和への道だと信じている」と強調。「気候変動やコロナ禍で 2 億 7000 万人が飢餓の瀬戸際にある」と指摘し国際社会に支援を求めた。

WFP は年間 80 カ国の 1 億人を支援し、配布する食料は年間約 150 億食に上る。トラック 5600 台、船舶 30 隻、航空機 100 機を稼働させ、約 2 万人の職員のうち 9 割は支援対象国に拠点を置く。活動資金は各国の拠出金や個人の寄付などで賄われる仕組み。いわば飢餓なき世界を目指

す平和の戦士ら。それにしても〈食料＝平和〉の指摘は心に響く。

・「武器」としての食料も顕在化

　ローマでの食料サミットから四半世紀が経つ。ブラウンの懸念はますます現実のものとなり、自給率が40％を切る「異常国家ニッポン」の食と農の実態は深刻さを増す。一方で中国は重要品目の自給を進めながら、大豆やトウモロコシ、牛肉、さらにはマグロなど大量の輸入を続ける。高級水産物で日本の買い負けは明らかだ。

　米中貿易戦争激化のトランプ時代は、食料を経済制裁の武器とする動きが一段と強まった。農業大国オーストラリアは、中国の意にそぐわないため対中輸出を大幅に削減された。中国の14億人の巨大な胃袋の動向は、武器としての食料を一層際立たせている。日本もこのままの食料輸入依存は、国家の安全保障上も大きな問題だ。

　食料安保は軍事、エネルギーと並ぶ国家存続の礎ととらえるべきだ。だが食料サミットを経て飢餓人口の半減、自国食料のできるだけの自給を確認しても、事態は一向に好転しない。

　現実は〈遙かなる食料安保〉のままだ。

■ 利害激突ローマ首脳会議

・遺跡の街・ローマ

　イタリアはこれまでも『1日3ドル旅行』『地球の歩き方』などのガイドブックを抱え、欧州の特急列車を自由に利用できるユーレイルパスを胸に、バックパッキングで学生時代から何度か訪ねた。日本人にとって居心地の良い国の一つだ。まずは食べ物。スパゲティーに代表される日本人が大好きなパスタ、ピザの聖地である。ヴィーノロッソ（赤ワイン）などうまくて安いワインが豊富。おしゃれで色彩豊かな衣服、小物、

革製品も手軽な値段で買える。物価が安い。

　人々の性格は一様に明るい。ドイツなどに比べ気候が温暖。何より古代ローマ、さらにはルネサンスの遺産を受け継ぐ歴史、芸術、文化の宝庫だ。社会科の教科書で見てきた有名な作品が目の前で見られる。こんなローマでのサミットである。

　サミット会場のFAO本部周辺はやはりローマならではの事態が起きていた。すぐそばの地下鉄延伸工事は中断中だ。重機での掘削中に古代の遺跡が見つかり、工事をこれ以上進めることができなくなっていたのだ。そんなことはローマ中でしょっちゅうあるという。

　FAO本部のすぐ近くには古代ローマの遺跡群フォロ・ロマーノ。かつてジュリアス・シーザーが執政を行い様々な栄枯盛衰を映す。悠久の歴史を刻むこの地での食料サミット開催は、抽象論に終始したとはいえ画期的な出来事だったと思いたい。

・「貿易偏重」に日本は抵抗

　サミット宣言草案づくりなどで最も対立したのは、今にもつながる食料安保を巡る解釈だ。

　主張の違いは各国代表の演説内容で明らかだった。米国クリントン政権のグリックマン農務長官は、いわば机上の経済理論である比較優位の原則を持ち出し貿易の重要性を強調。「貿易は食料安保の達成に不可欠だ。保護主義や孤立主義が正しい答えでないことは歴史が証明している。全ての農家が世界市場で競争できるように力をつけるべきだ」と声を大にした。大きいことは良いことだ、強い者こそ勝者だと弱肉強食の新自由主義の掟を農業の世界に持ち込む考えだ。

　一方で藤本孝雄農相は経済的側面ばかりでなく農業の持つ多面的機能にも注目すべきと説いた。「食料安保達成のためには、国内生産、輸入、備蓄の適切な組み合わせが必要だが、中でも持続可能な国内生産が最も

重要である」との食料輸入国の立場を鮮明にした。同時に紛争で難民が多発しているアフリカのザイール東部へ1000万ドルの支援を表明。日本が国際的視野で途上国の食料安保に貢献する具体策も示した。

・「貿易は一つの要素」に

　水面下の激論の結果、原案にあった「一層の貿易自由化」の表現は削除され「貿易は一つの要素」に収まった。

　輸出国が大規模経営の圧倒的な競争力で安価に農産物を供給し、輸出先の農業を壊滅に追い込んだ後は価格を自由に操作し生殺与奪権を握る。農家は種子支配まで追いやられ、消費者は国産、地場産を選択する権利を侵害される。結果、アフリカなどでは自国の食料自給に結びつかないプランテーションの大規模生産システムに頼り国際市場の変動に巻き込まれていく。食文化や農業と一体の地場産業も風前の灯火となる。途上国や農業輸入国は、こんな欧米発食品多国籍企業のやり方をさんざん見てきた。

　宣言草案で「貿易は一つの要素」にとどめたことは当然の帰結だ。だが、「貿易」か「持続的農業」かのどちらに重きを置き天秤のバランスを取るかの食料安保論争はいまだに決着が付かないままだ。

・今も問われる穀物自給率

　今振り返って藤本農相の演説で改めて気がついたのは、穀物自給率への危機感に触れた点だ。自給率を見る場合にはいくつかの視点に分かれる。一般的な熱量換算のカロリーベースは国民の身体維持のための基本的考え方に沿う。半面で需要が伸びている野菜や花きなどの動向が反映されにくい。加えて畜産酪農の牛肉や生乳生産は輸入飼料に頼るところが大きい。畜酪の本当の生産実力を測るには穀物自給率こそが重要だ。

　藤本は穀物自給率が30％と先進国で異例の低さと説明した後に「こ

れを背景に国民のほとんどが将来の我が国の食料事情に不安を抱いている」と述べた。その肝心の穀物自給率は今では25%に落ち込んでいる。しかも、昨春から畜酪の自給率算定に穀物自給率を切り離した新たな「食料国産率」（飼料が輸入か国産にかかわらず国内で生産されたもの）の表記を導入した。その結果、2019年度のカロリーベースの食料自給率は38%、食料国産率は47%となった。農水省は国内畜産農家の生産努力を反映、評価したものだとする。ただこれでは、穀物自給の動きが見えにくくならないか心配だ。四半世紀前の藤本の危機感は是正されないまま、

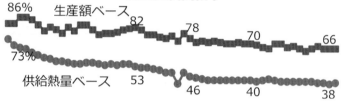

総合食料自給率

86%　生産額ベース　82　78　70　66
73%　供給熱量ベース　53　46　40　38

1965年度　　1985　1994　2004　2019

資料：農林水産省「食料需給表」（抜粋）
注：2019年度は概算値

食料国産率

(単位：%)

	供給熱量ベース	生産額ベース
食料国産率	47(38)	69(66)
畜産物の食料国産率	62(15)	68(56)
牛肉	42(11)	64(56)
豚肉	49(6)	57(45)
鶏卵	96(12)	98(67)
飼料自給率		25

資料：農林水産省作成
注：1) 2019年度の数値
　　2) (　)内の数値は、飼料自給率を反映した総合食料自給率の数値

図表1-4　令和2年度食料・農業・農村白書（抜粋）

輸入穀物依存の「国産」畜産が増えている状況は、今後の大きな農政課題となる。

・家族農業と協同組合へ光

　食料サミットを顧みてもう一つ感慨深いのは NGO のパワーの大きさ。むろん日本からは JA グループが代表団を派遣し自国の農業の立場を表明した。農業団体をはじめ協同組合の存在感は突出していた。さらには当面の農業問題、食糧危機、飢餓を少しでも解消するために、現実的で切実な対応として家族農業に光を当てたことだ。

　約 80 カ国 1200 人を超す NGO 代表がローマに集まり、フォーラムを開催し食料サミットへの声明を採択した。いくつか項目を見たい。〈小規模生産者の利益になるよう、食料と農業の全ての面を方向転換すべき〉〈マクロ経済政策や貿易自由化よりも食料の権利を優先するよう、国際法は保証しなければならない〉〈各国とも自らが適切と考える食料自給水準を達成する主権を有しなければならない〉〈農業は多面的な機能を有しており、これらの機能は食料安保の達成に不可欠なものである〉など。要するに金儲けよりも命が大切で、各国の実情に応じた食料主権を明確にしている。全中はこうした国際的な NGO の動きを踏まえ、既に同年のサミット前に「21 世紀に向けて地球規模の食料危機へ新たな挑戦を」と題した基本的見解を発表し自らの立ち位置を鮮明にした。

・NGO パワーと〈地球市民〉

　国連の国際的な課題解決に向け NGO に代表される市民パワーを重視してきた。いわば「地球市民」という考えが根底にある。その後の動きはどうか。国連は 2012 年を国際協同組合年、「家族農業の農業 10 年」（2019 〜 2028 年）など協同組合と家族農業を食料安保と絡め位置づけた。食料問題は平和と人権と表裏一体だ。FAO とも関係深い国連食糧計画

（WFP）が 2020 年のノーベル平和賞に輝いたことは、そのことを裏付けた。

■ 日本初の世界農業者会議

・食料主権は世界農業者の共通認識

　時は流れ、農業者の思いとはかけ離れ自由化の烈風は吹き止まない。ローマ食料サミットから 17 年後、2013 年に新潟で各国の農業団体が一堂に会して世界農業者機構（WFO）の第 3 回総会が開催された。日本で総会開催は初めて。壊国 TPP や理不尽な農協改革に毅然たる態度を取ってきた萬歳章全中会長のリーダーシップが光った。詳しくは 2013 年発行『日本農業の動き』181 号（農政ジャーナリストの会編）で筆者がレポートを書いているので参考にしてほしい。

　農産物輸入国、輸出国入り乱れての参加である。「深刻化する飢餓問題」「気候変動」「食料安全保障」「女性の役割強化」などをテーマに意見を交わし、まさに地球規模の農業問題の深刻さが浮き彫りとなった。特筆すべきは、最終的に国際貿易政策で組織内の意見の一致をみて、初めての提言を内外に公表した点だ。このうち「国内対策」では「全ての政府は自国の農業政策を自ら策定する権利を持たねばならない」とした。いわば各国が自給を高める食料主権を WFO 会員である各国農業団体が確認した。

　萬歳にインタビューすると「確かに意見の相違はあるが、各国の農業団体が立場の違いを乗り越えてまとめることができた意義は大きい」と強調した。

　それから 8 年が経つ。

　だが、今に至っても市場開放こそが経済成長の源との論調が続く。〈遙かなる「食料安保」〉の道程はやはり遠い。

記者のつぶやき

　今から四半世紀前の食料安保を考える国際的なうねり、FAO 50 周年記念式典、初の世界食料サミット、その後の農業者の国際的集まり WFO 新潟総会の実相を振り返った。

　食料サミットは、ブラジル・リオデジャネイロでの環境サミット、エジプト・カイロでの人口サミットに続く地球課題の解決策を探る国際会議の位置づけだ。「環境」「人口」「食料」を巡る難題は〈3点セット〉でそっくりそのまま 21 世紀に引き継がれる。歴史の碩学、E・H・カーによる冒頭の言葉「歴史とは現在と過去との絶え間ない対話」を引いた所以でもある。今年に入って気候変動問題への対応がにわかに具体的に動きだしたが、全ては先の〈3点セット〉と絡む。

　サミット開催地のローマは当時の食料問題を考える上からも意味深い。FAO にとっても特別の地だ。1945 年と国連機関でも古参で多くの職員を抱える FAO にとって飢餓人口を減らし国際的な安定を目指す上で鍵を握る途上国、新興国との連携強化は欠かせない。ローマは、欧州でもパリやロンドンとは違いかつての植民地のアフリカ大陸に近い。

　あの時、どんな報道がされたのか。なぜ、8 億人もの人が飢えで苦しみ、わが国の食料自給率が先進国最低水準に低迷しているのに世論は盛り上がらなかったのか。

　結果的には日本のメディアの関心が〈協調〉よりも〈対立〉に向けられていたからだろう。食料輸出国 vs 食料輸入国。あるいは先進国 vs 途上国の二者択一の報道に紙面が割かれた。また、時は流れサミットから 17 年後、新潟で開いた WFO 総会終了後の記者会見でも、〈対立〉の二字を中心にした質問が相次いだ。全国紙も新潟の地方勤務の記者が取材したにもかかわらず、東京発のいつもの対立思考から一向に抜け出ていない。実は食料主権を輸出国、輸入国問わず農業団体が相互で認め合った画期的な内容であったにもかかわらずだ。そんな〈単線思考〉はいまだに変わらない。〈遙かなる「食料安保」〉が続く要因の一つでもある。

　ボールディングの〈宇宙船地球号〉の発想は、気候変動が気候危機へと転じる中で、ますます重要となる。循環と持続可能性のキーワードはやはり〈協調〉だろう。

　食料安保は食料主権へとつながり、結局は〈宇宙船地球号〉の存続へと結び付くはずだ。

第2章　襲う自由化の「巨大津波」

【ことば】

「誤った決断は永遠ではない。それはいつでも翻すことができる。決断の遅れによる損失は永遠だ。それは決して取り戻すことができない」

——— J・K・ガルブレイス

「日本は自給率を高めることが重要だ。コメは別として小麦、大豆などは自給率が低すぎて国際的な問題となる。WTO 交渉での日本側の抵抗は正当なものだ」「自給そして技術支援は世界の安定に貢献する。日本の食料安全保障と世界はつながっている」

——— レスター・R・ブラウン他

『フード・セキュリティー　だれが世界を養うのか』

■ 〈分水嶺〉ガット農業交渉

　世界が揺れる。むろん震源地は米中の 2 大国だ。余波は当然日本に及ぶ。具体的な姿となって現われるのはこれからだろうが、一層の市場開放圧力にさらされる可能性が強い。一方で国産農畜産物、食品の需要は根強い。ここは踏ん張りどころだ。地域連携を強め体質強化を急がねばならない。

　第 1 章の〈遙かなる「食料安保への道」〉で、食料問題の危機的な実相を見た。本章ではその前段、大きな通商交渉であるガット農業交渉のジュネーブ現地取材を振り返りたい。さらにはガット後継の WTO 農業交渉、WTO 機能不全の中で進む 2010 年代からメガ FTA の実態と課題を探りたい。

■ シュトルム・ウント・ドラング 1993

　今から 28 年前、平成 5 年に当たる 1993 年は、日本農業の歴史にとって大きな分かれ目となった年だ。タイトルに、嵐が何度も襲いかかる様のドイツ語〈シュトルム・ウント・ドラング〉を掲げた理由だ。

・一挙に激変の「特異年」

　40 年以上の記者生活を 10 年単位で見ると、ちょうど人を乗せるのに安定する〈二こぶラクダ〉のように二つの大きな山があった。一つは1990 年代、そして二つ目は巨大津波、大地震、原発事故が連動する世界初の三重苦が襲った東日本大震災で始まる 2010 年代だ。

　この中でも脳裏に刻印、いやペンを握ったこの指に刻み込まれた世紀の特異年が 1993 年だ。様々なことが一挙に同時に起こった。その意味でシュトルム・ウント・ドラングと言えよう。18 世紀にドイツでゲーテ、

シラーらが起こした革新的文学運動を意味し、和訳は〈疾風怒濤〉の四字が充てられる。地殻変動とも重なる。〈怒濤〉の93年を振り返ることは〈今〉に続く農業・農村の苦吟を知る上でも欠かせない。

・TPP前哨戦のガット交渉

　貿易交渉はたびたび日本の政治を揺るがし国論を二分させる。安倍前首相が選挙公約を事実上反故にする形で自民党政権復帰後に参加表明した環太平洋連携協定（TPP）は、国内農業にこれまでに経験したことのない市場開放を迫り大きな問題となった。その「前哨戦」となる自由化論議は30年前にさかのぼる。足かけ7年の長期的な論議を経て日本にとって苦渋の決断に至るウルグアイラウンドでのガット農業交渉である。決着時、日農は大見出しで「農業総自由化へ」と打った。聖域とされ除外されていたコメまでも、部分的とは言え市場開放が避けられなくなったからだ。

・小扉の奥で「世界」が決まる理不尽

　書斎の机の中から当時の〈遺品〉を見つけた。ガット取材の国際記者証である。濃緑色で顔写真付き。「PRESS JAPAN AGRICULTURAL NEWS KATSUYOSHI IMOTO GATT 31 DEC 93」とある。交渉期限と合わせた1993年12末までの日時限定の証明書だ。そう、28年前の1993年冬、激動する90年代を決定づける国際交渉は最終局面を迎えていた。

　ガット本部、現在のWTO本部はいかにもヨーロッパ風の堅牢な石造り。報道陣をシャットアウトする出入り口の分厚い木製ドアは欧州趣味で思ったよりも小ぶりに出来ていた。「こんなちっぽけな入り口の奥で日本農業の運命が決められようとしているのか」と正直、理不尽さと悔しさが募ったのを思い出す。

　12月初め、全中をはじめとした農業団体代表団に同行しジュネーブ入りし、最終合意まで関係者の取材を続けた。つまり、その後の日本農業の運命を決定づけるガット農業交渉の最終場面に立ち会った歴史の証人の一人と言えるかもしれない。

・「日本には塩飽がいる。問題ない」

　交渉の舞台、ジュネーブのガット本部はレマン湖のすぐそば。93年の当地の冬はこれまでにないような暖かさ。今思えば異常気象、地球温暖化の予兆だったかもしれない。同本部の前には多くの車が止められる駐車場があり、青色ナンバーの大使館の車が並ぶ。政府高官や交渉官が出入りするたびに各国の記者が囲む。日本のメディアが待っていたのは、農業交渉を長年担ってきた農水審議官の塩飽二郎だ。コメ問題の行方はどうなるのか。事前の日米協議が事実上の交渉の入り口となる。

　英語とフランス語を自在に操り各国交渉官に知己も多い塩飽は「ミスターガット」の異名があった。交渉大詰め場面のガット本部での記者会見で「日本から大臣が来ていない。どう思うか」との質問があった。農業交渉議長は「ミスター塩飽がいる。何の問題もない」と応じたほど、交渉過程に精通し関わってきた。塩飽はどこのホテルに泊まり、日本政府と連絡を取りながら詰めの協議を行っているのか。分かれば事前に夜回りをかけ情報を取り特報を書く。だが、自分で車を運転していく塩飽の居場所は最後まで知られることはなかった。実はメディアの攻勢を嫌いフランスからガット本部に行き来していたのだ。

・消えた畜産審議官

　93年12月初め。日本の関係者は相次ぎジュネーブ入りしていた。成田空港で偶然、旧知の農水省の中須勇雄畜産審議官に出会う。ロンドン経由でジュネーブに向かうという。むろん塩飽農水審議官とも念入りの

41

協議を連日重ねる人物だ。こちらはパリ経由なので、ジュネーブの滞在ホテルの住所と電話番号を聞いて別れた。畜産、酪農部門は日本にとってコメに次ぐ交渉の重要品目で、各国が関心を持つ国際品目でもあった。コメと畜酪をどうするのか。交渉の最終局面には重大な判断が迫られるはずだ。ジュネーブに着いたら中須と接触しなければならない。中須は後に局長、水産庁長官などを歴任する。現在、日本食肉協議会会長を務める。温厚な性格で今も時折、酒席で交友を温める。

　結果的に中須は教えたホテルには滞在していなかった。その後、姿は見ずじまい。後日問いただすと急遽、別のホテルに移り水面下でさまざまな事務折衝に当たっていたという。一方で時折日本の報道陣の前に現われた塩飽は、相変わらず不機嫌で口が堅く、自分の運転する車ですぐさま街中に消え去った。ジュネーブの交渉団と日本政府との意思疎通の悪さも背景にあったかもしれない。

■ 政治の空白突く

　いつも、国際交渉の重大局面は政治の空白を突く。後の TPP も同様だが、そんな歴史の巡り合わせを感じる。

・自民下野で交渉力弱体化

　その後の通商協議の「分水嶺」で起点ともなるガット農業交渉時は大きな政権交代があった。長年、権力の座にいた自民党が下野し、寄り合い所帯の非自民8党・会派の連立政権が誕生していた。保守系から社会党まで「反自民」を唯一の旗印に集まった細川政権で対応は果たして大丈夫なのか。一方で、自民党時代からの7年以上にわたる交渉自体は、政権交代があろうが水面下である程度一貫していた。国会決議を踏まえて「例外なき関税化」から何としてもコメを除外し「例外あり関税化」

にしなければならないという〈至上命題〉をどう実現するのかだ。

　1993年7月18日の総選挙で自民党は過半数割れ。非自民党・会派の細川護熙政権の下でガット農業交渉は合意に向け歯車が回り出し、急転する。

・自民行動議連、国会前で座り込み

　その後、コメの部分開放を含むドゥーニー議長調停案が判明し、国内は騒然となる。野党に転落した自民党だが、FAO閣僚会合で前述した松岡利勝ら若手議員を中心とした「日本農業を守る行動議連」は国会議事堂前で座り込みを行い徹底抗戦の姿勢を示す。後に首相になり憲政史上最長政権を率いることになる安倍晋三も初当選を果たす。安倍は後に「先輩たちに言われ座り込みもした。だが何も変わらなかった。その後も日本農業はよくならなかった」と当時の様子を何度か述懐している。一年生代議士として見た現実と国際化の荒波は、市場開放の中で日本経済を発展させる道を確信させたに違いない。

・社会党の村沢農水政務次官は辞表

　一方で連立政権与党の社会党の村沢牧農水政務次官（参・長野）は同調停案を受け入れた細川首相に抗議して辞表を提出した。村沢の周囲をよく取材したが、農水官僚たちはあまり情報を与えなかったのが実態だった。村沢が食糧庁長官など幹部に連絡しても、一向に電話に出ない場面も何度か見た。農水官僚たちは、農業交渉そのものに懸念を表明していた社会党に警戒を示し、内部情報が漏れることを恐れていた側面もあった。

　やがて社会党は政権離脱する。国会議事堂そばの国立国会図書館の横の坂道を下ると社会党本部がある。通称、三宅坂である。離脱会見の夜、メディア100人以上が押しかけた。自民党を飛び出した政界再編仕掛け

人・小沢一郎との度重なる角逐に、村山富市委員長は堪忍袋の緒が切れたような表情だった。

会見時、隣にいたニュースキャスターがこう質問した。「それは閣外協力に転じると言うことでしょうか」。すると、村山のトレードマークの長い眉毛がぴくぴくと動いたのが分かった。そしてこう吐き捨てた。「君ね。閣外協力なんて言葉は政治の世界ではあり得ない。政権離脱、政権離脱だよ」。翌日の各紙トップを飾ることになる。社会党、後継の社民党は権力に近づき、左派としての存在感を失っていく。やがて社会民主主義政党の低迷は、日本の政治混迷、選択肢のない国政選挙で低投票率や大量棄権など国民の失望を膨らませる一因となる。

・ロイター記者から取材受ける

ガット交渉現地取材の現場に話は戻る。当時はまだ携帯電話がほとんど普及していなかった。たしか記憶では、共同通信が大きなバッテリーを抱く連絡用通信機器の最新機材を備え、その場で東京とやり取りしていたのを覚えている。日本の各マスコミはパリを拠点に欧州に支局を持ち、そこから応援記者が派遣されていた。日農は日々の原稿はパソコンで送れても、写真が困った。特にJA代表団の動向を伝える特注写真などはロイター通信の記者と連絡を取りながら写真を撮り日本に送るスペシャルパックという高額な特別便に乗せねばならなかった。現在の瞬時で情報が地球上のどこにでも駆け巡る通信事情とは雲泥の差の時代だった。

ジュネーブのJA代表団と共にNGO集会に参加していた時に、ロイター通信の日本人記者から「日本のメディアを見ているとコメ問題一色だ。でも日本は乳製品、食肉とさまざまな重要品目があるのですね。実態を教えてほしい」と声をかけられた。ロンドンから派遣されてきた記者だった。

　筆者は「コメ問題ばかりでない。日本の自給率は先進国最低だ。これは国家の安全保障に関わる。基礎的食料の自給を主張するのは当然の権利ではないか」と言うと、「初めて聞く話だ。夕方に宿舎のホテルを訪ねてもいいか」と訊いた。了解すると、やって来て一時間ほどガット農業交渉での日本の主張と日本農業の現状で会話を交わした。

　翌日その記者から連絡があった。「日本は自給率の低さに危機感。重要品目の保護、維持を改めて主張の内容で記事を打ちました」と話した。

・サザーランド事務局長「そろそろ遅い夕飯いいかな」

　一次膠着状態に陥ったガット交渉が動き出し、妥結に至った背景に事実上のトップを務める事務局長の交代が大きい。「例外なき関税化」を前面に出した「ダンケル・ペーパー」をまとめた官僚的なダンケルに代わり、交渉末期にはアイルランドの実業家、政治家を務めたサザーランドが事務局長に就く。

　政治的手腕に富み各国との妥協案を練り交渉を大きく前進させた。快活で相手を笑顔にさせるユーモアにも富んでいた。ガット本部での交渉妥結後の会見は夕方になった。世界中から数百人のメディアが臨んだ。

　質問が相次ぎ時計の針は夕闇の濃さと比例して刻む。2 時間ほど経ち、「もうそろそろいいかな。おなかがぺこぺこだ。遅いディナーをとらないとね」。そうユーモアを振りまき、会見場を後にした。後に後継組織WTO でも事務局長を務めた。存在感を示した政治家・サザーランドも2018 年 1 月に逝く。

・「もうボールはリングに入る」

　ジュネーブで交渉の推移を見守る JA 代表団に最新情報を伝える全中ワシントン事務所のロビイストは「もう最終局面。バスケットに例えるとボールがリングに入る瞬間です。神風でも吹かない限り交渉は妥結す

る」と伝えた。

・塩飽元審議官は膨大なメモ保持

　塩飽は農水省退官後、農畜産業振興事業団理事長をはじめ畜産関連の団体役員に就き、2020年8月30日に逝く。享年87。日米コメ交渉は極秘交渉で細かな真相は今もベールに包まれたままだ。93年12月14日未明、細川首相は「断腸の思いの決断」と、コメ部分開放を表明した。同年は宮沢喜一政権の行き詰まりによる自民党の下野、非自民連立政権誕生、冷害によるコメ大凶作と大量の外米輸入に踏み切るなど〈怒濤の93年〉だった。

　晩年の塩飽は「官僚は国会で決められたことを最大限守る。それが国益だ」と繰りかえした。つまりコメは関税化の例外という国会決議をぎりぎり守ったというわけだ。膨大な交渉の中身を塩飽自身が詳細に記録した分厚いコピーの一部を見せてもらった。交渉相手と食事を共にした時のホテルの紙ナプキンに走り書きしたメモまで保存していた。93年10月11日に来日中のエスピー米農務長官と畑英次郎農相の会談で事実上、決着したとされる。真相は闇の中だが、重大な判断がされた可能性が高い。

・水面下の日米秘密協議

　先の議長調停案は突然出てきたわけではない。脈々とした協議の下地が存在する。ガット合意から4年後の1997年に出た『日米コメ交渉』（軽部謙介、中公新書）は水面下の真相を探った労作だ。時事通信記者の軽部はワシントン支局時の取材などで米政権内部に精通し、後に解説委員長になる。

　数年前、トランプ政権の行方も含め通商交渉で時間を取って意見交換した。実証を重んじる取材姿勢で「相手に会い資料を見る」ことの大切

さを説いていた。同著でオメーラ特別交渉官の取材で「日米が合意に達したのは 93 年秋のある時点だった」とする。関税猶予と MA（ミニマムアクセス＝最低輸入機会）をセットとしたコメ問題は秋の時点で妥結に向け大きく動いていたのだ。さらにオメーラは「日本のコメ凶作が決定的になり、協議が活発になった」とも明かしている。やがて、水面下で合意が整ったとも見られる 10 月の日米農相会談を迎える。

・「TPP は得体が知れない。大丈夫なのか」

　晩年の塩飽をたびたび居場所にしていた東京・赤坂の事務所を訪ねたが、柔和になりよく当時のやり取りを話しもした。むろん国家公務員としての機密保持は前提だが。「ガット農業交渉は米農務省のオメーラ特別交渉官との協議がポイントだった。ほぼ毎週末ワシントンやジュネーブで会合を重ねた。君らはその辺はノーマークだったな。マスコミは大臣会合など大きな会談ばかりに目を向けた」「夏のある時、米側がコメ関税化で柔軟な姿勢に転じた。関税例外で行けるかと思った。農業事情に精通する農務省だからよかったが、今の通商代表部なら難しかったろうな」「TPP は得体がしれん。大丈夫なのか」と、あまりに市場開放に前のめりの安倍政権へ懸念も示していた。

　先の中須との縁で、塩飽は毎年、年明け 1 月上旬に帝国ホテルで催す食肉協議会の新年会には好物のローストビーフ目当てに顔を出していた。そこでよくガット交渉時の思い出話に花を咲かせた。この 2 年ほど体調が思わしくなく欠席が続き心配していたが帰らぬ人となった。6 年間のコメ関税猶予の代償に MA 導入を強いられ、結果的にコメ需給に影響を及ぼした。評価は分かれるが、今思うと忠義を守り抜く野武士のような国際通商官僚だった。

・満身創痍だった佐藤全中会長

〈怒濤の93年〉で忘れられないのは全中の佐藤喜春会長だ。病魔に襲われながら病床から指示を出し、最後まで理不尽な市場開放に抵抗し、日本農業を守ろうと奮闘した。翌94年3月、佐藤会長死去に伴い豊田計新会長を選出する。まさに系統組織運動に殉じた壮絶な最期だった。

1990年に全中副会長、93年7月からは会長になった佐藤は福島・郡山出身で政治的センスに長けていた。コメ問題にも精通し鶴岡俊彦食糧庁長官（当時）が驚いたこともあった。2020年8月、全中新執行部でJA福島中央会の菅野孝志会長は全中副会長に。地元紙・福島民報は「全中副会長は福島から30年ぶり」と報じた。佐藤は下の名前から〈喜春さん〉と呼ばれ親しまれた。あの佐藤が亡くなった歳月と当時の激動を思い出す。

病院名や病状は伏せられていたが、当時、秘密裏に病室を訪ねると多くの見舞いの花束で埋まっていたのが印象に残る。快方を祈って大きく立派な花には「衆議院議員　加藤紘一」など大物代議士の名もあった。「日本農業は大変な時だ。もうひと踏ん張りすっぺ」と話す姿は、まさに満身創痍の様子だった。

全中副会長時代から農政運動の先頭に立った。

・深夜にNHKから取材も

やや強引で気性は激しい面もあったが、笑顔がなんとも愛嬌があり周囲には多くの人が集う。きめ細かな気配りも心情で、政治家にも知己を得ていた。個人的思い出は、農政運動時に夜も遅くなり、佐藤に連れられJR秋葉原駅近くの福島県連関係の宿舎に泊まったことがある。時計が深夜零時の針を回ってNHK経済部の記者から取材の電話が入る。まさに時の人でもあった。佐藤は福島の民謡に出てくる小原庄助さんよろしく朝風呂に入る。宿舎の浴室は広く数人が体を流せる。翌朝早く一緒

に入り背中を流すと「俺はきれい好きなんだ」と笑った。時間が空くと気分転換を兼ね、秋葉原の雀荘で好物の二段重ねうな重をつつきながら麻雀も楽しんだ。豪快でかつ精細な一面もあった佐藤にとって、コメ部分開放受け入れは苦痛以外の何物でもなかったに違いない。

・自由化に正面対峙した堀内全中会長

　一方で佐藤の前任の全中会長、長野出身の堀内巳次は温厚で人徳があった。ガット農業交渉まっただ中で牛肉・オレンジ自由化、12品目問題など相次ぐ市場開放の対応に奔走した激動の日々を過ごす。よく農業団体の国際交流で海外に同行取材した。思い出深いのは国境の町フランス・ストラスブールでの世界農業者決起大会。欧州議会がある国際都市で、欧州の農業団体を中心に世界中の農業団体をはじめ農民数万人が結集し、農業者の立場に立った公正な農業交渉などを訴えた。JA代表団はコメ、乳製品などの基礎的食料の例外措置、食料主権、家族農業の大切さを唱えた。

・史上空前のドーム5万人大会

　〈怒濤の93年〉だが40年の記者生活で忘れがたい一つは、その2年前の自由化の激流が勢いを増した1991年7月1日だ。コメ市場開放阻止への農業者の決意を国内外に示すため東京ドームに5万人が集った。ふだんは巨人戦を中心にプロ野球を行う場所だ。当日の開会前、ブルーシートが敷き詰められた中央のちょうどピッチャーマウンド当たりに立ち、スタンドを見上げた。すり鉢状の巨大なドームの迫力に圧倒された。普段は客席から見下ろすが、逆に見上げるとこうも違うものかと驚いた。

・列島100万人行動の熱量

　同年4月には牛肉・オレンジ自由化。市場開放の脅威はいよいよ聖域

のコメに迫っていた。大会で全中会長の堀内は檄を飛ばした。「コメ輸入は断固許さないし、許してはならない。この運動は日本農業の生き残りを懸けた闘いだ」。それに呼応し会場を埋めた5万もの農業者のうなずく声と拍手が、まるで地鳴りのようにドームに響いた。この5万人決起集会を前に、列島100万人行動として、全国各地で生産者と消費者など関係団体の市場開放反対の集会が開かれていた。

当日は暑かった。いまでも蝉の声が耳に残る。大会後のデモ行進は延々と続いた。5万人大会は史上空前の規模だ。大会直後に「大会の成果はどうですかね」と堀内に聞くと、「すごい迫力だったな。これで政府や財界も農業者の懸念の大きさを分かるはずだ」と応じた。

・国内では市場開放で不協和音

この時期は国内外からコメの市場開放圧力が強まっていた。米国はコメの輸入制限を廃止し内外価格差を関税に置き換えることを提案。しかも10年後に関税を50%以下にすることを求め、農水省は「国内農業に壊滅的な打撃を受けかねない」と分析していた。国内では自民党実力者が「(コメ問題で)自動車や電気製品が(米国から)ノーと言われたら日本経済はどうなるのか」と述べるなど、自民党や財界の有力者からコメ部分開放を容認する声が相次いでいた。

・ストラスブールは街全体で農業応援

先の世界農業者決起大会。フランス・アルザス地方に位置するストラスブールは旧市街がユネスコの世界遺産登録の美しい街並み。活版印刷革命を起こしたグーテンベルクをはじめ、ゲーテやモーツァルトが滞在したことでも知られる欧州の交通の要所だ。名前は「街道の町」シュトラーセが由来だ。

・地元紙写真入りで「日本からも参加」

　大会の翌日、地元紙には「日本からも来た」と写真入りでJA代表団が紹介された。忘れがたい光景は大会の当日、延々と続く各国のデモ隊に、農民を応援する拍手や花束が市民から送られたことだ。家の二階から若い女性が手を振る。幾度となく戦争を経験してきた欧州は食料自給の大切さと農民への尊さが浸透し、農業保護の国民合意が出来ている証しだろう。そんな中で堀内会長がしみじみ繰りかえした。「日本の運動も消費者と共に進めないとなぁ。農業への国民理解は欠かせない」と。

・一枚岩にならず「負けろ」の声も

　田名部匡省は宮沢喜一内閣で93年の自民党下野まで農相を務めた。元アイスホッケー日本代表で、夜に議員宿舎を訪ねるとスポーツ談義に花が咲いた。

　ざっくばらんな性格で、ガットでコメ問題が交渉妥結への支障となっていると財界による大合唱が起きる中で、「スポーツではみんな日本頑張れと応援するものだ。だが農業交渉では負けろ、負けろという声が聞こえてくる。こんな試合は経験ないな」と、農業交渉への国民的理解が進まない実態を嘆いていた。

　田名部は後に自民を離党し新生党、新進党、民主党へと渡り歩く。宿舎に行くと奥さんと娘さんがよく迎えてくれた。その娘さんはいま立憲民主党参議院議員となった田名部匡代で、同党農林水産部会長を務め農業問題で活発な行動を続けている。

・「至誠一貫」100歳で堀内逝く

　それから四半世紀の時が流れ、堀内元全中会長は2017年8月に逝く。享年100。まさに人生100年時代を先取りしたように長寿を全うした。協同組合運動に没頭した道のりと重なる。

同年春、日農社会面に笑顔の堀内の記事が載った。出来上がった自作句集「百寿句集」を手に取っていた。請われれば色紙に「至誠一貫」と書いた。全中会長は 1987 年から 1993 年夏まで。まさに日本農業の〈動乱〉の時代と軌を一にした。牛肉・オレンジ日米協議とその後の国際農業交渉に連なる。

・コラムで「国民合意は道半ば」

　自由化反対の広範囲な運動を組織化し、協同組合関連では日本初の国際協同組合同盟（ICA）東京大会を担う。雨宮勇 JA 長野中央会会長（当時）が実行委員長を務めた故堀内の「お別れの会」にあわせ日農 1 面コラム「四季」を書いた。最後に〈最近の農協攻撃を憂いていた。堀内さんが切望した国民合意はまだ "道半ば" である〉と締めくくった。

■ 試練続く WTO 農業交渉

　ガットは新たな貿易ルールなどにも対応するため 1995 年に世界貿易機関（WTO）に衣替えした。国際的な通商協議は WTO に引き継がれていくが、各国とも農業交渉が最重要課題であることに変わりはなかった。その後、米中対立から機能不全に陥った。後述するが、2020 年には事務局長が辞任した。曲折を経て事実上のトップである新事務局長が決まったのは半年後の 2021 年春である。

・空中分解ドーハラウンド

　先進国と発展途上国の対立激化で会議決裂など曲折を経て 2001 年 11 月、中東カタールの首都ドーハで WTO 閣僚会議が開催された。幾多の混乱を経て 3 段ロケットのように徐々に目的地に向け飛行を続けたが、各国の国益をかけた交渉はドーハ・ラウンドがいつ空中分解してもおか

しくない事態に陥った。WTO は論議すれどもまとまらずとなり、機能不全となる。象徴的なのは事実上のトップである事務局長人事だ。期限になっても決まらず。通商協議の〈舵取り役〉さえ不在となる。トランプ後に、2021 年に入り米新政権でようやく WTO 事務局長人事は決着を見た。

・WTO 国連化で機能せず

ガットから WTO 体制になって、明らかになった二つは押さえておく必要がある。

まずは、一層の関税撤廃・削減の波が襲い各国が保護削減に特段の配慮を求める重要品目ですら、その数が絞られ市場開放の対象となったことだ。さらに、自国の農政展開も国際規律に沿った大きな制限を受ける。つまりは、狭小、急峻な国土の制約、規模拡大が難しく国際競争力で劣る日本農業が、一段と国際化の脅威にさらされることを意味した。

さらに WTO の国連化だ。160 以上の加盟国・地域の合意を取り一つの結論を得るのは難しい。WTO 失速は、関係国の失望を招き次の手段として、特定国同士の市場開放論議に及ぶ。2 国間協議は、さらに範囲を広げ複数国、さらには 10 カ国以上の〈メガ FTA〉の塊が出来上がる。極端な関税撤廃・削減を至上命題とした TPP に典型的な今に続く地域分割型市場開放の動きだ。加盟国は増やすことが可能で、一定の条件をクリアすれば新たな枠組みに加わることが出来る。

・中国加盟で転機に

もう一つは WTO 体制の中で新興国の発言力が飛躍的に大きくなったことだ。経済成長に伴い国力を増し米国など先進国と意見衝突、たびたび、協議の中断や決裂を招いた。WTO 加盟によって力を付け、今では異形国家として米国主導の国際政治経済秩序に挑戦するのが中国だ。

ドーハ・ラウンドが始まった 2001 年に加盟した。自由化の果実を享受する一方で、国有企業など自国の仕組みは温存し、共産党独裁による独自の国家資本主義ともいえる体制を整えた。欧米日の民主主義を基本とした法と秩序に沿い自由で開かれた政治経済体制を構築する手法とは一線を画した。

WTO 下で中国経済は順風満帆の航海を続け、2010 年にはついに経済規模で日本を抜き世界 2 位に。やがてトップの米国の背中に迫る猛追を示す。米国内では「WTO に中国を加盟させるべきではなかった」などの声が相次いだが、後の祭りである。〈いいとこ取り〉で経済的存在感を増す一方で、民主化運動を弾圧し共産党独裁の地歩は固めたままだ。

関税削減による農業分野の一層の自由化攻勢と中国の台頭。この二つが WTO 体制で一段と浮き彫りとなった。

・食料安保一致も「同床異夢」

国際交渉は出だし、スタートラインが肝心だ。日本は、ウルグアイ・ラウンドでコメの部分開放を迫られた。一方で世界食料サミットで食料安全保障の重要さも確認され、飢餓人口の半減へ各国が努力することで一致を見た。しかし内実は〈同床異夢〉のままだ。

・食料輸入国で日本主導「G10」

米国や豪州は貿易を通じた食料の安定供給こそが世界の安全保障に貢献すると強者の論理を主張。一方で日本、スイス、ノルウェーなど食料純輸入国 10 カ国で構成する〈G10〉と称された国々は自国の安定生産を基本に食料自給率、食料主権の根幹を守ろうとした。

途上国は先進輸出国の農産物市場の価格操作、「武器としての食料」が飢餓を助長させると批判を強めていた。途上国は、農業など第 1 次産業中心の脆弱な国内経済を守るため、特別なセーフガード（SSG）発動

の引き金を容易にする条件に固執した。途上国で農業不況は即、政情不安や政権退陣の主因となりかねない。

・非貿易関心事項と農業の多面的機能

　日本はWTO農業交渉に当たり日本提案を策定する。政府、与党、農業団体と調整しながら、一枚岩で今後の交渉を進め、何としても農産物輸入国の立場を交渉に反映させるためだ。

　ドーハ・ラウンド前年の2000年秋にまとめた全中のWTO農業交渉日本提案策定に向けた「JAグループの主張」を見てみよう。

　基本は二つ。持続可能な食料安保確立と農業の持つ多面的機能の維持だ。論拠の足がかりにWTO農業協定20条の「改革過程の継続」を挙げた。「農業保護削減約束が世界の農業貿易に及ぼす影響」「非貿易的関心事項、開発途上加盟国に対する特別かつ異なる待遇、公正で市場指向型の農業貿易確立」など。要は貿易自由化一辺倒ではなく、各事情を踏まえたバランスの取れた交渉を明記している。そこでどこの箇所を強調し主張するかとなる。

　全中の「主張」は〈農業は各国で多様に展開されており、どこかの国の農業が衰退しどこかの国の農業が繁栄するような貿易ルールは、公正でも公平でもない〉〈世界各国で多様に営まれている農業が共存し、共生していけることこそが、交渉の本来の目的とされるべき〉〈WTO農業交渉の結果が、国民合意で成立した食料・農業・農村基本法のもとで国内政策の展開を促進するような国際規律となることが必要〉などと明記した。

・21世紀前に新基本法

　21世紀という新たな扉が開くのを前に1999年、国内外の情勢変化を踏まえてこれまでの農業基本法から40年近い歳月を経て新基本法に代

わった。いわば日本農業の基本指針〈憲法〉の位置づけだ。

・「選択拡大品目」にも自由化の荒波

　農基法は西ドイツ（当時）などに学びながら国内農業振興の予算確保に大きな役割を果たした。農工間所得の均衡、畜酪、果樹野菜などの「選択的拡大品目」、さらに稲作を中心に据えた規模拡大、構造改善などを挙げた。だが、この間の自由化の激流は、日本農業の中枢である米麦のみならず、今後の需要の伸びに合わせ増産を促した〈選択的拡大品目〉までも厳しい国際化の波にさらされることになる。

　WTO農業交渉での重要品目の確保数の激論、TPPでの「重要5品目」に加え地域的な重要品目を含めた特例措置確保の交渉などは、結果次第で日本の地域農業の背骨が削られ蝕まれていく懸念と重なる。

・多面的機能を重視

　特に新たな世紀の幕開けに合わせた食料・農業・農村基本法の第3条は重要な問題意識を明記した。農業の多面的機能維持に関する国民的合意の必要性だ。

　〈国土の保全、水源のかん養、自然環境の保全、良好な景観の形成、文化の伝承等農村で農業生産活動が行われることにより生ずる食料その他の農産物の供給の機能以外の多面にわたる機能（＝多面的機能）については、国民生活及び国民経済に果たす役割にかんがみ、将来にわたって、適切かつ十分に発揮されなければならない〉とした。農業は食料供給ばかりでなく精神、文化までも包含した多面的な役割を持つ。ゆえに国民生活に欠かせず、将来にわたり維持する必要性を国家として位置づけている。

・自由化は新基本法に逆行

　それに逆行し、農村と地域を荒廃させるような貿易ルールなど受け入れられないとなる。当然の帰結だろう。問題は、国際圧力とともに、財界や皮相な一部マスコミによる農業過保護論によって国民理解がなかなか進まなかったことだ。先に田名部農相が嘆いた日本代表が試合している最中に日本側から「負けろ、負けろ」の声を上げている構図が続く。

・日本の命運握る重要品目数

　農業交渉は「大枠合意」「モダリティー（保護削減の水準）合意」などいくつかの階段を上りながらゴールに向かい進む。いくつかの重大局面を迎えるが、決定的な場面の一つは 2008 年だ。

　新年早々、WTO のファルコナー農業交渉議長がモダリティー合意案の修正案を出してきた。曲折を経て 5 月 20 日、同議長は「再改訂ペーパー」を示す。日本の最大関心事の一つである重要品目数について「重要品目は全品目の『(4) (6)』％のタリフラインを指定することができる」と括弧付きで具体的割合が書き込まれた。基本は 4 ％で、上乗せプラス a の 2 ％には低関税輸入枠の代償措置がある。とても日本側が許容できる内容ではなかった。

・農業交渉山場 2008 年夏

　農業交渉の大きな山は 2008 年 7 月下旬にやってきた。ジュネーブでの WTO 閣僚級会合に日本からは若林正俊農相、甘利明経済産業相が出席した。

　日本側の要求である重要品目の数の十分な確保を目指すため瀬戸際に立つ農相への応援団も相次ぎ当地に駆けつけた。自民党は谷津義男農林水産物貿易調査会（貿調）会長、西川公也農業基本政策委員長ら自民農林幹部、農業団体は全中会長ら JA 代表団や酪農政治連盟（酪政連）な

ども加わった。

・ジュネーブ現地三者会議

　閣僚会議は互いの利害がぶつかり合い、実質9日間にわたり連日徹夜に近い交渉が続いた。交渉のカギを握るG7少数国会合（日、米、EU、豪、インド、中国、ブラジル）には両大臣が連日出席し詰めの協議もこなした。若林農相は「上限関税導入反対」「重要品目の十分な数の確保」の二つに絞り粘り強い説得を続けた。この中では米国が日中印3国に対し大幅な農産物関税の引き下げを迫り、これに対し3国は米国に農業補助金削減のさらなる譲歩を求め対立は容易に解けなかった。

　宿泊先のホテルで毎朝8時に「現地WTO三者会議」を開き政府、自民党、農業団体間の意思疎通を図りながら情勢分析を行い、日本の主張に理解を求める要請活動の作戦を練った。

・重要品目確保で日本窮地に

　だが、交渉は日本にとって極めて厳しい状況に陥る。重要品目の数の確保ではタリフライン（関税品目）の8%（約100品目）が確保できるかが最大の焦点になった。

　日本の場合、当時の関税分類品目で農産物は1332品目ある。重要品目ではコメ17、乳製品47、砂糖56、牛肉26など合計で200強となる。例えば10%のタリフラインで133。一方で関税率10%超の農産物は125あった。ファルコナー議長ペーパーによる最大6%では約70しか守れない。これでは沖縄など離島のサトウキビは生産がなり立たなくなり、食料基地・北海道にとっても厳しい。国土の安全保障上も大問題となる。

　そこで、日本はタリフラインを「10%、譲歩しても8%」と防衛ラインを引いていたが、閣僚会合の議論は「再改訂ペーパー」を土台にしていたため、日本側の主張である最低線の8%が困難となり、「4%プラス

a（アルファ）」が精一杯の目標となってきた。

・若林農相「無理ならレマン湖に」

　追い詰められた若林農相に谷津らは「重要品目の十分な数が取れなかったら大臣はレマン湖に飛び込みか、どこかに亡命するしかない」など本気とも冗談ともつかぬ激励を続け、退路を断ち要求実現を求めたという。これを受け若林農相は関係国に「このままでは国会批准は難しい。6％プラス2％を」と踏ん張ったが理解は広がらず、農業分野で日本の孤立は決定的になり、決断を迫られる時期が近づいた。一方で、日本は交渉推進の立場で、新ラウンドを壊した〈犯人〉と名指しされることは国際的にも許されない。

・米国 VS 中印で WTO 漂流

　ところが別の問題で交渉全体を揺るがす事態となる。ドーハ・ラウンドの大きな焦点である途上国問題で交渉が暗礁に乗り上げ動かなくなったのだ。途上国向け特別セーフガード措置である SSM 発動基準で米国と中印が激しく対立し交渉決裂となった。

　中印など途上国は特別セーフガード発動の基準を有利に設定すれば、それだけ国内産業の保護につながる。まだ手工業が多く国内産業が脆弱な経済実態からは、発動基準は譲れない一線だった。中国は WTO 交渉の表舞台で米国批判を繰り広げ堂々と渡り合った最初のケースだった。その後、中国は WTO 体制下で国力を増し、米中貿易戦争と称される衝突を繰りかえしながら今日に至る。

・WTO 漂流で FTA に舵切る

　WTO はそれ以降、個別問題ごとに打開策を探る手法に転換するが、まとまりに欠け実質的な〈漂流〉状態となる。WTO が機能不全となる

一方で、二国間通商交渉が本格化した。そしてメガ FTA とされる複数国の広域経済連携の動きが始まる。世界は、WTO による多国間交渉方式とは別の道を進むことになる。だが、米麦、牛肉・豚肉、乳製品、砂糖など重要品目を含め関税削減の〈風圧〉は止むことはなく、さらに日本農業に襲いかかる。

写真 2-1　攻勢かける欧州チーズ

写真 2-2　自由化は国内肉牛大産地に試練を
　　　　　迫った

記者のつぶやき

　ガット、そして衣替えしたWTOと国際交渉の舞台は変わるが、日本農業への市場開放の荒波は激しさを増すばかりだった。第2章では〈分水嶺〉と称し、決定的な年と位置づけた1993年は現代日本の歴史上でも大きく揺れ動いた時として特筆した。あらゆる異変がこの年に集中的に起きたからだ。

　政治は大揺れで、政権交代で自民党が下野したものの、連立政権の足下は一向に固まらない。〈呉越同舟〉状態の中で針路は定まらず、とうとう日本はコメ部分開放をのむ。悪いことは重なる。時あたかも記録的な冷夏も襲いコメ輸入を迫られた。天候さえも日本農業に味方しなかったのか。

　当時、日本にもっと強力な政治力があったらと痛切に感じた。日本はコメ関税化猶予の代償措置として年々拡大する最低輸入枠を認めた。半面で、同じコメが主食の韓国は「途上国条項」を盾に日本よりもはるかに有利な条件を得た。農相自らガット幹部らと連日のように直談判する韓国側の覚悟と迫力は記憶に残る。食料の生殺与奪権を握られることは国家の安全保障そのものに直結するはずだ。第2章冒頭のレスター・R・ブラウンの言葉に示す通りだろう。

　経済学の泰斗・ガルブレイスの箴言は的を射る。「間違った決断はいつでも翻せる」。地域総力戦の自給力アップへ日本農業の舵を大きく切り替える時だ。

　世紀の大一番だったガット農業交渉。ジュネーブで見た風景は大国のエゴのぶつかり合い。一方でアフリカなど途上国の声は聞き入れられない。交渉妥結後に分厚い合意テキストを抱え出てきた途上国代表にわずかのお金を払い、「これがコメ問題でもめ続けたガット合意文書です」と中継していた日本のテレビ局もあった。先進国と途上国の力の差は歴然としていた。

　そして8年後、WTO交渉が始まる2001年のドーハ・ラウンドでは様相が一変する。途上国の力が増す。この年は中国がWTO加盟した。

　中国は共産党独裁の〈国家資本主義〉という特異な形でWTO体制下において力を付け、世界屈指の経済大国に駆け上る。やがて、今日の米中貿易戦争に至る。一方で「多様な農業の共存」を掲げた日本は、少子高齢化が急速に進み経済力を落とす。WTO交渉では、生命線の「重要品目」までもう一段の関税削減を迫られる瀬戸際に立たされた。

第3章　メガFTAと「4面作戦」展開

【ことば】

「市場経済は、人間と自然を商品へと粉々に分解する『悪魔の挽き臼』に他ならない」

――――カール・ポランニー『大転換』

「食料自給できない国を想像できるか。それは国際的圧力と危険にさらされている国だ」

――――ブッシュ米大統領当時の演説から

■ 失速WTOと広域経済連携の台頭

　相次ぐメガFTAの発効で、一段と国内農業への脅威が高まる。国家運営の根幹である食料主権を守る攻防は、最後の正念場を迎えたといっていい。

・日米は「中間合意」か

　2020年1月の日米貿易協定発効で一層の市場開放の〝号砲〟が鳴った。同協定は、牛肉などの関税削減の一方で、コメを除外し新たな乳製品の低関税枠は見送りとなった。しかし、これは終わりではなく、始まりである。あくまで〈中間合意〉とみるべきだ。

　農業現場で何が起きているのか。揺らぐ基は生産基盤の弱体化となって顕在化している。スイス・ダボスで開く世界経済フォーラム（ダボス会議）は、創設半世紀の節目を迎える中で、資本主義のゆがみを直視し、持続可能な社会の構築へ議論を始めた。転換期を象徴する動きだろう。地域の自立と表裏一体の持続可能社会に向け、政策見直しを急ぐべきだ

・政策リセット急げ

　ここでのキーワードは転換期の中でのリセット、仕切り直しである。持続可能社会は地域の活性化こそが土台となる。柱は食料主権に基づく農林水産業の再生だ。市場開放はさらなる自由化を招く連鎖で際限なく続く。この悪循環の鎖を断ち切り、新たな地域循環の仕組みを作り直す。そのための〈政策リセット〉が欠かせない。地域を守り、日本の食と農を守る攻防は重大局面を迎えている。

・再び始まった〈疾風怒濤〉

　第2章冒頭、「農政記者四十年」を10年単位で区切ると大きな山が二

つ、1990年代と2010年代と書いた。メガFTAは後半の2010年代に急展開する。

　個人的には論説委員長など10年を超す論説委員室での執筆の時期であり、現場記者などとしての直接の取材から立場が代わり、論説や解説、要人インタビューなどが主な対応となる。しかし、できるだけ現場には出かけるように心がけた。その場の雰囲気は後日の記事などでは伝わらない。やはり取材最前線での〈空気〉を吸うことが記者としては欠かせないからだ。

　白い牙をむき襲いかかる自由化の巨大津波の第二波、2010年代の〈シュトルム・ウント・ドランク〉を振り返りたい。

■「壊国TPP」日本上陸

　約30年前合意のガット農業交渉に続く、日本農政の分水嶺となる大きな決断はTPP参加だ。

・「開国」にとどまらぬ破壊力

　ガット農業交渉は国際機関の多国間協議の場であり、貿易立国の先進国として交渉自体は避けて通れない。だがFTAは各国の政府が判断し参加の有無を決めればいい。TPPは原則関税ゼロの異常協定で、農業者や医療関係者などからは、国の形そのものを変える、単なる〈開国〉にとどまらないとの見方が広がった。国を壊しかねない〈壊国協定〉との異名さえあった。

・パートナーシップとは真逆の内容

　環太平洋連携協定と訳すTPPは〈トランス・パシフィック・パートナーシップ〉の頭文字を取った。環を意味するトランスは参加国が太平洋を

日、米、豪、チリなどがぐるりと囲む形で構成しているからだ。21世紀型アジア太平洋の自由で開かれた巨大経済圏を作ることを目指す。世界経済規模の約4割、人口の1割強を占めるこれまでにないメガFTAとなる。

　友好を示すパートナーシップなどは表面だけで、実際は戦略的という意のストラテジックの言葉が潜んでいた。内容は経済ばかりでなくさまざまな許認可、規制緩和といった「国の形」を変えかねない包括的なもので、日農は「経済連携協定」という名称をやめ「連携協定」と表記した経過がある。関税削減・撤廃ばかりでなく、投資、貿易円滑化、知的財産、原産地規則などWTOでは十分に対応できない課題も盛り込んだ協定だからだ。

・膨脹・中国封じ込め担う

　TPPのもう一つの狙いは対中国包囲網だ。目に余る膨脹主義を続ける中国は、インフラ援助と資金支援を一体とした対米戦略「一帯一路」を駆使し、東南アジア、アフリカを経て欧州に向かう〈現代版シルクロード〉を作ろうとしていた。中国仕様の経済ハイウェー構想と言ってもいい。〈帯〉は陸路、〈路〉は海路を表す。まるで400年前の中国・明の時代にアフリカまで至る大航海を果たした武将・鄭和の南海戦略の再来を彷彿させた。

　「このままでは中国に世界経済を牛耳られかねない」。そんな危機感がオバマ米大統領（当時）の背中を押しTPP具体化の原動力となった。これに政権復帰した安倍首相が呼応する形で日本も参加に踏み切る。

　TPPは紆余曲折を経て今日に至る。米政権は4年前にトランプ大統領に代わり、まさかのTPP離脱となる。予見不能な対応を繰りかえしたトランプだが、成果を一つ挙げるとすれば中国の政治的、経済的な脅威を白日の下にさらしたことだろう。むろん報復関税などWTO上違反だ

が、具体的な手段を別にすれば、経済的にも巨象となり世界の民主主義に抗う中国への対応を国際的に再考する契機となった点は評価できる。

・〈とんでもない・プランに・ピリオドを〉

TPP は何の略か。筆者は TPP 問題で招かれた各地の講演で、協定合意前なら〈とんでもない・プランに・ピリオドを〉ではないかとわかりやすく説明した。

だがトランプの時代になり、TPP は〈トランプ・パートーナーシップ・プロブレム〉。トランプとどう付き合うかの問題となる。そして「トランプ後」の今は〈トランプ・ポスト・プライオリティー〉、つまりトランプ後の優先事項は何かではないかとも考えている。

いずれにしても、TPP の 3 文字は 11 カ国のイレブンが拡大する中で、例えば中国が建前とは言え参加意欲を見せるなど、これからも話題にのぼる言葉に違いない。

・TPP は社会的共通資本に脅威

「壊国」TPP の動きに対し、JA 全中が先頭に立ち農業団体は広範囲な反対運動の統一戦線を組む。農業者の問題ではなく、国民生活全般に影響を及ぼす協定だからだ。例えば国民皆保険の存続も危ぶまれる中で、医療関係を代表し日本医師会からは理論家の中川俊男がよく全中主催の集会で TPP への懸念を訴えた。中川は現在、日本医師会会長としてコロナ禍での政府の対応に「経済よりも命が大切」と注文を出す。

TPP 交渉時、中川はよく行動派経済学者・宇沢弘文の言葉を引いた。宇沢が考案した社会的共通資本という概念だ。医療、教育、農業など市場に委ねず公的支援が欠かせない制度資本を指す。宇沢は、日本人で最もノーベル経済学賞に近いと言われた高名な研究者だが、在職した米国の名門シカゴ大学で市場原理主義の権化・フリードマン教授と対立し帰

国した経歴を持つ。

・人間の顔をした宇沢経済学

　フリードマンは著書『選択の自由』などで〈マーケットが全てを解決する〉との市場万能主義を説く。逆に宇沢は「経済学は人間の幸せに資するのか」と問い続け、公害問題や環境問題など経済成長による〈負〉の部分に目を向けた〈人間の経済学〉を目指した碩学だ。薫陶を受けた中川は、TPP が社会的共通資本そのものを破壊しかねないと指摘し続けた。中川は当然、宇沢（人間資本主義）vs フリードマン（新自由主義）の対立を知った上での TPP への疑念を深めていたはずだ。

　宇沢自身も TPP 反対の先頭に立った。米国アトランタでの TPP 閣僚会合での「大筋合意」の1年前、2014年秋に天国に旅立つ。享年86。

　最晩年の宇沢に TPP について直接尋ねた。すると長身をちょっとかがめ、マルクス然とした立派なあごひげに囲まれた口を大きく開け、「社会的共通資本を壊すとんでもない協定。日本が締結したら将来に禍根を残す」とかすれた声だがはっきり強調した。

・民主党政権の混乱

　それにしても、いつも日本農業の命運を左右しかねない重大決断は政治の空白を突く。TPP 参加問題はちょうど1993年、28年前のウルグアイラウンドでのコメ部分開放を決めた政治の混乱期とも情況が重なっていた。

　2009年秋から政権を担ってきた民主党は、党内対立から国民の支持を失いかけていた。2012年12月16日投開票の衆院選は480議席のうち自民294、公明31の自公で320議席以上を占め圧勝し政権復帰を果たす。一方で民主党は57と壊滅的な議席減となった。

　民主党政権誕生となった2009年8月30日の衆院選は民主党308、自

民党119。この時は政権交代を望む世論に支持を受け民主党が憲政史上最高の議席を得た。逆に自民は〈119〉の消防署の番号で、「永田町の自民党本部は大火事で焼け落ちる」とさえ言われた。それが真逆の大逆転となる。

・TPP参加問題で農村反発

　民主党低迷の一因にはTPP参加問題がある。2010年10月1日の所信表明で菅直人首相（当時）がTPP参加検討を唐突に言い出したのだ。だがこの流れは3年後の自公政権になっても変わらなかった。政権に返り咲いた自民党の安倍晋三首相は当初、「関税原則ゼロ」を唱えるTPPに慎重な姿勢も示した。2012年秋の自民党総裁選立候補者の討論会を日本記者クラブで聞いたが、通商問題で安倍は一番、自由貿易に意欲を示していたのが印象に残る。野党時代のウルグアイラウンド時の無力感などもあったのかもしれない。案の定、首相の座に就くと市場開放に向け矢継ぎ早に動く。

・空前の安倍自由化政権

　結果的に7年半の憲政史上最長となった安倍政権の下で、TPPをはじめもっとも市場開放、農産物自由化が断行された。その意味では安倍政権は史上空前の〈自由化断行政権〉と言ってもいいのが実態だった。

　安倍は12年末、首相に返り咲くと翌13年2月、ワシントンに飛びオバマ大統領と日米首脳会談に臨み、冒頭、TPP参加問題を切り出した。コメをはじめ重要品目を念頭に、必ずしも全てでゼロ関税が迫られるわけではないとコメなどの「聖域」確保の感触を得る。

　事務レベルの折衝を経て1カ月後の3月15日午後、TPP交渉参加表明の記者会見を行う。当日、筆者は講演で安倍の地元の山口にいた。地元のＪＡ幹部と「TPP参加で国内農業は大変なことになりかねない」な

どと話したことを思い出す。

・「国家百年の愚」にならないか

　その意味で 2013 年は日本農業にとって決定的な年となる。「分水嶺」となった 1993 年のガット農業交渉合意から、ちょうど 20 年後のことだ。

　安倍首相は日米首脳会談を経て 3 月に「今がラストチャンス」「国家百年の計」として TPP 交渉参加を表明。翌日 3 月 16 日付の各紙は 1 面トップをはじめ中面でワイド紙面をつくり識者などの分析を報じた。

・日農論説「主権放棄許すな」

　日農は論説「主権放棄の売国許すな」と自民党の変質を糾弾。一方で経済界の立場に立つ日経は「TPP 交渉『守る』から『築く』へ」と歓迎し、世論は二分した。

　この時に政府が示した TPP 参加の経済効果試算は恣意的で、明らかに交渉誘導への〈ためにする〉数字だった。関税撤廃で農林水産業は 3 兆円の減少。一方で輸出拡大に伴い、プラスとマイナスを総合すると 3.2 兆円のプラスとはじいた。まさに TPP 効果を世論誘導する意図的な試算とも指摘された。

・典型的な「机上の空論」

　農業試算は国内生産額が 10 億円を上回る関税率 10％以上のコメ、乳製品、牛肉など 33 品目だけを対象とした。しかも、経済効果の見積もりは、離農した農業者が自動車など輸出産業の雇用拡大で吸収されるといったまさに〈机上の空論〉に基づいた。これで、打撃を受ける農業者が救われるはずはない。

・日本版「ショック・ドクトリン」

「国家百年の計」は本当か。逆に次代の子供たちに禍根を残す「国家百年の愚」にならないか。ちょうど2年前の2011年3月は戦後で空前の被害を出した東日本大震災が起きた。

これまでにない自由化の巨大津波が第1次産業中心の地方を襲うTPPは、気候変動などで問題提起を続ける国際ジャーナリストのナオミ・クラインが指摘する"ショック・ドクトリン"の言葉を思い起こした。〈惨事便乗型資本主義〉と訳すが、大災害のどさくさにまぎれ規制緩和などで経済政策を変えてしまう手法だ。

・国益守れないなら即刻交渉脱退を

全中の萬歳章会長は首相参加表明の同日、記者会見を開き抗議声明を発表した。「到底納得できない。全国の農業者と共に強い憤りをもって抗議する」と強調。国益が守れないと判断した場合は「即刻交渉から脱退することを政府として国民に確約すべき」と訴えた。

さらに首相の参加表明に言及し「農業は大事だときれいな言葉で語られたが、具体的な話はなく、農業者の不安・不信は解消されない」と言い切った。

萬歳は口を真一文字に結び、いかつい表情のイメージもあり、一部のマスコミから強硬派、既得権維持の守旧派と称されたこともある。直近で取材し続けた記者としては、それは実像とはかけ離れた見方だと言わざるを得ない。

・萬歳全中会長は〈信念の人〉

実際の萬歳は時折白い歯を見せて笑う姿は優しさを内包し、気配りの人でもあった。ただ決めた以上は一歩も引かない信念の人でもあった。

余計なことは言わず、人の批判も慎む。自分の職責を全うする責任感

写真 3-1　異常協定・TPP は最後まで反対運動が続いた
（2010 年 11 月、日比谷野外音楽堂、全中提供）

を一人で背負った孤高の面もあった。全国集会で TPP 反対の檄を飛ばす、あの野太い声は会場に大きな反響音とともに広がり迫力があった。

・市場開放と農協改革がセットに

　TPP 交渉が収斂していく中で、首相参加表明から 1 年あまりの後の 2014 年 5 月 14 日、政府の規制改革会議が示した「農協改革に関する意見」に大きな衝撃が走った。中央会制度廃止など理不尽な内容が並んでいたためだ。日農は「農協解体の危機」と報じた。ちょうど萬歳会長の陣頭指揮で TPP 対策集会を狙い撃ちするかのようなタイミングだった。

　農協改革は曲折を経て、全中は農協法から外れ一般社団法人となる。JA 経営に直結する准組合員利用規制の有無を判断する「5 年後条項」も明記された。萬歳は 2015 年 8 月、2 期目の任期途中で退任した。理不尽さもある農協改革が断行される中で、退任直後に萬歳に本心を訊いた。すると「組織がこうなった以上、トップがとどまるわけにはいかんでしょう」と一言だけ、毅然と応じた。

一度、稲田朋美自民党政調会長（当時）に「反TPPの動きを封じるために、全中外しを含め農協改革が利用された側面はないか」と訊いたことがある。稲田は「そんなことをいう人がいるのは承知している。でも全く違う。TPPと農協改革の時期が重なったのは単なる偶然に過ぎない」と応じた。真相は闇の中だが、政権内部、官邸内ではTPP推進に異論を唱え続けた全中の存在を疎ましく思ったはずとの指摘も多い。稲田は、党内の農政運営の舵取り役を担う農林部会長に、若手で突破力のある小泉進次郎を指名。その後、小泉は全農改革をはじめ農政改革を主導していくことになる。

■「官邸農政」で押し切る

・農業成長産業化の〈美名〉装う

　安倍政権がTPP合意に血眼になる中で、農政も農業の成長産業化という形ばかりの〈美名〉を装いながら、国際化対応に連動していく。政治情勢も政権に有利に働き、「官邸主導」はさらに力を増す。TPP参加表明から半年後の7月21日の参院選で自民党は勝利し、参院で長く続いた与野党逆転の「ねじれ」を解消。自民党は前回選挙から31議席増やし115、逆に民主党は27議席減らし59に。政権転落の民主党の逆風が収まらない一方で、長期政権の礎となる安倍の「国政選挙不敗神話」が始まる。

　争点はアベノミクス、憲法改正、消費税、TPPだったにも関わらず自民大勝はなぜだったのか。安倍のTPP参加表明が3月という時期と大きく関係している。「のど元過ぎれば熱さも忘れる」。時は人の記憶を薄れさせ、風化を招く。安倍の参加表明から7月下旬の参院選まで約130日、4カ月あまり。TPP問題も取り上げられたが争点の一つに過ぎなかった。

・TPPは争点から埋没

　むしろ、大胆な経済政策への転換、アベノミクスの問題提起は金融政策と規制緩和と自由化と経済成長を包含した内容で、TPPが埋没した面は否めない。そして何よりも野党第一党の民主党自身がTPP参加検討をしていたことへの政策的な整合性も問われた。結果は巧みな自民党の宣伝戦も功を奏して自民大勝、民主敗北で、その後の「安倍一強」「官邸主導農政」へとつながっていく。

■「族を以て族を制す」再び

　長年、政権を担ってきた自民党には、「族議員」とも称される官僚にも引けを取らない専門知識を持つ議員集団が存在する。農業分野はその典型で、農林族は節目の政策に大きく関与し関連予算を差配してきた。こうした中で世論を二分し、党内調整も進めにくい難題に直面すると「族を以て族を制する」手法がとられてきた。農林族の中に難題突破の切り込み隊長を位置づけ、全体を収めていくやり方だ。

・自由化推進に農林族重鎮

　安倍首相が「国家百年の計」と意気込んだTPP問題でも、まさにこの手法がとられたと言っていい。

　参加表明の2日前、安倍は直接、自民農林族の重鎮で畜産行政に影響力を持つ西川公也衆院議員に自民党TPP対策委員長就任を請う。安倍が小泉内閣の官房長官時代に、西川は郵政民営化担当の内閣府副大臣として郵政反対派の矢面に立ち説得を続けた。

・農協批判にも言及

　首相は西川を「敵に回すと怖いが、味方なら心強い」と周囲に漏らし、

難しい党内調整で火中の栗を拾う突破力を期待したのだ。西川は異論を制し、やや強引な運営も含め党内を何とかまとめていく。

TPP対策論議の中で西川は「農協は本当に農業の役に立っているのか。思い切った農業改革を進めるべきだ」との意見も示したとされる。実際にその後、西川は2014年9月から短期間だが農相を務め、生産現場の要求とはかけ離れた大胆な農協改革を進めていく。

・「農水省は責任取れるのか」

一方で政権側も省益を排し政府一体で対応するためTPP担当相を置き、各省の意見を束ね交渉に当たる仕組みをとった。そこでは農水省だけが突出し自由化に難色を示すことは難しくなった。アベノミクスの第3の矢、成長戦略に絡め取られ空前の市場開放に向け突き進む。

農水省で国際部長を経て当時、農水審議官だった松島浩道に「こんなに自由化を進めて農水省は責任を取れるのか。食料自給率目標45%と矛

図表3-1　自由化対応で生産基盤強化対策（農水省資料から抜粋）

盾しないのか」と問いただしたことがある。松島は多少困惑しながら「関税削減、撤廃までは時間的猶予が確保されている。それまでに国内農業の体質強化を急ぐことが重要だ。自給率目標は国是と認識している」と応じた。

　松島は実直な性格で周りからの信頼も高い。畜産部や生産局長もこなし国内農業の生産基盤弱体化も懸念してきた。肌身で日本農業の実態と国際化という突風の強さを感じていたはずだ。「日本農業再生へ残された時間はあまりないと言うことか」と重ねて聞くと、ただ小さくうなずいた。

　日本農業は、TPP参加でまさに「ルビコン川を渡った」のかもしれない。確かに政府の総合的TPP等関連政策大綱を充実させながら、中小、家族農業も含め体質強化は待ったなしの課題である。松島はその後、20年に外交官として欧州のスロベニア大使に転出した。

■ NZ大使館からの接触

　国内で農業団体をはじめ広範囲な反対運動が広がる中で、取材の過程ではさまざまな関係者からの接触を受けた。参加国も日本国内の動き、特に政治に大きな力を持つ農業団体の動向に注視していた。

　こんな中でNZ駐日大使館の農務関係者から情報交換したいとの連絡が入った。同国は酪農立国で、放牧酪農を中心に圧倒的な低コスト生産で国際市場に乳製品輸出を図ってきた。TPPは巨大マーケットを持つ日本市場にさらに輸出拡大する絶好のチャンスである。

　当時の詳細なやり取りは控えるが、要するに「全中、全農はどうなれば妥協するのか。その場合の条件は何か」「ニュージーランドは特に酪農大産地の北海道に興味を持ち、技術支援もしたい」など、農業団体内部の情報を知りたがった。大使館では日農で報道される通商関連ニュー

スを読み解き、情報分析し、英文にして本国には報告する。

　その時はこう応じた。「TPP の行方は日本農業にとって死活問題だ。日本側の要求を認めコメ、乳製品、牛肉など重要品目の特例措置を担保するなら妥結は早いし、農業団体も理解を示す」「乳製品は北海道だけではなく全国問題だ。自給率が高く専業農家で担う。コメと並ぶ最重要品目だ」と。こんな情報戦が水面下で盛んに行われていた。

■〈TPP 基準〉の一人歩き

　TPP は日本農業に、重要品目を含め過去前例のない関税削減と輸入枠課題を迫った。さらに禍根を残したのは、その後の通商交渉が一変したことだ。〈TPP 基準〉とも言えるもので、「TPP を超えない形での関税削減でとどめた」などの表現で、この協定が大きな目安になってしまう。つまり、日本農業は果てしない自由化の穴に落ち込んでいく。

　農林中金総合研究所理事長の皆川芳嗣に「〈TPP 基準〉で交渉を進めては、今後とも日本農業は多大な関税引き下げをのむことになる。個別交渉ごとに関税水準を主張すべきではないか」と何度か訊いた。皆川はTPP が大きな山場を迎えた 2012 年 9 月から 3 年間、農水事務次官を務め、定期的に全中の萬歳会長の所に出向き交渉の進展具合などを報告し意見を交わしていた。皆川は「個別交渉ごとに事情が違うのは当然。ただ TPP 合意の関税削減の数字があるのも現実だ」と応じた。

　実際に日本はその後の交渉で「一部品目は TPP よりも有利に妥結した」「TPP の範囲内に収まった」など、この〈TPP 基準〉が一人歩きし、協議に影響を与え続けた。唯一違ったのは 2020 年 11 月に合意・署名した東アジア中心の地域的な包括経済連携（RCEP）だ。参加国に途上国が多く配慮がなされた。だが、国際ルールに基づき、これまで締結した一番有利な協定の税率が適用されるため、豪州、NZ の牛肉などは TPP

合意の低い関税のままで日本市場に参入し続ける。

■ 米国抜け TPP11 の片肺飛行に

賛否両論が巻き起こり国内の大混乱を経て 2015 年 10 月 5 日、TPP 交渉が大筋合意に至る。

農林水産物は 82% もの品目が関税撤廃。国会決議で守るべき聖域とされた重要 5 品目でも牛肉の関税は 38.5% から 9% へと大幅な引き下げを受け入れるなど譲歩を迫られた。日農は「日本農業にとって、極めて重大な転換点になる」と伝えた。

・牛肉関税は半分の半分に

前年の 14 年に決着した日本が農業大国との初めての通商交渉となった豪州との EPA。焦点の牛肉は最終関税 19.5%（冷凍）にとどめた。この結果は TPP でも〈レッドライン〉とされた。越えられない、ぎりぎりの一線でまさに〈死線〉を意味する。

TPP は超大国米国の参加などで政治圧力が強まり、この〈レッドライン〉を大幅に踏み越えた。つまり 38%→19%→9% と牛肉関税は「半分」の、そのまた「半分」を迫られる。

2017 年 1 月 20 日、トランプ大統領就任。同時に公約通りに TPP からの離脱を表明した。米国自身が推進してきたメガ FTA を、今度は自分の都合でやめる横紙破り。

世界最大の経済大国・米国離脱で TPP そのものに意味があるのか。そんな議論も広がった。だが安倍は締結に執念を燃やす。曲折を経て、これまでの 12 カ国から TPP11（イレブン）の形で協定を発効させた。米国の復帰の余地も残した。

■ 日EU・EPA、対米貿易協定も発効

　TPP に続きメガFTA の流れは止まらない。まさに全面的な市場開放を招く〈自由化ドミノ〉が加速していく。先の日本の通商戦略を「4面作戦」と説いた。TPP11、EU、米国、さらにはアジア中心のRCEP の四つ。時間差を持ちながらも4面がドミノ倒しのように動き出した。だが、かつての TPP のような大規模な反対運動は見られなくなった。背景には、理不尽さも内包した政府の農協改革が暗い影を落とした側面もある。

　最終的に TPP11 は 2018 年 12 月に発効。コメは現行国家貿易制度を維持すると共に SBS 方式の豪州枠を設定。牛肉は段階的に 16 年目までに関税率 9％まで削減。乳製品は生乳換算で 6 万トンの脱脂粉乳・バターの低関税輸入枠を設定した。

　日EU は 2019 年 2 月発効。コメは関税撤廃・削減の対象から除外、牛肉は TPP 同様、新たにソフト系チーズ関税輸入枠を設け 16 年目に撤

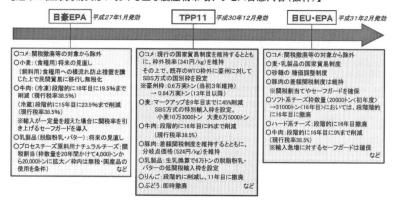

図表 3-2　相次ぐ自由化（全中資料から）

写真 3-2　対日輸出攻勢の米国産牛肉

写真 3-3　日本で激突する豪州産食肉

写真 3-4　海外の熱い目が日本市場に向く
（フーデックス・千葉・幕張メッセで）

廃、ハード系チーズも段階的に 16 年目に撤廃。対米貿易協定は 2020 年
発効。コメは関税撤廃・削減対象から除外。米国への輸入枠も設けず。
牛肉は TPP と同内容。税率は発効時に TPP と同水準まで削減。乳製品
はバター・脱脂粉乳で新たな米国枠は設けず。脱粉は既存の WTO 枠（国
家貿易・生乳換算 13 万 7000 トン）の枠内に内数で輸入枠 750 トン（生
乳換算 5000 トン、米国産とは限定せず）とした。

　輸入量が一定水準を超えると税率が上がる食肉のセーフガード（SG）
は設けたが、実際の発動は難しい。だが米国産牛肉は 2020 年度の SG 発
動基準は 24 万 2000 トンで、2021 年春にこの水準を超え新たな日米間

の貿易摩擦になる可能性もあった。

・農産物輸出にはメリット

　むろん、政府・与党が強調するように市場開放は関税削減・撤廃に伴う輸入品拡大の一方で、日本からの農産物輸出にはメリットがあるのも事実だ。菅政権は日本産農林水産物・食品の輸出５兆円の目標を掲げており、高品質の国産を売り込むチャンスは広がる。オールジャパンでの取り組みが一段と問われる。一方で、検疫など非関税障壁などをどうなくしていくのかなど、実際の輸出拡大には課題も山積している。

　もっとも重要なのは、国産農産物の輸出が農業者の手取り増加として目に見える形で所得拡大に結びつくかだ。

・農産物輸入は輸出の７倍増加

　輸出５兆円と言っても机上のプランに現場が振り回されてはならない。ここは冷静に実態を見る必要があるだろう。日本は中国に次ぐ世界第２位の農産物純輸入国だ。2000年から2018年までの18年間で農産物輸出額は約4000億円増えた。半面で農産物輸入額は２兆7000億円も増加した。

　つまり、輸入は輸出の約７倍増加している計算だ。そのことは何を意味するのか。輸出は農業者の所得増大や農業生産拡大への施策の一つだが、ＪＡグループはわが国の消費者に農産物を安定供給する社会的使命がある。まずは需要を踏まえながら国を挙げての生産基盤維持と農業生産の増大が欠かせない。

■「現実的」なRCEPに注目

　TPP11、EU、米国に加え、新たなメガ通商交渉が急展開した。「通商

「4面作戦」の最後、アジア中心の広域経済連携のRCEPが2020年11月15日の首脳会合で合意・署名し、日本は通常国会で承認した。巨大なアジア市場の扉が開くことになる。農業大国もあり注意が必要だが、米麦、乳製品、食肉など日本にとっての重要品目は除外した。

・重要品目を除外

　RCEPは東アジアを中心にオセアニアまで含む巨大経済圏を包み込むメガ通商交渉だ。9年前、2012年から交渉が始まった。構成する16カ国のうち今回の合意でインドは外れ「RCEP15」となる。合意域内の人口は22億6000万人で、世界人口の3割を占める。経済規模は名目GDP（国内総生産）で約26兆ドルに達する。インドには引き続き協定参加を促す。

・米国抜きのアジア中心協定

　このメガ協定のポイントは二つ。まず米国が参加していないこと。次に中国、インドの人口大国が入っていることだ。両国で人口は約28億人を数える。つまりは、巨大な胃袋を持ち、購買力は今後とも伸びしろが大きい。今回はインドが外れたが、当初からRCEP参加メンバーであり、条件次第では加わる。RCEPは今後、日中の主導権争いが表面化しかねず、日本としてはインドの参加を促し、中国の動きを牽制したい考えだ。

・インド離脱どう影響

　インドは2025年には中国を逆転し世界一の人口となることが予測されている。同協定の土台は、タイやインドネシアなどアジア10カ国で構成する東南アジア諸国連合（ASEAN）。これに周辺の先進国などが加わり、合計16カ国で協議してきた。各国の年齢構成を見ても、日本や韓国のように少子高齢化が進む先進国、高齢化が今後大きな国家課題と

なる中国のような国もあるが、東南アジアやインドは若年層が多く労働力が豊富な「人口ボーナス」による経済発展が見込まれる。

　少子高齢化、乳製品やコメの過剰、赤字財政など世界最大の「課題先進国」日本にとって、自由化の進展はどう映るのか。大きな需要の機会が訪れるのも事実だ。輸入農畜産物の攻勢に注視しながら、高くても高品質な日本の農畜産物や食品を売り込むチャンスも広がる。

・人口規模大きい TPP と RCEP

　日本の通商交渉「4面作戦」の中で、日本が最優先したのは中国抜きで日米が主導した TPP。次に今回の米国抜きで日中韓なども加わる RCEP。この二つは経済規模、人口とも世界最大級のメガ通商交渉である。RCEP で懸念していたコメ、麦、牛肉・豚肉、乳製品、甘味資源作物のいわゆる重要5品目や鶏肉・鶏肉調製品は関税削減・撤廃の対象から除外する。自民党農林議員や農業団体の懸念を踏まえたものだ。ただ、再協議の条件や協定案の精査が必要となる。

　RCEP は途上国が多く参加しているため、国内産業保護の観点から例外措置のあり方を巡り調整が難航した。日本は工業製品の関税撤廃を求める一方で、地域経済に大きな影響を与えかねない重要5品目を中心に特例措置を求めた。

　注目の農林水産物の関税撤廃割合は、重要品目除外の結果 TPP や EU より低い水準に抑えた。対中国では国産比率を高めようとしているタマネギなど業務・加工用野菜については関税削減・撤廃の対象から外す。

・実質的な日中韓 EPA

　日本の陰の狙いは RCEP の舞台を利用しながら、実質的な日中韓3カ国の自由貿易協定を結ぶことだ。大筋合意に伴い中国、韓国と結ぶ初めての EPA となる。特に日本にとっては中国14億人の胃袋の魅力は限り

ない。数億人の富裕層が育っており、日本の高級農畜産物の需要は強い。民間在庫200万トンに達する米の需給改善のためにも、パックご飯の形で国産米の輸出への期待も膨らむ。むろん、検疫など非関税障壁の解消といった現実的な課題は残る。

　米国が参加していないRCEPの妥結へ急転直下の裏には米中貿易戦争の激化がある。中国は米国との長期戦を覚悟している。そこで米国抜きの通商協議をできるだけ早期に広げたい。日中関係も大切にしたいとの思惑もある。日本は日米同盟が基軸なのはやむを得ないにしても、経済交流を強め日中の一定の友好関係を保つ。それが世界2位と3位の経済規模を持つ両国の発展にもプラスになるとみる。

　RCEPで日本が最も気にかけていたのは、米と酪肉だ。特に乳製品と牛肉は構成メンバーにオーストラリア、ニュージーランドがおり注意が必要だ。乳製品はNZが世界一の国際競争力を持ち、攻勢をかけられれば国内酪農はひとたまりもない。一方で中国市場は国内乳業メーカーにとってチャンスと映る。最大手・明治は昨年10月、103億円を投じ中国にアイスクリーム工場を新設すると発表した。2021年度に着工し、23年度から生産を始める。中国は、いち早く新型コロナウイルス不況を乗り切りつつあり、経済発展で食の西洋化が進みアイス需要が膨らむと判断した。いわば中国の旺盛な内需を取り込む。新工場建設で明治のアイス生産は2工場体制となり、製造能力は倍増する。

　半面で、近隣国も多いことから野菜関連の輸入急増も懸念される。

・120年ぶり「日英同盟」復活も

　新たな年が明けた2021年元旦の1月1日、2年続けて新たな農産物自由化の出発点ともなった。安倍に続く菅も「市場開放政権」の性格が色濃いことを裏付ける。

　20年の日米貿易協定発効に続き、今年21年も日英EPA発効と続く。

明治後期、欧米列強に仲間入りした日本だが大国の後ろ盾が必要だった。そこで1902年、日英同盟が成立。英国との関係を強めていく。それから120年を経て、EU離脱の道を選択した英国に、今度は日本が手を貸す。

　英国はTPP参加にも意欲を示し、日本も後押しをする。まさに120年ぶりの日英同盟復活を思わせる動きが具体化する。

■ 中国TPP参加意志の「深謀遠慮」

　2021年も米中対立が収まりそうにない。米国の政権移行のもたつきを尻目に、中国は次々と手を打ってくる。RCEPに続く、TPP参加の検討を習近平主席自ら公言した。米国の揺さぶりとともに、中国の市場拡大に向けた本気度を示した。そこには習政権の用意周到な「深謀遠慮」が潜むと見た方がいい。

・韓国にも波及の動き
　中国の「深謀遠慮」を探る前に、新たな関連ニュースが飛び込んできた。韓国の文在寅大統領が2020年12月8日、「TPP参加も検討していく」と初めて明らかにした。中国の習主席の前向き発言に触発されたものと受け止められている。韓国としてはRCEP合意に続くもので、激化する米中対立の貿易リスク軽減を念頭に置いた。今後の具体的な動きに注目が集まる。

・APEC舞台に台湾を牽制
　「鬼の居ぬ間に」と言うことかもしれない。米国の存在感が希薄になる中で、中国は相次ぎ「次の手」を打っている。もしかすると、今後の中国問題でキーワードになるのは香港と台湾が大きく絡んでくる。

　香港は毎週のようにニュースで報じられるが、民主派弾圧はとどまる

ところを知らない。著名な活動家の拘束が相次いでおり、中国の方針の下でしか香港の自由はあり得ないことを国内外に示すことにつながる。あまりの香港の自由抑圧は国際的な反発を招く。そこは織り込み済みだろう。

習政権は「香港は中国の国内問題」と繰りかえすが、活動家の亡命が相次ぐ様相は中国にとって好都合だ。米国が新政権となって中国の香港問題に関わるにはまだ時間がかかる。その間に、一定の勝負を付けてしまう作戦だろう。習近平政権にとって共産党一党支配を揺るがす自由化、民主化要求などあってはならない問題だからだ。

さて、突然の習主席自らのTPP参加の検討表明の〈真意〉をどう見るか。習主席は2020年11月20日、21の国・地域によるアジア太平洋経済協力会議（APEC）首脳会議にオンラインで出席しTPP11の参加を「積極的に考える」と述べた。

習がTPP参加検討を明らかにするのは初めて。その5日前、15日にはメガFTAのRCEPの大筋合意をまとめ上げたばかり。改めてトップの市場開放姿勢に驚きと疑心暗鬼の見方が広がっている。TPPは自由化度が極めて高く、国有企業などの制限など中国の経済政策の基本に関わる問題をとてもクリアできないとの見方が一般的だからだ。

国立大学の受験を目指し、全国共通試験で基準の点数に全く達していないようなものだ。つまり、今のままでは中国はとてもTPPに入る水準に達していない。

ではなぜ今言い出したのか。ポイントはAPECの場というのに注目したい。この国際会議は台湾が出席できる数少ない場だ。ハイテク産業が柱の台湾はかねてからTPP参加を望んでいる。台湾代表がいる目の前でTPPの3文字をあえて唱え台湾の加盟意欲を萎えさせ、台湾加盟に理解を示す関係国を牽制したのではないか。例えば国連の世界保健機関（WHO）。新型コロナウイルス対応で台湾は効果的な防疫を徹底し世

界的な注目を集めた。だが中国は WHO 総会への台湾の出席を徹底的に妨害した。もし、中国が TPP 参加となれば、台湾の加盟の芽は摘まれる。国際舞台からの台湾の徹底的な締め出しと孤立化作戦は、習政権の基本戦略だ。

・米国の〈間隙〉突く戦狼外交

　米国の政権はトランプからバイデンへ。この流れを中国はどう見ているのか。トランプと習は、当初の友好ムードから一転し後半は激しい対立を繰り広げた。トランプは自らを「タリフマン」、すなわち関税男を称し報復関税を乱発した。国際貿易の流れは、関税削減で自由貿易を進めることこそが世界経済全体にとってプラスに働くとしていた。その潮流に真っ向から反対する形で、相手国の市場を無理矢理こじ開けるための〈脅し〉を押し通した。

　通商ルールの番人・WTOの警告などは無視だ。こんなことが強行できる国は地球上で米国以外にあり得ない。トランプの自国主義は、表面上は米国有利と見えたが、グローバル経済の元では回り回って米国の経済にも打撃を与えてくる。世界が米国の同盟国も含め、対トランプで右往左往している間に中国は次々と手を打つ。つまりは暴走トランプ米国とは別の道を明らかにした。孤立無援ともなった毛沢東時代のスローガン「自力更生」を習がしきりに唱えだした。14億という世界一の巨大人口で内需を喚起しつつ、米国以外のサプライチェーンを形成する方向だ。米国の〈間隙〉を突きながら、新型コロナウイルスの逆境を逆手に、マスク外交なども繰り広げた。

　一方で、世界が中国への依存度を強める中で〈戦狼外交〉で牙をむき始めた。〈せんろう〉と読む〈戦狼〉とは中国版ランボーの人気番組で、五星紅旗をはためかせ敵を次々と撃破していくアクションドラマ。戦狼さながらに攻撃的な外交を進める。典型は対豪州への対応だ。中国のや

り方に異を唱えると牛肉、大麦に輸入制限、追加関税などを行った。〈戦狼通商〉と言った方が正確かもしれない。脅しと貿易がセットで相手に譲歩を迫る手法だ。TPP 参加云々以前のルール無視の姿勢こそ問われなければならないだろう。

・バイデンに警戒心

　中国にとってトランプでもバイデンでもやっかいな相手であることに変わりはないだろう。いずれも中国警戒論を説く。トランプ路線はある意味でわかりやすい。全てが自分の支持者向け、人気取りに行き着く場当たり政策だからだ。報復関税を振りかざして脅しながら、相手国に穀物やその他の選挙地盤の要求するものを買わせようとする。その意味では、トウモロコシ、大豆などをある程度購入すればいったんは収まる。ただ、突然、他の要求も叫び出す予測不能なところは閉口しただろうが。一方でイデオロギー対立とは違う。つまりは対立の根っこは浅い。

　一方で1月20日の就任式を終え民主党バイデン政権に代わればどうなるのか。伝統的な政策展開に回帰するとの見方が強い。表向きは自由と民主主義を掲げ、内実は自国主義の通商政策を仕掛けてくるやり方だ。安全保障面ではより欧州、日豪など同盟国との協調路線を求めてくる。中国にとって最も嫌うのは民主化要求だ。人権外交を掲げるバイデン民主党はそれを主張していくはずだ。その前にまずは、香港を中国の手中に完全に収める。習政権のそんな戦略が透けて見える。

・包囲網打破へ日本接近

　TPP は対中包囲網の側面もある。貿易立国4カ国（P4）で進めていたに過ぎない通商協定をオバマ元大統領が米国を含めたメガ FTA に格上げした。経済進出を加速する中国に対抗し新たな貿易ルールを目指した。だが「自国第一」で当選したトランプ大統領は就任と同時に公約通

りTPPから離脱し、米国抜きのTPP11で協定が発効した。

中国が参加検討を表明したのは米国不在という側面が大きい。米国がいない協定はRCEPと同じ。世界2位の経済力の地位を生かし主導権を握る作戦だ。RCEPの今後、協定の内容を詰める段階で日中の争いが表面化するだろう。

もう一つ。コロナ禍で世界から孤立した中国は日本へ秋波を送る。先の王毅外相の訪日はその伏線だ。日米関係に何とかくさびを打ち対中包囲網のほころびを誘う。背景には、コロナ禍でも独裁的な国家資本主義でいち早く景気回復を見せつつある強大な経済力の存在がある。関係改善は経済面を考えればプラス。TPP参加表明を糸口にトップレベルの日中経済対話も出来る。そんな狙いもあるだろう。

・TPP「黒船」で中国内改革

習発言の真の狙いは国内向けとの見方も強い。東洋学園大学の朱建栄教授は2020年12月6日付の日農へのインタビューで「外圧を利用し改革を強行するのが狙い」と分析した。朱はほぼ中国政府のスポークスマンともされる人物で、米中関係でも楽観論に終始し、発言は割り引いて考える必要がある。

バイデン新政権での新冷戦の可能性も「ない」とも言ったが、イデオロギー対立ばかりでない貿易ルール、関税、知的財産権などが絡み合う「複合新冷戦」は十分あり得ると見た方がいい。米中対立は米新政権で〈新局面〉に入る。

■ WTO再起動の行方

難航していた世界貿易機関（WTO）の新事務局長が2021年2月によ
うやく確定した。WTO機能不全から脱せるのか。日本は、これを機会

に通商協議の多国間主義復活を主導すべきだ。

・初のアフリカ出身女性

WTOトップとなるのは、ナイジェリアのオコンジョイウェアラ元財務相だ。WTO史上初のアフリカ出身、初の女性就任となる。約半年間に及ぶトップ不在がようやく解消する。164の加盟国・地域の同意を得て就任する。

同氏は経済や開発の専門家だ。外相や財務相、世界銀行専務理事も務め国際的な知名度は高い。直近は、予防接種を支援する国際組織の理事長として新型コロナウイルス対策に尽力してきた。重要な国際機関の重責を果たすキャリアは十分だ。自由貿易の推進派として知られるが、通商分野の経験は少なく、複雑な国際利害が絡み合うWTO運営で実際に手腕が発揮できるかは未知数だ。

・中国の「影」排除できるか

事務局長選がここまで長引いたのは、トランプ政権下で中国の影響力強化を警戒したためだ。人事レースで最後まで残った二人はオコンジョイウェアラと韓国の候補・愈明希（ユ・ミョンヒ）通商交渉本部長。韓国候補を米国が支持し、アフリカ候補をWTOが推薦し日本、中国、EUなどが賛同していた。最終的に愈が立候補辞退で決着した。

ただバイデン大統領になっても米中対立は解消していない。トランプ前政権は、WTOが中国など新興国に有利なルールを先進国に押しつけていると批判。非協力的な態度を続けてきた。米新政権はそこまで露骨な妨害はしないだろうが、WTOを中国寄りとみているのは同じ。新事務局長が就任会見でどういった発言をするのか。さらに米中貿易紛争にまで言及するのかに注目が集まる。

・期待外れの WTO 四半世紀

　通商推進の司令塔 WTO は 1995 年発足から四半世紀を過ぎた。だが機能不全が続き、世界は 2 国間協議に軸足を移した。新体制を早急に確立し、食料安全保障を担保する輸出規制の透明化など改革を通じて指導力を回復すべきだ。

　WTO は今、存亡の危機に立っていると言っていい。深刻な機能不全に陥った背景には、「新冷戦」とも称される米中経済紛争の影響が大きい。新型コロナで打撃を受けた世界経済の回復には、国際的な視野に立った WTO の指導力が欠かせない。

・コロナ禍の新ルール必要

　WTO 加盟の有志 13 カ国・地域による昨年の共同声明に注目したい。日本やカナダなど改革に前向きな通称「オタワグループ」の閣僚会合を開いた。声明では農業貿易に悪影響のある緊急措置撤回など貿易規制の透明性確保など 6 項目の行動を盛り込んだ。新型コロナの世界的な感染拡大で、農産物の輸出規制に踏み切る国もあり、食料安全保障の危うさが改めて浮き彫りになった事を直視したい。

　米中対立の中でコロナ禍が襲い世界の貿易秩序は乱れる一方だ。自国最優先の保護主義や管理貿易の防波堤となるべき WTO の責務は、二つの側面で一段と重くなる。

・紛争処理の「司法」動くか

　一つは世界共通の通商ルールを築く「立法」である。その中心である貿易交渉ドーハ・ラウンドは先進国と途上国の対立で漂流し続けている。そこで、2 国間や複数国間の自由貿易協定（FTA）が相次ぐ。メガ FTA である環太平洋連携協定（TPP）での合意事項を世界に広げ、WTO 機能を代替させるとの考えもある。だが本末転倒な議論だろう。

TPPもFTAの一部に過ぎない。

　いま一つは貿易紛争を解決する「司法」である。直近の動きでは日韓紛争に伴い韓国が日本の輸出管理を不当だとして裁判の一審に当たる紛争処理小委員会（パネル）の設置を求めた。議論中の案件で韓国の態度は一方的と言わざるを得ない。だが「司法」の役割も果たせない状況だ。最高裁に当たる常設上訴機関の上級委員会で、米国が次期委員の選出を拒み機能停止となっている。

　WTO再起動には、指導力を備えた新事務局長が鍵を握る。任期途中で辞任したアゼベド事務局長はブラジル出身で、中国など新興国の支持を得て8年前に就任した。しかし、ドーハ・ラウンドはその後も難航を極め、目立った成果は出せなかった。コロナ禍の今、中国の国際機関への過度の影響力に警戒が強まっている。その延長で、今回の新事務局長選でも水面下で米中の激しい対立が続いた。

・日本は存在感発揮を

　WTO機能不全の現状は、逆に言えば持続可能な世界経済に向け新たな国際秩序形成の機会でもある。日本は食料安全保障の確立を念頭に輸出規制の透明化などを求め、WTO改革に積極的に関与し存在感を発揮すべきだ。

　それにしても国際機関で日本の存在感は薄い。いつの間にか中国が多くの分野で人材を配している。今回のWTO事務局長選でも浮き彫りになったのは韓国の国際戦略だ。韓国は潘基文（パン・ギムン）が国連事務総長を務めるなど、着実に成果を収めている。

　こんな実態では、国際舞台で日本の主張は通らなくなる。世界3位の経済大国として、WTO改革で食料安保を念頭に力を発揮すべきだ。

・多国間協議の原点回帰を

　トランプ政権下で、実質的に国際協調の主導的役割を担う20カ国・地域（G20）も米中激突の影響で機能不全に陥っていた。G20の結束力弱体化は世界の「分断」を示す。これはWTO機能低下と連動したものだ。そこで、新事務局長就任を機に、WTO改革を断行し、多国間協議の原点回帰を目指すべきだ。

　G20は、当時の民主党・オバマ米政権が音頭を取り、2008年のリーマン・ショックに伴う世界的な経済破たん回避を狙い、先進国に加え中国など新興国が参加して始まった。世界全体の国内総生産（GDP）の約9割、人口も約45億人と6割を占める。中東、南米、アフリカと広範囲に及ぶ。〈分断〉トランプ時代を経て、米国は再び民主党・バイデン政権に政治の振り子が揺れ戻った。

・G20は協調体制取り戻せるか

　G20の協調姿勢は取り戻せるのか。〈分断〉から〈協調〉へ。そうなれば、当面の課題解決へ大きく前進する。一方で、利害対立が表面化すれば議論は空中分解し、G20の存在感そのものが問われるだろう。WTOと実質的に世界を牽引するG20。それが機能するかどうかは、バイデン大統領の実力も試されている。

　2010年代に入り、日本はTPPに象徴されるメガFTAの〈全方位外交〉に踏み出した。WTO漂流の中での選択だが、過度な市場開放はブーメランのように国内農業の衰退として返ってくる。

　米大統領時代のブッシュの言葉「食料自給できない国は国際的圧力と危険にさらされる」は、日本そのものだ。

　本著で〈自由化ドミノ〉と呼んだ市場開放の連鎖は、これまでにない関税削減・撤廃を迫るTPPを基準とした交渉姿勢を形作った。市場開放が国内農業縮小を招き、国内生産の減少がさらなる輸入増となる「負のスパイラル」に陥りかねない。

　自由化の矢面に立った畜産・酪農は、生産基盤の維持・強化に着目した施策の強化で肉牛や酪農は増産に転じてきた。この流れを止めてはならない。この場合、着目したいのは地域総ぐるみで生産を底上げする手法だ。大型農家や企業的農業者に偏った規模拡大は地域内で不協和音を招く。これでは地域内循環経済も成り立たない。家族農業、中小農家も含め、中山間地といった条件不利地も念頭に、生産意欲があり〈前〉を向く農業者を温かく包み込む農政展開が欠かせない。こうした考え方は、今後10年間を展望した2020年春策定の新たな食料・農業・農村基本計画にも盛り込まれた。計画実現へ国民運動を通じ実践していく必要がある。

　第3章冒頭で、市場経済を「悪魔の挽き臼」と称したポランニーの言葉を紹介した。気候変動、環境問題、新自由主義の弊害があらわになった今、改めて問い直される経済思想家だ。冷徹な市場原理だけに委ねては、人間と自然を結びつける関係は、悪魔のような〈挽き臼〉で粉々に壊され効率だけが優先する経済になりかねない。現代社会はポランニーが懸念した事態に陥っていないか。文中でも触れた経済学者・宇沢弘文の警告とも重なる。「人間の顔をした経済学」の再定義と再評価が求められている所以だ。

　環境負荷を伴う極端な自由化が謳歌される時代は過ぎた。自由化が過ぎれば、国内農業は淘汰され、消費者自身にとっても「選択の自由」は制限される。品目によっては気がつけば輸入農産物以外にない「選択の不自由」が現実となりかねない。身の丈に合った適度な経済成長こそが問われる。そこに家族農業や協同組合の役割と社会的使命もある。

第4章　農協ショック・ドクトリン

【ことば】

「記憶せよ、抗議せよ、そして生き延びよ」「『困難は分割せよ。』焦ってはいけません。問題を細かく割って、一つ一つ地道に片付けていくのです」

———井上ひさし『井上ひさし発掘エッセイ・セレクション』

「大きな樅（もみ）は唯だ嵐の強い場所ばかりで成長する」

———ヴィクトル・ユーゴー

「ショック・ドクトリンとは惨事便乗型資本主義＝大惨事につけ込んで実施される過激な市場原理主義改革のことである」

———ナオミ・クライン『ショック・ドクトリン』

■ 続く理不尽な攻撃

　農政上で何度も議論を重ね、検討してきた大テーマが農協改革だ。それは縮小する国内農業との文脈で問われた。テーマ別では、経済事業を筆頭に、信用事業のあり方も俎上に上ってきた。この間、〈改正〉も〈改善〉もあった。だが、2010年代半ばからの数年に沸騰した議論と行き着く先の法制度改正は〈改悪〉の二字がつきまとう。第4章は、時に暴風雨を伴った農協改革の実相と課題、さらにその先の〈明日〉へと連なる道を見つめ直したい。

・農協経営揺さぶる「住専問題」

　農協の屋台骨が大きく揺さぶられる試練が続く。この中でも歴史的な出来事が1994年に一気に表面化した「住専問題」だ。1990年代前半のバブル経済崩壊後に起きた。

　住宅金融専門会社、いわゆる住専は民間住宅金融を担う目的で設立された。実態は都市銀行（母体行）の金融子会社で、メガバンクの役員の天下り先ともなった。住専は不動産投資などに融資の比重を移した。やがて、バブル崩壊で地価暴落、金利低下の大波を受け回収不能な巨額の不良債権を背負い倒産の危機に陥った。瀕死の重傷を負った住専に対し、国の誘導策もあり農林中金や信連、共済連など農林系統金融機関が多額の融資を実施した経過がある。系統の貸出金は住専7社の借入額の実に4割に達していた。つまり住専の経営問題の行方は、系統金融機関の存続問題に連動する事態で、展開次第では農協経営の屋台骨が大きく揺らぎかねない。さらに、農協の問題にとどまらず、日本全体の金融システムの不安定化に波及しかねず、影響は広く国民生活に及ぶ。

・問われた銀行の母体行責任

　経営悪化に陥った住専処理に当たり、国が財政支援を投入するのかどうか。農協系統には「貸し手責任」の有無で政治問題化した。1995 年 8 月、村山改造内閣の発足を前に角道謙一農林中金理事長（当時）らは会見で「住専の設立経過などを踏まえれば、住専の再建には母体行が責任を最大限果たすことが基本だ」と強調した。その後、日農報道などで大蔵（当時）、農水両省間で住専の再建策に関し「母体行が責任を持つ」との覚え書きを交わしていたことも判明。大蔵、大手銀行批判が高まった。

　自民党農林幹部の柳沢伯夫が総合農政調査会の下に設けた系統金融 PT の座長に就き実態解明と対策に当たった。そして住専処理に当たり、会見で「農協系統には負担する責任は全くない。母体行には十分な事故処理能力があり、系統農協に負担を押しつけようとする姿勢は言語道断だ」と断言した。この辺の経過は自民党政調の吉田修が著わした『自民党農政史』（大成出版社）に生々しく描写している。

・農協系統の元本保証に焦点

　住専問題は最終段階に入り農協系統の元本保証に焦点が移った。母体行責任は認めるものの、農協の「貸し手責任」などを巡り協議は難航。全中は母体行の責任を明記した「建議」を村山富市首相、武村正義蔵相、野呂田芳成農相の 3 首脳に提出した。

　全中建議は約 30 年ぶり。それだけ、事態は系統組織の存亡に関わる危機感が漂った。曲折を経て政治決着となる。年末も押し迫った 1995 年 12 月 19 日、政府、自社さ連立与党は住専処理方策を決定した。内容は住専損失に政府が 6850 億円（うち 50 億円は住専処理機構への出資金）を拠出、農協系統へ 5300 億円の贈与負担を求める内容だ。これによって農林系統の貸付金（元本）5 兆 5000 億円全額が保証され、贈与という名目で一部負担することで決着した。

・村山自社さ政権の体力奪う

　ジャーナリストの田原総一朗は近著『戦後日本政治の総括』（岩波書店）で、阪神・淡路大震災から始まった1995年の揺れ動く社会情勢を振り返りながら、難渋した住専問題が「この時、村山を最も萎えさせた」「この年の秋になると腹を割って話せる武村蔵相に『辞めたい』と繰り返し言うようになる」と明かす。

　そして村山は翌96年の年明け早々の1月5日、本当に辞意を表明してしまう。この日は金曜日。個人的には翌々日の7日日曜日まで正月休みをとっていた。外出先で〈村山首相辞意〉の速報に接し大慌てした苦い思い出である。

　話は住専処理に戻る。いったい政府拠出額はどのくらいの規模となるのか。それによっては系統の実質的な負担割合も大きく異なってくる。各報道機関の関心は、住専の全体処理スキームを担保する具体的な金額に焦点が移り、取材合戦が日々、過熱していく。

・「決まったぞ。おやじに言え」

　そんな時に大ニュースをつかむ。

　「先生、同乗いいですか」「おう、乗れ乗れ」。衆議院議員会館から都内の会議先に向かう車中でのわずかな時間に、自民党農林幹部の谷津義男の口から意外な言葉が出た。「決まったぞ。政府負担が固まった」「えっ。その額は変りませんか」「あり得ん。大蔵省主計局（当時）と詰めた数字だ。おやじに言ってこい」。谷津は後に農相になる。群馬選出でやや尻上がりの上州弁でせっかちに話すが、人柄は良く、農協の応援団でもあった。何より人脈が広く、政策実現の突破力もあった。谷津が明かした政府負担額は6850億円。情報は間違いないと確信した。

　前述の内容はちょっと補足が必要だろう。〈同乗〉とは政治部記者らが国会議員の黒塗りの車に一緒に乗ることで、短い時間だが直接質問な

どをぶつける貴重な場だ。むろん、車の中はさまざまな情報連絡が秘書を通し入るため、よほど記者を信頼していないと乗せない。「おやじに言え」のおやじとは全中会長のことだ。日農記者にとって特別深い全中との間柄を例えで言ったのだ。

・「日本を揺るがす特ダネだ」

「日本を揺るがすネタだ。具体的な金額を伴う住専処理スキームを形作るパズルの大筋が決まった。しかし数字が違えば大変なことになる。裏取り、確認が欠かせない」。この時、そうつぶやいた。

谷津の車を降りたその足で、衆院議員会館に戻り自民党の農林系統の住専問題座長を務める柳沢の部屋を訪ねた。ちょうど柳沢は在室で、数字をぶつけると主計局幹部の名を出しながら「そうだよ」とあっさり認めた。そして「いま角道農中理事長らがあいさつに来る。奥の部屋で待機していろ」と、その場から姿を消すように促した。柳沢は大蔵官僚出身。頭脳明晰で話術にも長け、まとめ役として農林族でも一目置かれていた。後に厚労相、金融担当相などを務めた。

・幻のスクープ

結果的に、この特ダネをすぐには記事に出来なかった。農中など系統内部の確認の段階で「まだ何も決まっていない」の一点張りだったからだ。建前から言えばその通りだ。政府・与党合意を経て閣議決定の手順を踏まなければ「決まった」とはならない。当時、角道理事長に直接当たっても「記事はもう少し待ってくれ」と言ったかもしれない。普通なら即、記事化してスクープを放つが、住専問題はペンを握る手を躊躇させるほど系統にとって重大問題だった。数日して谷津が話した数字がそのまま各紙の紙面に踊ることになる。

時を経て当時の様子を谷津や柳沢に何度か話したことがある。「住専

で幻のスクープとなりました」と。すると両氏とも「そうだったかなぁ。その後の『住専国会』も含め大変な年だった」と懐かしんだ。

・大銀行救済の〈呼び水〉が真相か

　翌1996年の通常国会は、政府の公的資金投入を巡って大議論となり紛糾する。いわゆる「住専国会」と称された大揺れの国会を迎えた。

　一部マスコミからは「農協救済のため巨額の税金を投入するのはおかしい」との批判が続いた。だがこれは、後に太田原高昭北海道大学農学部教授が分析したようにバブルの責任を農協に押し付け、仕組まれた農協救済説だったとの見方は的を射たものだ。

　では住専問題は誰のための何のためだったのか。その答えは住専処理が一段落した後に明らかになる。銀行本体が背負い込んでいた不良債権は、住専どころではない巨額に上ることが分かる。

　北海道拓殖銀行のように都銀の経営破綻も現実のものとなった。その波及を防ぐために、政府は経営が危ない銀行に兆単位の公的資金を相次ぎ投入する。〈農協悪者論〉を連呼したマスコミは「金融システムを守るためにはやむを得ない」と手のひらを返した。一方で太田原教授は「住専への公的資金投入は巨額の不良債権を抱えた銀行救済の呼び水であり、農協はそのために利用されたのではないか」と見る。本質を突く指摘だろう。

・住専後始末の農協改革法

　住専問題を前後して農水省で対応に当たったのは奥原正明だ。農相の秘書官を終え、農協課組織対策室長に就く。後に農協課長として金融ペイオフ解禁に備えたJAバンク法を整え、経営局長、農水事務次官として「官邸農政」と歩調を合わせながら農政改革、特に急進的な農協改革を断行する。

気候変動問題で発言する著名ジャーナリスト、ナオミ・クラインが説く「惨事便乗型資本主義」を意味する造語ショック・ドクトリンにならい、この章のタイトルを〈農協ショック・ドクトリン〉とした所以だ。

・「情よりも理」異能の官僚

奥原は異能の官僚で徹底した合理主義を貫く。まさに「情よりも理」を重んじ、その後の大胆な法改正の論議でも農業団体の反発を招き周辺との軋轢も生んでいく。住専処理よりも、「その後」の農協組織のあり方そのものに力点を置き政策を進める。

当時の様子は、奥原が退官後に著わした『農政改革』（日本経済新聞出版社）に詳しい。

同著で「十分な審査もせず巨額を住専に貸し込んだ農協系統が安易だったのは間違いない」

「このままの形で農協系統に金融業務を続けられては同様の事態が再発するかもしれない。そういうことのないように農協系統金融機関のあり方を見直す。これが私に課せられた使命だった」としている。

・「この組織は放置できない」

住専問題は何とか乗り切ったが、再び問題が起きかねない。この組織がこのままでいいわけはない。系統金融機関の抜本的な体質改善を急がねばならない。そう見たのだ。そこで、住専問題の〈後始末〉としての農協改革法案の提案を急いだ。農協への根強い不信感は、経営局長や事務次官になってからの一連の農政改革の〈伏線〉となり生き続けたと言っていい。

・「経営管理委員会」導入を特ダネ

改正農協法は96年12月の臨時国会で成立した。ポイントは二つ。信

連と農中統合への法制度改正、農協系統の業務執行・監査体制の強化である。信用事業を基軸にこれまでにない大がかりな法改正となった。

　先の信連・農中統合は法律の建て付けが違っており、特別法で合併、事業譲渡を可能とした。問題はもう一つ。農協の役員制度の大きな改変につながる経営管理委員会制度の導入だ。

　従来は理事会一本だった役員制度を二つに分けた。組織代表で構成し業務執行の基本方針を決める経営管理委員会と、その基本方針の下で日常的業務を行う理事会を選択制として導入した。

　選択制とは言え、これまで理事は原則として組合員の中から選ばれる組織代表制を摂る人的結合体としての農協の性格を変えかねないかとの懸念もあった。だが、理事は金融業務の専門知識が欠かせないとの判断が法改正に結びつく。背景には「住専国会」でも言及された「農協貸し手責任」問題があった。

・96年改正農協法の全容把握

　96年改正農協法は、業務執行・監査体制強化へのこうした大きな変更があった。法案提出前に、大改正のほぼ全容をつかんだ。最終確認で、細かな文案を持つ関係者を夜中に訪ねたが入手は叶わなかった。法案提出の時期は迫る。「法案内容固まる」で書くことにした。住専での悔しい思いをした〈幻のスクープ記事〉も頭をよぎった。そして、改正点をポイント表付きで日農1面トップに載せる。その中には「執行体制に新たに『経営管理委員会』（仮称）を導入することも検討」と明記した。改正農協法案の特ダネだ。掲載後、中央会から「法案内容を教えてくれ」と問い合わせが相次いだが、こう応じた。「紙面に載っていることが全て」と。

　法案が事前にマスコミに漏れると、名称などを差し替えることもある。だが、農水省の堤英隆経済局長（当時）はそのまま通した。だから、連

合会はむろん、JA段階でも導入している「経営管理委員会」の名称は今に残る。

　熊本出身の堤は、切れ味鋭く度胸がある官僚だった。一方で部下に厳しく、叱責され〈立ち泣き〉した若手官僚も少なからずいた。畜産局畜政課長の時からの付き合いだが、思い切った言動で業界の要望にも応じた。農水省ナンバー2・食糧庁長官までのぼりつめながら、結局は省内の人事抗争に敗れ事務次官には就けなかった。政治や学閥などいくつかの要因が本人の評価に影を落としたのだろう。

　堤は95、96年と住専問題、その後の法制度改正で担当局長として国会質疑の矢面に立つ。取材で連日のように国会に通った。印象に残るのは、その答弁をすぐ後ろの政府側席に座り涼しい顔でじっと聞き、時折首をかしげていたのが当時、部下だった奥原の姿だ。きっと「自分ならもっと違う答え方をする」「事の本質が分かってないな」など、頭の中で問答を反芻し思案を巡らしていたに違いない。

■ 農協改革の源流「NIRA提言」

・農業成長産業論を展開

　ここで話は1980年代にさか上る。今に至る農協改革の〈源流〉を探るためだ。

　自由化・規制改革路線の中で最初に農業・農協問題に関する提言を出したのは総合研究開発機構（NIRA）による『農業自立戦略の研究』である。1981年7月のことだ。

　同研究の報告書では、農業は先進国型産業であるとして、国際競争力の強化と輸出産業化を目指すべきとした。農協については、地域ごとに設立されていた農協のゾーニング規制の撤廃、農協とアグリビジネスが競合する市場の形成、専門農協と地域農協への組織改革などを提言した。

全中は直ちに「見解」を出し疑問点を挙げた。そして「それぞれの国の農業のあり方を規定する基礎条件の差異を無視して、工業における近代化の論理を機械的に適用するなど、基本的に問題がある」と指摘。また、農協については、農業者の利益極大化だけでなく、公正な社会実現も目指しており、協同組合としての農協について認識不足だと批判した。

・NIRA 提言と同時に記者出発

　あれから 40 年。筆者の記者出発とほぼ同時期に出されたこの提言は特に感慨深い。

　当時は駆け出し記者として北海道支所に勤務。日本最大の食料基地として大規模専業地帯の北海道で大きな反響を呼んだからだ。NIRA 提言をとりまとめた叶芳和による札幌など道内各地のフォーラムには大勢の関係者が集まった。今振り返ると先見性もある。国際化を念頭に農畜産物輸出を前面に掲げ、農業成長産業化を進める今日の農政と二重映しの感さえある。

　振り返れば、40 年前の記者スタート時から農政改革、農協改革の〈震源〉を取材していたことになる。これも何かの巡り合わせ、宿命だろう。ジャーナリストとしてその後の大きな報道テーマともなる。

・未完に終わる「四つの革命」

　叶は「提言」を具体化した著書『農業先進国型産業論』で、内容を詳細に述べた。「保護主義」でも「国際分業論」でもない〈第三の道〉、国際競争力を蓄えた成長・輸出型産業にするとした。そのためには、「市場革命」「土地革命」「人材革命」「技術革命」の〈四つの革命〉の重要性を説く。市場革命には価格支持・生産調整策の撤廃と流通自由化、土地革命には農地集積による大規模農家の育成と兼業農家の離農促進などを明記した。

40年前の北海道でも、全国一の先進農業を実現していた十勝などは輸出産業の期待もあった。だが提案を精査すれば、理論と現実の矛盾は明らかだ。

　コメは生産調整を外せば価格は一挙に暴落する。当時の北海道産米は品質が低く、販売に苦労していた。日本最大の生乳生産を持つ酪農は、加工原料乳補給金制度（酪農不足払い）に基づく指定生乳生産者団体・ホクレンによる生乳の一元集荷多元販売に沿って経営安定を担保できていた。畑作も甘味資源作物をはじめ政策価格支持作目が多かった。

・40年後に実現の〈解〉と人脈

　発想と提案が早過ぎたのだ。「全てに時あり」である。ただ、当時は〈机上の空論〉〈暴論〉とされた「NIRA」提言だが、40年を経てそれらの政策は一つ一つ実現していることに驚く。コメ計画生産の国の関与は大きく薄まり、酪農不足払い制度廃止で生乳流通自由化が進む。菅政権はTPPをはじめ貿易自由化を加速する一方で、10年後の農産物・食品輸出5兆円を掲げている。まさに、輸出を農業成長の主要エンジンの一つに位置づけているのだ。

　特筆すべきことがもう一つ。農協改革の源流ともなる「NIRA提言」だが、今のNIRA代表理事には金丸恭文が就く。後に詳述するが、金丸は2014年に「官邸農政」主導で前例のない農協改革の発端となる政府の規制改革会議の旗振り役を務める。やはり、NIRA改革案は、時代を超え、形を変えしぶとくDNAが生き残り「農協ショック・ドクトリン」を招く。

■ 言われなき農協攻撃再び

・いま一つの〈怒濤〉2014年度

　ガット農業交渉妥結の1993年をシュトルム・ウント・ドラングの特異年だったと書いたが、もう一つの〈疾風怒濤〉の年と言えばそれから20年あまり後の2014年春先から翌年2月までの1年間、つまり2014年度だろう。

　「農政記者四十年」の中でも脳裏に焼き付く2つの年代、1990年と2010年の後者におけるピーク年と言っていい。

　この時に標的となったJA全中は2014年12月、創立60周年記念冊子の冒頭でこう述べた。「現在、全中をはじめJAグループは、協同組合の無理解に端を発する、言われなき農協批判にさらされています。しかしながら、これまでの全中の歴史は、時代の要請に応じ、不断に自己改革をしてきた歴史でもあります。今後も引き続き組合員・会員の声に耳を傾け、求められる機能・役割を発揮し、真に日本の農業・地域社会に貢献する組織に向け自己改革をすべく、役職員が一丸となって取り組んでまいります」。

　つまり規制改革会議などによる「上からの改革」に抗し、農業者による自主的組織として自らの改革に引き続き取り組むと宣言している。ポイントの一つは「真に日本農業・地域社会に貢献する組織」という点だ。形ばかりの成長産業や所得向上など表面的な議論に与することなく、政府の農協改革とは一線を画す生産現場の実態に沿った〈真〉の自己改革をうたった。大命題の〈創造的自己改革〉は今、全中が旗を振りJAグループ全体で加速している。

・「農協解体」ではないか

　「農協解体の危機」。2014年5月14日に政府の規制改革会議が示した「農

業改革に関する意見」の衝撃を、日農1面トップはこう報じた。中央会制度の廃止、准組合員の利用制限、信用・共済事業の移管など、JAの組織・事業の根幹を揺さぶる要求が並んでいたからだ。協同組合の無理解と否定以外の何物でもない。憤りは怒りとなって渦巻いた。同日はちょうど、JAグループの東京・日比谷野外音楽堂でのTPP国会決議実現を求める緊急全国集会が開かれ与党代表が招かれていた。そんな農協の政治行動を威圧するかのようなタイミングでの「意見」公表とも映った。

政府・与党の協議は難航したが、同年6月の「与党とりまとめ」で一時休戦。全中は総合審議会を開きJAグループ自己改革を打ち出した。規制改革会議はその後、11月12日に「農業協同組合の見直しに関する意見」を提出。全中など中央会制度の抜本的な改革を迫り、議論は一気に緊迫した。

・金丸農業WG座長に単独会見

農業改革論議が農協改革にすり替えられ、農協経営健全化や農政運動を担ってきた中央会制度に照準が当たってきた。議論が風雲急を告げる中、規制改革会議で農協改革を主導する農業ワーキンググループ（WG）の金丸恭文座長への単独インタビューが14年8月に実現した。

金丸はその1カ月前に、日本記者クラブで「規制改革と農協の課題」をテーマにした講演と質疑を行った。この中で金丸は「日本農業新聞は規制改革に関連し連日『農協解体』と報じているが認識が間違っている」と名指しで苦言を呈した。筆者は講演後、金丸に「このままでは農協解体になりかねないと指摘しているだけだ。時間を取って詳しく話せないか」と請うと、意外にも二つ返事で了承した。日農に規制改革の考え方が正確に伝わらないと、いくら農協改革の旗を振っても現場の理解を得られないと見たからだろう。

・「リスク取らない頂点・全中」

　金丸はマスコミの接触には極めて慎重だ。一つの言葉だけが切り取られ、一人歩きすることを嫌っているためだ。これまで朝日新聞などわずかのメディアと接したが、30分以内の短い時間に限られた。時間が少ないと質疑は2、3問で終わり、ほぼインタビューの体をなさない。つまりは、本人の主張だけが載ることになりかねない。

　記者にとって取材対象本人に聞くインタビューは報道の魂とも言える。文面ではなく息づかいを伴う肉声は貴重な示唆を与え、その後の取材にも生かせるからだ。質問によって相手の答えは変化し、取材対象が大物ほどありきたりの質問しかしない記者はすぐ外される。インタビューは刃をペンに代えた事実上の〈斬り合い〉でもあるのだ。

　実際のインタビューは15時過ぎから夕方まで90分近くに及んだ。金丸がこれだけ長時間の単独取材に応じた前例はない。それだけ、農協改革に懸ける思い入れと日農の報道姿勢を重視していた表われかもしれない。

　実際の記事は2014年8月22日全国2面のほぼ4分の1を割いて掲載した。客観性と報道機関の主張と分けるため、インタビューとは別に、署名入りで囲みの解説記事を付けた。

　話を進めるうちに、「農業と地域の現状を大変心配している」と、金丸は意外にも育った鹿児島の衰退と地域農業の大切さを繰りかえした。鹿児島選出の自民農林幹部・森山裕、小里泰弘らの名も出し、いろいろ相談、調整しながら慎重に議論を進めていくことも強調した。改革の目的を「単協の経済事業を強くし農業者の所得を増やし、後継者が定着していく産業に変えていく。農協解体という意図は全くない」とした上で、「JA自己改革には期待しているが、組織温存の現状維持はあり得ない。われわれを『外敵』扱いするのではなく、アイデアを取り込んでほしい」と強調した。官邸が「中央会制度、特に全中の在り方に強い関心を持っ

ていたことは事実だ」とも述べた。

　筆者が解説記事で指摘したのは、抜本的な農協組織・制度の改変がどう農業成長産業化と所得増大に結びつくのかの因果関係が明確でない点だ。

　「まず改革ありき」ではないか。特に農政運動の司令塔・全中つぶしではないか。金丸は質疑の中で「農協組織のピラミッド頂点にある全中はどうリスクを負っているのか。実際のリスクは農業者、単協がかぶっている」と疑問を呈した。実は金丸は事前に農水省幹部や自民党農林幹部などに「全中は本当に必要なのか」と問うたという。だが「是非必要だと言った明確な答えはなかった」とも明かした。

　金丸はインタビューの日農記事掲載後の反響の大きさに驚いたという。その後、再々にわたり取材の申し込みを行ったが「時間が取れない」を理由に応じていない。その金丸が欠かさず登場するのは、自ら関係する高級グルメ雑誌『東京カレンダー』。期待のリーダーらと会食しながらの対談「スペシャル・トーク」に毎号登場する。美食家としての趣味と人脈づくりの実益を兼ねているのだろう。新興実業家としての素顔がそれなりに分かる。5月号では若手農業起業家と座談し、農業改革にも若干触れた。

　全中を標的とした農協改革の陣頭指揮を執った当時の農水省経営局長は後に次官になる奥原正明、政治家は、自民農林幹部でその年の9月からは農相に就く西川公也。抵抗を封じ60年ぶりの農協改革遂行には、こうした用意周到な「官邸農政」シフトを敷いていた。一方で全中会長は「駄目なものは駄目」とTPP反対運動を牽引した萬歳章。対立は交わらない線となり、平行線のまま激論が続く。

　だが不条理なシナリオの流れは止まらない。現行中央会制度を廃止し、特に監査制度を切り口に全中を農協法から外す。割合が増す准組合員の利用規制もちらつかせながら、異論を封じ農協改革を断行する。こんな

シナリオが水面下で着実に進んだ。

・〈変化こそ永遠〉の曲解

　幾多の曲折を経て農協改革の結果は 2015 年 2 月 12 日の安倍首相の施政方針演説に「60 年ぶりの農協改革を断行する」と盛り込まれた。これまでの改正の延長線にない不連続な〈断層〉を含んだ改正農協法は同年 8 月に成立、翌 16 年 4 月 1 日に施行した。

　この時、安倍は施政方針で第 2 番目に「改革断行」を据えた。農政の大改革は待ったなしとした上で「何のための改革なのか。強い農業を創るため。農家の所得を増やすための改革だ」と強調。「これからは農家、地域農協が主役となる」と訴え、さらに明治の文化人・岡倉天心の言葉〈変化こそ唯一の永遠である〉を引用し「農は国の基。だからこそ今〈変化〉を起こそう」とも呼びかけた。

　演説の順番は政策の優先順位を表す。この農協改革は何のための改革なのか。むしろ改悪にならないのか。具体的に言及した中央会制度の廃止、全中一般社団移行でなぜ所得が増えるのか。そもそも地域農協は以前から独自にさまざまな取り組みを実践してきた。政府の農協改革は地域からわき上がった要望でもない。先の規制改革会議の金丸農業 WG 座長の記述でも指摘したとおり、農協改革と農業振興の因果関係は全く不透明だ。一部の担い手には根強い農協批判があるが、今に始まったことではない。元気な地域づくりには、調和と協調に勝るものはないはずである。不幸なのは、机上の論理と生産現場の現実とが乖離したまま、理不尽な農協改革論議が進んだことだ。

　先に安倍が取り上げた岡倉天心は、明治初期に伝統ある日本画の良さを守り抜き、横山大観や菱田春草など著名な日本画家らも育てた。天心の〈変化こそ永遠〉は、世界的に有名な著書『茶の本』にある。だが、そこだけを取り上げ解釈しては本質を見間違う。この言葉の前段には〈歴

史の中に未来の秘密がある〉。歴史に学ぶことこそ明日につながる。生産現場が置かれたこれまでの経過と実績を踏まえず、ただ制度だけをリセットしても未来の芽は育たない。故意か不勉強か知らないが、演説はこの大事な前提を無視していたのではないか。

　結果的に急進的な農協改革の法制度改正は通る。奥原は後に、政治を巻き込み難渋した一連の農協改革を「農協解体などではない。あくまで農協の原点回帰、農協の再生という話だ」と、いとも簡単に振り返った。そんな簡単な話なら、ここまでの激論にならなかったはずだ。政策は当事者の理解と納得を得て初めて実のあるものになる。課題と遺恨が残ったままでは、今後の政策遂行に支障が出かねない。

・〈亡国の農協改革〉との指摘も

　2015年秋に経済評論家の三橋貴明は『亡国の農協改革』（飛鳥新社）を緊急出版した。副題は〈日本の食料安保の解体を許すな〉。同著は幾多の重要な指摘をしているが、注目したいのは、農協改革が在日米商工会議所の対日要望と同時期に進んだ点だ。14年5月、同会議所はJAグループの組織改革で正式に提言。同著によると、系統信用事業、共済事業を米国と同様の競争条件にすべきと指摘。その上で、員外利用、准組合員制度、独占禁止法の特例など具体事例を列挙し見直しを求めた。これでは、農協改革の目的の一つが、巨額の農協マネーを狙う米国の要求に沿ったものかとも疑いたくなるのも当然だろう。

　日本協同組合連携機構（JCA）による日農連載記事をまとめた『協同組合を学ぶ100の言葉』。同著で「農協改革」「自己改革」の項目を執筆した馬場利彦JCA専務（当時）は「規制改革実施計画の中に〈地域の農協が主役になり〉と書かれているが、議論の主役は別のところにあった」「最近では、政府の言う『農協改革』の反対語として『自己改革』という言葉を使うようになってきた」と強調した。

　馬場は全中でJAグループが挑戦し実践する〈創造的自己改革〉を名付けた一人だ。肝は〈創造的〉の3文字。自主・自立の協同組合が組合員の要望に応じ自ら改革するのは当たり前である。それぞれの地域農協が創意工夫で農業者、組合員の所得向上と地域振興を図っていく。政府による〈上から〉の改革でなく、〈下から〉さらにより良い組織へと意思を積み上げていく。その行為を〈創造的〉の言葉として魂をこめた。言い換えれば〈真の改革〉でもある。

・「60年ぶり農協大改革」

　改正農協法施行時の日農「論説」を挙げたい。改革のエンジンはあくまで生産現場だ。自己改革の旗を堂々と掲げ邁進せよと説いた。以下はその論旨だ。

・・・・・・・・・・・・・・・・・・・・・・・・・・・・・・

　戦後最大の改革を迫る改正農協法が1日施行される。今回の改正が課題と多くの懸念を含むことは、衆参農水委員会で異例の付帯決議からも明らかだ。一方でJAグループは、法改正をにらみながら再び地域農業に輝きを取り戻す自己改革の旗を掲げ進まねばならない。「退路」はない。農業者所得向上、農業生産拡大を着実に進める実践力が問われている。

　施行に際し、まず強調したいのは約60年ぶりの今回の大改革が農業者、組合員の自発的な発案や要望によって進められたものではないということだ。そのため、JAグループには依然として不安と不満が残っている。当該者の納得と理解があって法改正の趣旨が浸透し機能するはずだ。

　法改正を巡り、JAグループの司令塔・全中の農協法外しなど中央制度の廃止、准組合員の利用制限問題ばかりに議論の焦点が当たった。本質的議論がなかなか進まなかった要因でもあろう。核心は、いかに生産

現場で農業者・組合員を応援し農業や地域社会を底上げしていくのか。そのための JA グループの枠組みの在り方である。

安倍政権ではアベノミクスが掲げた TPP 推進など成長戦略・規制緩和の文脈で「官邸主導」による農協改革断行が進められたのが特徴だ。今回の改正で協同組合の原点である自主・自立に踏み込んだことも看過できない。背景には、競争ばかりが強調され、社会調和や相互扶助を主眼とする協同組合への軽視と無理解も指摘せざるを得ない。

世界の潮流は大きく異なる。国連は 4 年前に国際協同組合年を定め協同組合を位置づけた。その後、家族農業年、国際土壌年と続く流れは、国際的に格差問題が深刻になる中で持続可能な地域社会をより重視した証ととらえるべきだ。大幅な自由化・規制緩和を盛り込み「ミニ TPP」ともいえる米韓 FTA を締結した韓国で既に協同組合基本法が成立したことにも注目したい。

一方で、組合員の負託に応える JA グループ全体の主体的な自己改革の加速は「待ったなし」の最優先課題なのは間違いない。①農業者の所得増大②農業生産の拡大③地域の活性化の三つは、昨秋の JA 全国大会の基本目標に据えた。所得増大、生産拡大の目標値を具体的に設定し着実に進める実践力が問われる。

施行も踏まえ、担い手対応強化や生産資材の有利調達をはじめ営農・経済重視へ組織運営の原点を再度見つめ直したい。地域社会の変化に応じ准組合員の参画を通じ組織基盤強化に結びつける手法も必要だ。JA グループ改革推進中央本部も設置された。改革のエンジンはあくまで生産現場そのものにある。地域実態に応じた創造的な自己改革こそが問われる。今後、総会や総代会が相次ぐ。自己改革の推進を改めて徹底すべきだ。

・・・・・・・・・・・・・・・・・・・・・・・・・・・・・・・・・・・・

農協改革のボールは JA グループに返された。これから問われるのは

数値も含む実践だ。「見える化」と「見せる化」が一段と問われる事態となった。

　こうした中で全中は今、毎月上旬の理事会後の記者会見で中家会長自ら「JA自己改革ニュース」の事例を説明する。例えば2020年12月には〈所得増大編〉として和歌山・JA紀南の「輸出強化や加工品新規販売で所得27％アップ」、愛知・JA蒲郡市の「スマート農業促進で栽培技術高度化と契約販売拡大で担い手グループ所得31％向上」など、具体的数字を伴った自己改革の成果を示し、今後の取材の素材提供を欠かさない。

・2017年農業改革8法案成立

　2017年1月20日招集の第193通常国会。安倍首相は施政方針演説で再び農政改革を前面に掲げ「農政改革を同時並行で一気呵成に進める」と語気を強めた。相次ぐメガFTA交渉が大詰めを迎えていた時期だ。規制改革論議を踏まえながら、農業の競争力強化へ制度面から農政改革の総仕上げを行う。

　国会には農業競争力強化支援法の制定や半世紀ぶりに加工向け生乳の補給金制度を見直す畜産経営安定法（畜安法）改正など8法案が提出され、6月16日に全て成立した。

　施政方針演説で安倍は〈農政新時代〉の項目で具体的に述べた。「農家のための全農改革を進め、数値目標の達成状況をはじめ進捗をしっかり管理していく」「牛乳や乳製品流通で事実上、農協経由に限定している現行の補給金制度を抜本的に見直し生産者の自由な経営を可能とする」と。その年の政府の大方針を唱える通常国会冒頭の演説で、民間組織の全農を名指しで取り上げ改革を迫り、半世紀続いた酪農不足払い制度廃止を取り上げるなど、農政改革に異例の関心を示した。

・酪農改革は「真逆の方向だ」

　この二つのテーマはその後、政治を巻き込み大きな問題となる。全農改革をはじめとする経済事業改革は次章で詳しく触れたい。酪農改革は品目の特殊性、生産、処理、販売、国際化などを包含した制度の複雑から一知半解の論議で終始し、結果的に極めて禍根を残す法改正になった。「まず改革ありき」「制度廃止ありき」の悪しき前例となり、現在も酪農家ばかりでなく、乳業メーカーにとっても課題の多い制度改変となった。日本農業で唯一と言ってよい専業農家が圧倒的に多い作目で、水田農業振興とも密接に絡む。日本農業の将来に関わる一大テーマである「米と牛乳」も後の章で考察したい。

　元農水省官房長で2020年3月から全農経営管理委員を務める荒川隆に、当時の農協改革の実態で言葉を交わした。荒川は「農業団体など利害関係者との接触は制限された。これでは関係者の声は聞けず政策はなかなか作れない。酪農制度改革などは、酪農振興とは全く別の方向を向いていると言わざるを得ない」と疑問を呈す。この間の農政改革のやり方を農水事務次官OBらに聞いても大半が「官邸ばかり向いている」「このままでは農水省と農業団体の信頼関係が揺らぎかねない」など、否定的な意見が多いのが実態だ。

・再出発・全中への期待と課題

　2019年9月30日、全中は改正農協法に基づき一般社団法人に組織変更した。

　中家徹全中会長は〈全中には前身である産業組合中央会から100年以上にわたる歴史があります。「共存同栄」「相互扶助」を掲げ、協同組合運動に携わってきた先人達の思いを受け継ぎながら、JAグループの結集力を高め、「持続可能な農業」と「豊かでくらしやすい地域社会」の実現に、粉骨砕身、全力を尽くしてまいります〉との談話を出した。栄

光の歴史を踏まえ引き続き協同組合運動を担う決意表明でもある。

　全中一般社団法人化時に日農「論説」で、理不尽さを伴うが新たな出発を「次」の飛躍にすべきだと説いた。以下、その時の論説だ。

∙∙

　改正農協法に伴い、JA全中は一般社団法人で再出発した。まずは、発足から65年の歴史をしっかり総括することだ。その上で、時代の状況変化に応じた新機軸を立てる一方、これまで同様に協同組合の旗を高く掲げ、地域振興へ前進すべきだ。

　新生・全中丸は一見静かな船出だが、農協法から外れ指導や監査権限がなくなる意味合いは大きい。一連の農協改革論議の過程で、JAグループが中央会制度廃止と准組合員利用規制という理不尽な選択を迫られ、苦渋の決断をした結果でもある。だが、再出発をいま一度、組織全体を活性化する契機とみたい。協同組合の旗を高く掲げ農協運動にまい進した宮脇朝男元会長は「先憂後楽」を信条とした。難局を突破した後こそ明日がある。改めてかみしめたい。

　全中の中家徹会長は一社化移行に伴う日本農業新聞とのインタビューで「令和元年とも重なり、気持ちを新たに再出発する。農業とJAが多様化する中で、今まで以上に存在価値を増す組織を目指す」と強調した。人材育成によるマンパワー発揮こそが、今後のJA事業・経営支援の鍵を握る。さらに、環境が激変する中で「不易流行」の四字熟語を繰り返す。変えてはならない基本原則と、情勢変化に応じた柔軟対応、つまりは創意工夫ある新機軸展開の二つを指す。1980年のレイドロー報告で挙げた国際協同組合の信頼性、経営、思想の三つの危機は、いまだに打開できていない。むしろ三つが合わさった〝複合的危機〟に直面する。

　不変の基本原則は協同組合だ。そして農政展開も含め運動体であるという点だろう。共存同栄、相互扶助、助け合いの精神は、市場原理主義が横行し経済格差が広がる時代の中でこそ威力を発揮し輝きを増す。

キーワードは「結集」そして「持続可能性」である。新生全中は、代表機能、総合調整機能、経営相談機能の三つを柱に据えるが、まず組織の求心力、結集と持続可能な組織経営が大前提だ。

「歴史とは過去と現在の対話である」と歴史家E・H・カーは説く。既存の50年史、60年史に加え、全中65年の軌跡を総括することが欠かせない。まずは全体シンポジウムを開き、課題と展望を整理すべきだ。視点の一つは、中央会制度廃止、全中一社化という協同組合史でも前例のない異常事態をどうとらえるのか。1954年の全中発足当時に1万以上あった農協が、今では約600で経営指導、監査という役割を終えたという理由は表層的に過ぎない。

今後の全中に、同じ〈ひらく〉と読む「開く」「拓く」「啓く」の三つの漢字を重ねたい。地域住民により身近にするため組織を「開く」。将来を見据え挑戦し新規事業分野を「拓く」。そして協同組合の可能性を教え導く「啓く」である。日本の食と農の行方は、全中の機能発揮にかかっている。その気概こそが組織の未来を「ひらく」はずだ。

・・・・・・・・・・・・・・・・・・・・・・・・・・・・・・・・・・・

急進的な農協改革論議の末に、農協法から外れ一般社団化する全中に〈ひらく〉をキーワードにした言葉を届けた。「開く」「拓く」「啓く」の三つの〈ひらく〉は意味合いが異なるが、いずれも主体性こそ重要だ。今後の全中の組織運営の指針とも重なるだろう。

■ 自己改革の現状と展望

JA自己改革は着実に進展する一方で、現場農業者・組合員が成果を実感できる取り組みが一段と問われる。鍵は「見える化」と「見せる化」の両輪だ。新型コロナウイルス禍もあり、これまでの効率重視から、皆で支え合う対応への転換が急務だ。今まさに協同組合の出番。自己改革

を通じ地域の「ど真ん中」で輝くJAの課題を展望したい。

・遠くに行くには皆で

　JA改革を描き考える時に、いつも頭に浮かぶいくつかの言葉がある。

　まず「遠くに行くにはみんなで行け」。アフリカに伝わる古い言葉で、その前段には「早く行くには一人で行け」と。相互扶助、助け合いを旨とする協同組合の基本とも重ならないか。力の強い者は確かに独力で目的地に早く到達できるだろう。だが、それは限られた人だけだ。弱いもの、幼い者もいる家族、集団は目的地に行くにはどうすればいいのか。互いに支え合いながら少しずつでも前に進む。結果的に全体で遠くても目指す地に到達できる。JA自己改革も結局は、組合員、地域住民みんなが手を携え、より良き社会、元気な地域へと進んでいく道のりであろう。

　JA改革と表裏一体の「協同」の漢字も意義深い。〈協〉は三人が力を合わせれば、十人分ものより多くの能力を発揮する。そんな思いを読み解きたい。〈同〉は、そのシナジー（相乗）効果が同じ方向に歩むことだ。力を合わせながら同じ方向を目指し進む。それが〈協同〉という二字にはある。

・全国事例に学び「創造」

　「創造的JA自己改革」を実践する際に、JAグループの強さは全国横断のマンパワー、仲間たちの存在だ。そしてそれを事業ごとに支える全国段階、都道府県段階による物心両面のサポートが効力を発揮する。単なる物まねでは早晩限界に突き当たり、思った効果も期待できない。優良事例に学びながらも、地域の現場と現実を踏まえ身の丈に合った独自の改革を進める。「創造的」と冠が付いた意味合いでもある。

　自己改革成功の鍵は営農経済事業の具体化に尽きた。組織への結集こそが難局突破のパワーとなる。食と農を基軸に、地域に根ざした協同組

合の本領発揮には、もう一段の営農経済事業改革が問われた。今に続くJA自己改革の「エンジン部分」でもあろう。

〈経済事業改革〉は第5章で触れるが、営農経済事業改革の実現にはJA全農の存在が大きい。

全農自らどう改革し、会員にメリットを還元していくのかの具体策が問われた。農協改革はいつの間にか全農改革にすり替えられ、規制改革から一部の理不尽な要求も突き付けられたが、全農は年次工程表を発表し、着実な改革を進めた。

全農改革の陣頭指揮を執った神出元一理事長（当時）に度々、その具体的な手法で取材を重ねた。良質で低価格な生産資材の提供、業務用野菜など付加価値を伴う販売力強化で、国産農畜産物の比率を引き上げる。全農の蓄えた営農技術ノウハウの生産現場への対応など次々具体的な実践を進めた。

こんな中であるアイデアが形となる。「全国55JAモデル事業」だ。対象JAに県連、全農が全面協力する形で生産性の高い「儲かる経営」を実践していく。筆者は55JAから「全農改革ゴーゴー作戦」と名付けた。神出理事長に「全国55モデルJAサミット」を開催すべきと提案したが、後に全国各地のJAも参加し55モデルJA実績発表会に結実した。スマート農業、輸出などに力を入れた農水省の末松広行事務次官も出席し、全農改革を通じたJA自己改革の実現に強い期待を述べた。今後の課題は、各地のモデルJAのヨコ展開で、地域全体の農業力の底上げである。

・営農現場力を磨く

いま一つの「事例に学ぶ」。2020年2月末、東京・品川での第4回となる全中主催の「JA営農指導実践全国大会」は開催が危ぶまれた。都内で新型コロナウイルス感染が広がっていたからだ。開催か中止か。最終的に判断したのは中家徹全中会長自らだ。「JAの営農指導は自己改革

の一丁目一番地。全国の実践を学ぶ流れを続けるべきだ」と。

　この全国大会は単なる営農指導スキルアップとは違う。営農指導員個人の現場力に焦点を当てて表彰するものだ。近畿ブロックからはJA兵庫みらいが施設アスパラガス産地化の創造力あふれる取り組みを発表した。特に注目を集めたのがJA山形市の「山形セルリー生産振興とブランド確立」。発表者の同JA経済部農業振興課の鈴木公俊は副題を〈若者、バカ者、よそ者の挑戦〉とした。セロリ産地復活の物語だが、いろいろな力がJAに結集して大きな塊になり成果を得た。ちなみに〈ばか者〉とは一つの目的に向かい直進する人材の例え。「賃貸ファーム」、「担い手育成」、斬新デザインを含む「販売戦略」の三本柱が新たな産地を創り地域に新たな光を当てる。肝はJA総合力の発揮だ。創造的JA改革の実践そのものだろう。

・対話こそ双方向のツール

　JA広報の大切さが増す。冒頭にも「見える化」「見せる化」の両輪が欠かせないとも触れた。農業所得向上に向け各地で懸命に努力するJA。変わろうとする姿を組合員と地域が分かれば組織理解は高まるはずだ。進行形のJA役職員と組合員の「対話運動」はその重要な手段だ。2021年3月期限の「5年後条項」の准組合員のJA理解も深まるはずだ。自己改革の「見える化」は欠かせない。一歩踏み出し、より積極的な地域住民への「見せる化」も欠かせない。JA広報媒体のひと工夫、直売所を生産農家と准組合員と消費者をつなぐ「対話広場」に作り替えるなど、創造的な試みはできないか。

　コロナ禍で接触が制限される中で、JAふくしま未来（福島）は、園地にライブカメラを設置し産地情報を「見える化」した。市場関係者がスマホで果実の出来具合が分かる配信システムを全国に先駆けて導入したものだ。JA自己改革の前進は「対話」をキーワードに着実に進め、

地域になくてはならない JA の存在感を高めたい。

■ 農中は食農ビジネスに本腰

　農林水産業の金融を担う農林中金は、いわば命を維持するのに欠かせ
ない〈血液〉を送り続ける。大正時代の関東大震災があった 1923 年 12
月に前身の産業組合中央金庫として発足した。2 年後の 2023 年には設立
100 年の節目を迎える。

　農中は歴史的に何度も大波に遭遇し、そのたびに組織の結集で乗り
切ってきた。ここ 30 年間では、先に見た住専処理問題、JA バンクシス
テム構築、さらには農中経営を直撃した 2008 年のリーマンショックな
どである。

　こうした中で、農中プロパー出身から初めて理事長を務めた河野良雄
の役割は大きい。2018 年春、後任の理事長に 10 歳違いの奥和登専務を
充てた。河野を継いだ奥は今、コロナ禍の激変の中で、環境重視、食農
ビジネス推進、デジタル化を進め、2 年後の農中創設 100 年も見据えリー
ダーの手腕を発揮する。河野はかつて広報室長なども経験し、金融機関
では珍しくトップ自ら胸襟を開きマスコミとも積極的に関わった。筆者
にも出来るだけ時間を作り数々のインタビューに応じた。

　河野の意見も反映し、従来の金融業務に加え 2016 年度からは食農ビ
ジネスを本格化する。農中が長年蓄積してきた事業ノウハウ、ネットワー
クを活用し、地域→生産→加工・流通・外食→輸出・消費まで連なる食
農バリューチェーンの主要金融機関の役割を発揮するのが狙いだ。視野
はアジア全体を向く。〈ささえる〉〈つなぐ〉〈ひろげる〉の三つの機能
を果たす。農中食農営業本部長・金丸哲也（当時）は「地域生産者を〈さ
さえ〉、生産者・産業界・消費者を〈つなぐ〉架け橋役になる。さらに、
日本の高品質で優れた農林水産物を輸出で世界へ〈ひろげ〉、アジアの

成長を日本に取り込むことに挑戦したい」と強調した。

　農中は創設100年を見据え、2019年度から初の5カ年中期計画を実践中だ。通常の中期計画は3カ年だった。農中5カ年計画に関した日農論説では、産地の食の連携強化に期待を示した。以下にその趣旨を記す。

・・・・・・・・・・・・・・・・・・・・・・・・・・・・・・

　農林中央金庫は、2019年度から5カ年の中期経営計画を決めた。最重点は産地、地域と食を結ぶ食農ビジネスの拡充だ。食料自給率、自給力底上げへ、人と人とのつながりを原点とする協同組合金融の強さを発揮すべきだ。

　中経計画は通常3年だが、初めて5カ年とした。創業から100年となる節目の2023年を射程に置いたためだ。会見で奥和登理事長は「今後の5年間は、これからの100年を決める」と今回の中経の重い意義を強調した。5カ年計画のスローガンは「変化を追い風に、新たな価値創造へ挑戦」。変化の荒波をむしろ逆手にとり、これまで以上に、食と農の価値創造を目指す。JAグループの創造的自己改革促進と連動する動きでもある。

　重点戦略は①食農ビジネス②JA貯金のリテール部門③国際投資部門の三つ。鍵を握るのが食農ビジネスだ。JA

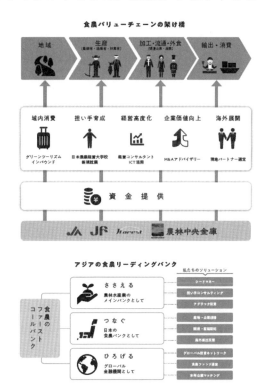

図表4-1　農中食農ビジネス（農中提供）

グループ一体で産地と加工、流通、外食などの産業界、消費者をつなぐ食農バリューチェーンの構築を進める。国連の持続可能な開発目標「SDGs」も念頭に、地域循環型経済を後押しするモデルを形成し広げていく。

　自己改革の「見える化」が改めて問われている。こうした中で、農林中金とJA全農の連携は、食と農の新たな価値創造の起爆剤になってきた。いわば金融と経済の〝双発エンジン〟で進み、農業者の所得向上と地域農業生産の拡大という自己改革の目的地に到達する道筋が見え始めた。5カ年計画でも、農林中金と全農の一層の連携強化を明記した。金融と経済の一体的推進は、食農バリューチェーンの構築につながる。JAバンクが培ってきた農業融資の取引会社を2019年3月末の約7800社から、3割増の1万社に引き上げる目標も掲げた。

　取り巻く環境は厳しさを増す。国内金融機関は軒並み経営悪化が続く。農業をはじめ地域経済の衰退、少子高齢化、米中貿易紛争の激化など先行き不透明な国際情勢も加わる。こうした時だからこそ相互扶助を基盤とした協同組合の出番である。

　インターネットを駆使したデジタル化への対応が、今後の経営の盛衰を決める。先のスローガンの「新たな価値創造の挑戦」の肝の部分でもあろう。農林中金は、今後5年間でJAデジタル化に600億円を投資し、事業効率化を加速する。営業や営農経済部門への人材の適正配置にもつながる。デジタル対応は、食と農の新たな価値創造にも結び付く。

　農林中金の前身、産業組合中央金庫は1923年12月、関東大震災直後に創業した。そして、地域の復興、再生の歴史と共に発展してきたことを忘れてはなるまい。平成の30年間は「大災害の時代」だった。5カ年計画は新たな令和と共に始動した。協同組合金融の原点も念頭に、食と農の架け橋機能を着実に強化すべきだ。

　以上の論説は5カ年計画に焦点を当てたが、さらに今、農中は焦点の国連の持続可能な開発目標であるSDGsを踏まえた対応を急いでいる。

・これまでにない農中・全農連携

　筆者は、2016年度の食農ビジネス本格化を前にインタビューを行った。食農ビジネスで宮園雅敬副理事長（当時）をトップに据えた。宮園は今後、数値目標を掲げ食農ビジネスを加速することや、JA全農とは事業部門別のプロジェクトチームを設置し、具体的な事業化の深掘りをしていることを明らかにした。

　以下はインタビュー要旨だが、核心を突き現在の農中食農ビジネス理解の参考になるので再掲しよう。

・・・・・・・・・・・・・・・・・・・・・・・・・・・・・

　激変期には組織も意識も変わらなければならない。食農法人営業本部ができて数カ月。地方も含め500人を超す職員が本部に関わる体制を整えた。具体的な数値目標なども考える。年明けには組織内で本部の本格始動に向けた意志固めの機会も作りたい。

　食と農、地域の振興のために「できることは何でもやる」。食と農を基軸に、単なる知識を超え、課題解決をして事業化までつなげ付加価値を生み出す〝食農智〟という新語を浸透させたい。

　基盤づくりはJA全中が旗振り役となった県域担い手サポートセンターとの連携が重要だ。全農とは農業改革で焦点となった生産資材をはじめ事業分野別のプロジェクトチームを設置し、深掘りができつつある。農中と全農がこれほど連携を強めたことは歴史的にない。三つの「しんか」を思う。新たな発想で事業を前に進める進化と事業深掘りの深化、そしてJAグループ全体の真価を発揮する。准組合員利用規制の「5年後条項」への対応とも重なるはずだ。

・・・・・・・・・・・・・・・・・・・・・・・・・・・・・

宮園はその後、長年にわたる巨額の資産運用に携わってきた手腕を買われ企業年金連合会理事長、2020年4月からは年金積立金管理運用独立行政法人（GPIF）の理事長に就任した。GPIFは国民の公的年金資金を約160兆円規模で管理、運用し世界最大級の機関投資家とも称される。

■ 地域貢献と共済事業

　JAグループの柱の一つ、共済事業に注目したい。2021年1月にはJA共済連設立70年（全国本部、全共連）の節目を迎えた。相次ぐ自然災害に協同組合の重要性が増す。特に、被災地救済の柱となるJA共済の存在は大きい。助け合いを基本とした共済の地域貢献事業は、農村に暮らす組合員の足元を照らし、明日への道を開く。共済事業の一層の地域支援強化が地域住民のJA理解にも結びつく。最新情報は、JA共済の「地域貢献活動レポート2020」に詳しい。

　JA共済連は、2019年度からの3カ年事業計画で、柱の生命保障を中心とした保障提供強化のほか、新たなJAファンづくりに向けた農業・地域への貢献活動の拡充を挙げた。3カ年計画のスローガンは「安心と信頼の『絆』を未来につなぐ～地域のくらしと農業を支えるJA共済～」。組合員や利用者の結び付きをさらに強め、その〝絆〟を未来に手渡していく決意を込めた。

　共済の役割を対外的にアピールするポスターでも「農業を母に。助け合いを父に。」といった合言葉で、社会貢献の役割を示してきた。次

写真4-1　共済地域貢献で農高への農機寄贈
（共済連提供）

世代につなぐ、持続可能で元気な地域づくりを目指すこととも重なる。

　スーパー台風の襲来をはじめ自然災害が相次ぐ。万が一の時に応援する共済の役割発揮の時でもあろう。JA共済連の2018年度決算で、多発した自然災害に関連する共済金支払額（建更）は約3000億円に達し、東日本大震災を受けた2011年度に次ぐ過去2番目の支払いとなった。災害列島日本に住む国民の強い味方だ。

　準備金対応で経営の健全性を担保しているが、今後とも被災地支援は共済事業の重要な役割となる。同時に、被災地での共済連や当該JA一体で共済金早期支払いに向けた迅速な被害調査も評価される。農作業事故や自然災害など、農業経営の打撃に備える農業リスク診断活動の実施は、18年度が17万回を超え前年から倍増した。共済連は19年度からの3カ年計画でもリスク診断を強化していく。

　注目したいのは、共済連の自己改革と絡め地域貢献活動の成果だ。「地域・農業活性化積立金」を創設し、各地の活動を後押ししている。底流にある助け合い精神が活動に結実し、地域に明るさをもたらし、再び明日に向けて歩みだす契機となる。

　JA香川県の体験型農園「讃さんファーム」も一例だ。農園はJAと住民をつなぐ架け橋となり、地域農業や食を伝える場の役割も果たす。

　活性化積立金は、2018年度までの3年間で県域向けに210億円用意し、活用は1万2000件を超えた。19年度からの3年間も、同額を準備し支援を続ける。活動は多彩だ。農機助成、食農イベントなど農業関係が最も多く約5000件。検診車や福祉車両の寄贈など健康や介護に関する活動が約2000件。移動店舗車の購入助成や子育て支援イベント開催といった生活支援活動は約2500件。まさに、くらしと農業を支える創意工夫ある活動への応援団の役割を担う。こうした地域貢献の拡充を通じ、一層のJAファンづくりにつなげるJA共済の役割は大きい。

■ 全中会長との直接対話

　歴代の全中会長とは、できるだけほぼ二人きりで話す機会を持つようにした。会長によっては車に同乗したケースもある。

・発想転換のヒントも兼ねる

　組織の頂点に立つ人物は孤独であり、JAグループのトップに立つ全中会長も例外ではない。周りの意見ばかりでなく、たまには外の空気を吸い、思い切り風に当たりたい。誰もがそう思うはずだ。気分展開にもなるに違いない。率直な政策の評価や政治家、官僚らの人物評も、その後の運動を考えるヒントにもつながるかもしれない。画一的な発想の転換に結び付くかもしれない。会長との直接対話の狙いをそう考えてきた。

・「JA改革断行内閣」掲げた原田

　既に、昭和末期の1987年から全中会長を務めた堀内巳次、その後任の佐藤喜春、豊田計らは触れた。

　それ以外で思い出深い一人に広島中央会出身で1996年から2002年まで全中会長だった原田睦民がいる。包容力があり構えの大きな人で、巨額の資金運用を実践するJA広島市の出身だけあって信用事業に精通していた。自ら全中執行部を「JA改革断行内閣」と称していた。ペイオフ導入に伴うJAバンク法の制定時に当たり、先の農水省の奥原（当時農協課長）が原田を称し「大変見識のある方だ」と系統組織で唯一と言っていいほど評価した人物でもあった。

　原田が全中会長就任時からわずかの時間を経て、筆者は広島市のJAビル（当時）にある日農中国四国支所に転勤になった。広島中央会に赴任挨拶に行くとちょうど原田が在室で「よう広島に来たな。飯でも食おう」と食事に誘われた。請われるままに同行すると、ぶらりと近所にあ

る料理屋の二階に上がった。実は会長秘書も出かけたことを知らず、1時間半も「会長不在」で中央会内はちょっとした騒動になっていた。その後、役員室からは「会長と一緒の時は必ず連絡ください」と何度も念を押されることになる。

　原田には、こうした気さくなところもあった。原田が広島に戻ると、よく会長室に呼ばれ「今の政治情勢をどう見るのか」「系統組織の課題を記者の目でどう見るのか」など率直な意見交換を好んだ。そうした情報源の豊かさが原田の見識の高さともなった。

・寡黙で誠実な萬歳

　次に、2010年代の最近の3人の全中会長を振り返る。

　萬歳章は戦後最大の自然災害となった東日本大震災発生から半年後の2011年8月に会長に就く。事実上、戦後生まれの初めての会長となる。先に触れたとおりTPP、急進的な農協改革、政治は民主党政権から自民党政権復帰など激動の時期に当たる。全中の手腕発揮の時でもあり、逆に言われなき農協攻撃が全中批判に転じた局面でもあった。その意味では、歴代会長の中でも最も苛烈な時期を経験したと言っていい。

　萬歳は寡黙であまり余計なことは発しなかったが、日頃接するにつれブレがなく一途な誠実さがよく分かった。忘れられない光景がある。農協改革論議が過熱した時の自民党農林合同会議。出席した萬歳は自民党の幹部に挨拶もせず席に着く。誰とも目を合わせず要請書を読んでいた。政府側の席には農水省経営局長（当時）だった奥原。相変わらず涼しい顔で飄々としていた。自民農林幹部席の西川公也は、ものすごい形相で萬歳をにらみつけていた。険悪な雰囲気が漂う。農協改革を巡る主役の3人の立ち位置が、その場で透けて見えた思いがした。

　萬歳は2015年、会長2期目の途中で辞意を表明した。直後、萬歳に「一番許せない政治家と官僚は誰ですか」とストレートに聞いた。すると、

顔をこわばらせ、わずかに口を開き何か発しようとしたが、また口を真一文字に結ぶ。しばらくして表情を緩め、一言だけ「いろいろいますわ。助けてくれる方も、そうじゃない方も」と。

・対立から対話重視の奥野

　後任の奥野長衛は残任期間の2年を務めた。関西大学法学部出身で読書家であり勉強家だった。東京・大手町のJAビルのエレベータなどでばったり会うと「きょうの『四季』（日農1面コラム）は良く出来ていたな」など講評してくれる。議論を好み、記者クラブなどマスコミに登場することもいとわなかった。対談なども積極的で、作家・元外務省主任分析官の佐藤優との共著『JAに何ができるのか』もある。

　地元の三重・伊勢では野菜の漬け物加工などで付加価値販売を実践するなどアイデアマンで、組合員へメリットを還元する経済事業を重視した。系統組織の常套句「組合員のために」を変えさせ「組合員と共に」と強調し、JAと組合員の一体感を繰りかえした。

　対立から対話へ。時代の要請が奥野の背を押した。以前から、これまでの自由化反対の大会やデモ行進はかえって逆効果しかない。解決策は話し合いとも強調してきた。あまり先入観を持たず相手の懐に飛び込む度胸も備えていた。

　規制改革会議の金丸恭文にも自ら声をかけ食事を共にしている。全農改革で辛口評価も行った小泉進次郎自民党農林部会長（当時）とも積極的に関わった。全農改革が大詰めを迎えた2016年10月7日発売の月刊誌『文藝春秋』では小泉との対談も載った。発売前日、小泉は自らのフェイスブックで対談を全国の農業関係者が一読してほしいとアピールさえしている。

　ただ小泉との〈距離感〉を巡り評価は分かれる。直接、奥野に「全中は変わったが組織内の評価はさまざまです」と訊いてみた。すると「い

ろいろ耳に入ってくる。全中が良い方向に変わったと評価されれば良い
んだがなぁ」とぽつり。そして遠くを見つめたのを思い出す。

・中家現会長は「対話こそ協同組合の原点」

　現在の中家徹は2017年から会長で現在2期目。人柄がよく丁寧に人
に接し気配りの方である。自らの言葉でマスコミ対応も積極的にこなす。
中央協同組合学園の第一期生で米価運動などを牽引した伝説の全中会
長・宮脇朝男の薫陶を受けた人生丸ごと農協マンとも言えよう。

　組合員との全国対話運動を展開。国内農業生産を柱とした食料安保、
特に国内で消費するものはできるだけ国産で対応する〈国消国産〉の新
語をつくり、自給率、自給力向上を目指す。時間をとって話を聞いてくれ、
「これからは〈見える化〉とともに積極的にマスコミに訴える〈見せる化〉
も大切ですよ」と言うと、すぐ創意工夫を凝らす。

　「対話こそ協同組合、JA組織運動の根幹。いくら方針を示してもそこ
が出来ていないと事業展開は生きてこない」と、地域JAなど生産現場
との意思疎通に心を砕く姿が印象に残る。10月末には第29回JA全国大
会をひかえ、新型コロナウイルス禍で引き続き農政上の重大局面が続く。

・的外れの〈守旧派〉批判

　中家にとって心外な一つは、一部マスコミから〈守旧派〉と称される
事だろう。特に政府・与党とある程度歩調を合わせた前任の奥野との比
較で取り上げられる。

　身近で接してきた記者から見ると、全く的外れの指摘、いや言いがか
りのたぐいだろう。地域農協の発展と農業者・組合員の生活向上を願っ
て懸命な努力を続ける姿を間近で見てきたからだ。特に創造的自己改革
を通じ地域JAの自主性を重んじている。一方で、必要ならば政府・与
党に農業者の意向を伝え、政策実現を目指すことは当然のことである。

　規制改革に振り回された農協改革論議は、改めて問題の根深さを裏付けた。その中で、今も〈当日〉の情景が浮かぶのは2014年5月14日のショッキングな出来事だ。

　この日はJAグループのTPP関連緊急集会で、全国から多くの農業者、組合員が駆けつけた。その会場で「これだよ。とんでもない内容だ」と政治関係者から規制改革会議の農協改革の〈意見〉を見せられた。中央会制度廃止をはじめJA組織・事業の根幹を揺さぶる急進的な改革案が列挙してある。この件に関して金丸恭文農業WG座長に直接聞いたことがある。「なぜ中央会制度廃止を最初に持ってきたのか」と。すると「話題性、インパクトを狙った」と応じた。こんな動機で、JAグループの今後が決まってはならないのは当然だ。

　政府はTPP問題と農協改革は全く関係ないとするが、全中によるTPP集会と同日に事実上の〈農協解体〉になりかねない〈意見〉が出ることは、まさに意図的ではないか。JAのTPP対策運動に対する牽制と受け取っても不思議ではない。

　「第4章　農協ショック・ドクトリン」冒頭の言葉に、150年前にフランスで活躍した文豪ユーゴーの〈大きな樅は嵐の強い場所で成長する〉を挙げたのは、逆風が強まる時こそ農協運動の真価が問われるとの思いからだ。暴風雨を伴う度重なる嵐に耐えることで、モミの木は鍛えられ天に向かって大きく育つのだという。

　農業問題にも深い思索を展開した井上ひさしの言葉は、理不尽な農協改革論議を考える際に、的を射て勇気を与える。〈記憶せよ、抗議せよ、そして、生き延びよ〉はもともと、英国の歴史学者で反核運動家だったエドワード・トムソンの〈抗議せよ、そして生き延びよ〉から取った。井上はそれに〈記憶せよ〉を付け加えた。

　不条理への抗議は、その場限りになりかねない。〈記憶〉して語り継ぎ、次代へ生かすことこそ大切との思いが分かる。2020年は井上ひさし没後10年のさまざまな企画展や記念出版が続いた。井上は特に演劇にこだわった。演劇こそ〈記憶の舞台装置〉として、歴史を人々につなぐと見た。農協ショック・ドクトリンの顛末と今後を〈記憶せよ、抗議せよ、そして生き延びよ〉の井上の言葉が包み込む。

　東北の寒村の国家独立をテーマにした井上の超大作『吉里吉里人』を読み返せば、今につながる農業問題の深淵さも分かる。ここでも〈記憶せよ、抗議せよ、そして生き延びよ〉のルフランが聞こえてくるようだ。

第5章　全農半世紀　試練と挑戦

【ことば】

「まず立ち上がり、歩き、走り、登り、踊ることを学ばなければならない。その過程を飛ばして、跳ぶことはできない」「その道はどこに行き着くのか、と問うてはならない。ひたすら進め」

――――フリードリヒ・ニーチェ

「さあ問い続けたまえ。時間は活動し、動詞の性質を生み出すのである。時間はいったい何を生み出すのか。時間は変化を生み出すのである。現在は当時ではなく、ここはあそこではない」

――――トーマス・マン『魔の山』

■「全農」命名に宮脇朝男の慧眼

　全農は、購買事業を扱う全購連と販売事業を担う全販連が合併し、1972 年 3 月 30 日の設立総会でスタートした。2022 年春に設立 50 年を迎える。

　新組織の名称についていくつかの案があった。「全国経済連」「全国購販連」「全国販購連」など。宮脇朝男全中会長（当時）は「全国農業協同組合連合会」（全農）を提案し、名付け親になった。

　宮脇が全農としたのは、総合農協だけでなく将来、青果、畜産などの専門農協系との合併も想定していたとされる。これらの作目は、1961 年制定の農業基本法で「選択的拡大品目」だ。全農はその後、農業全体の経済事業を担う組織として大きな飛躍を遂げていく。名は体を表わす。やはり宮脇の慧眼は、未来を見据えていた。

■〈暗いトンネル〉の先に

　農協改革をめぐり過去、現在、未来と問われ続けるのは経済事業のあり方だ。農業のあり方と密接不可分で農業者の営農、経営に欠かせない。そのため、言われなき批判も含め幾多の試練に遭遇してきた。だが、国内農業が再び立ち上がり地域が元気になる礎もまた JA の経済事業が大きなカギを握る。

・度重なる業務改善命令

　経済事業を担う全国組織である全農はこれまで、さまざまな課題や試練の荒波が直撃して、組織存亡の危機もあった。監督官庁の農水省は、法令遵守の体制に重大な不備があるとしてたびたび業務改善命令も出してきた。こうした中で、全農を 30 年以上取材し、幾多の現場を見てきた。

130 余ある国内外の関連会社を含め〈農業商社〉とも称される巨大組織の全貌を把握するのは容易ではない。協同組合として農業と食品部門の取扱高は世界最大の規模を持つ。これだけ長期間にわたり、全農を追いかけてきた記者は他に前例がない。系統組織は経済事業、営農指導こそが根幹であり、国内外に広いネットワークを持つ全農を見つめることは、JA グループの過去・現在・未来を見据えることにもつながるとの思いからだ。

　当然、全農を巡る幾重もの〈事件〉にも直面し、関係者への取材を行ってきた。それらの過去の〈事件〉をいちいち取り上げ点検、講評しても全農の真の姿をつかむことにはならないだろう。幾多の試練を経ながら、〈明日〉へと向かう気構えと実践こそが全農の課せられた役割と責任であるからだ。ただその本題に入る前に、やはり印象に残る一部を振り返りたい。

・「全農チキン産地偽装」の深刻度

　長い取材の中で、今も当時の関係者の息づかいが昨日のようによみがえり脳裏から消えないのは表示違反など子会社の不祥事である「全農チキンフーズ問題」だ。それは約 20 年前、2002 年春に表面化した。

　産地国偽装、無薬偽装、日付表示などを変えたリパック、加工工場偽装など多岐にわたった。状況を把握した全農は、ただちに組織内に大池裕会長（当時）を本部長とした危機管理対策本部を設置。同時に弁護士らから成る調査委員会も設け、実態解明と今後の対応を検討していく。全容は「全農チキンフーズ株式会社の表示違反等に係る対応について」でまとめられた。

　当時の状況は、牛海綿状脳症（BSE）の国内発生で、食肉は鶏肉製品の需要が急増していた。こうした需給激変の中で、不足分の一部をタイ産などで賄う産地国偽装を行い生協系列に販売するなどした。全農は事

件以降、グループ協同会社の監査、コンプライアンス体制を抜本的に見直ししていく。

事件の根っこは深く、複合要因が横たわる。

ブロイラー業界は垂直統合が進み、激しいシェア争いが繰り広げられていた。一方で、小売業界もスーパーの再編、系列化が進み、売り上げ獲得へ価格競争が日常化していた。特に生協は納入期限など「欠品条項」が厳しい。

むろん、それが産地偽装の言い訳にはならない。産地を正しく表示することは商取引の大前提だからだ。特に、国産農畜産物の販売を通じ食料自給率向上を使命とする全農にとってはなおさらだ。産地と消費者をつなぐ全農と生協の信頼関係全体にも影響を及ぼしかねない。

・「俺は辞める」大池会長は言った

全農は、「全農チキン問題」で急遽、本所のある東京・大手町のJAビルで夕方に記者会見を開き問題の経過と今後の対応を説明することになった。会見当日の昼過ぎ。日農が所属する同ビル内にある「農協記者クラブ」に大池会長が顔を出した。会長本人が来るなど異例中の異例だ。ちょうど日農ブースで出稿原稿を書き進めていたところだった。

クラブ内はたまたま著者以外に誰もいなかった。

「あれっ、会長どうしたんですか。しかも秘書も連れずに一人で。会見は夕方ですよね」「いや実はな、ちょっと話があって」。こんなやり取りの中で、意外な言葉が大池から発せられた。

「全農もいろいろ問題、不祥事があったが今回は特別だ。外国産を国産と偽るのは許されない。責任を取ろうと思っている」

「確かに決して許されない事案です。でも子会社です。まずは問題発生の原因と全農としての再発防止の具体化が最優先ですよ」。そう応じたものの、普段温厚で柔和な大池の顔がこわばっている、決意の堅さを

肌で感じた。

「辞意については誰かに話しましたか」「いや。今、自分の率直な思いを述べたまでだ」

「では、ここだけの話にしましょう。子会社の不祥事で全農本体の会長が辞めた前例はありません。会見では私がまず責任の所在を質問しますから、最優先すべきは再発防止で、それがまずは全農会長としての使命だと答えてください」。そんな問答をして大池は役員室に戻っていった。

だが問題はそれで収まらなかった。

・結局、全農上層部辞任に

当日の会見には50人以上のマスコミが詰めかけた。大池会長ら全農幹部が謝罪で頭を下げると一斉にカメラフラッシュがたかれた。

会見は2時間以上に及ぶ。普通、全農取材は一般紙各社とも経済部記者中心の農水省の農政クラブが対応する。だが、こうした案件になると事件に強い社会部も加わる混合チームのケースが多い。そうすると、質疑の内容と鋭さも一変しかねない。

記者会見は〈生き物〉だ。時と場合によって静かにもなり、暴れ出しもする。一つの質問、一つの失言が全体の雰囲気を急変させ、風向きが順風から逆風に転じる。すると、翌日の紙面が見出し、扱いともあらぬ方向に行きかねない。

質疑で開口一番、まず会長、次に三村浩昭畜産担当常務にこう訊いた。「外国産を国産と偽り販売するとは全農としてあってはならないことで責任重大だ。どう国民、生産者に説明するのか。ただ子会社の不祥事でもあるのも事実だ。今後の全農としての協同会社の対応方針も併せて訊きたい」と。

大池は想定通り「全農としてあってならないことで深く反省している。

まずは今後、再発防止に全力を挙げたい」と応じた。三村は緊張のあまり当初、声が枯れて出なかった。それはそうだろう。こんな不祥事で長時間の会見をこなす経験は滅多にない。

　三村は全農で長年畜産畑を歩いてきたプロで、いつも手作りの表やグラフを手帳に挟み数字に詳しい。畜産総合対策部統括課長時代から親しく付き合い、今でも年賀状のやり取りをする間柄だ。たまに三村と再会すると、当時の事を話す。

　質問は問題の実相と責任、今後の対応ととめどなく続く。何度も会長の責任を問う記者がいた。繰り返し同じ質問が出る場合は要注意だ。あらかじめ記事を想定している誘導型質問のパターンだ。答えのブレ、失言を待っている可能性が強い。

　薄暮の夕方から始まった会見は20時過ぎにようやく閉じた。外は漆黒の闇が包む。

　ところが異変は会見終了後に起きた。会見後に記者が囲むぶら下がりでも再質問する記者は多い。この場合もオフレコではない。全体で記事を書く。ここで責任問題に絡め大池が〈辞意〉とも受け取れる話をしてしまう。全農は当時、広報体制が弱く、総務部長が会見をこなしていた。これほどの大組織の危機管理の実態だった。その後、全農はマスコミ対応、事業PRなどのしっかりした広報体制を築くことになる。

　結局、わずか1カ月後の同年4月下旬、会長をはじめ畜産関連の副会長、専務、常務の幹部4人が辞任する。

　大池は2016年11月に88歳で逝く。最後に会ったのは、東京都内のホテルで開いた2013年の旭日重光章叙勲祝賀会の席で。会場には、全農主催の少年野球教室に長年携わった世界のホームラン王・王貞治や野田聖子ら地元・岐阜選出国会議員らが顔を出し華やいだ。大池と当時の出来事も含め短い会話を交わすと、「そうだったかなぁ」と応じ懐かしんだ。

■「小泉劇場」と経済事業改革

　農政改革は、いつの間にか農協改革にすり替わり、さらに2016年か
らは農協改革は一挙に全農改革に焦点が当たる。政治の表舞台で旗振り
役となったのは前年の2015年秋から自民党農林部会長になった小泉進
次郎だ。父親の小泉純一郎元首相ゆずりの発信力と行動力は、〈農業版
小泉進次郎劇場〉と化し、マスコミの注目するところとなる。

・小泉骨太 PT フル稼働
　当時、小泉がある講演会でこう軽口を言ったのを今でも覚えている。
　「リオデジャネイロ五輪バドミントン女子シングルで奥原希望選手が
メダルを取りました。実は私はそのニュースを見ながら同じ名前の農水
事務次官が浮かんだのです。そのくらい農業漬けの日々を送っています。
一般の方にはぴんと来ないと思いますが」と。
　会場は一瞬、きょとんとした。バドミントンの奥原は知っていても、
16年6月から農水次官に昇格した奥原正明について関係者以外は知らな
いからだ。ただ、こんなトークを聞きながら筆者は、全農への改革攻勢
の陰にはやはり奥原次官の存在が大きいのを思い知った。
　そして、官邸を後ろ盾にしながら、突出した発信力を持つ小泉と能吏
の奥原の〈タッグ〉は全農への大きなプレッシャーとなるに違いない。
同時にそうも思った。
　全農改革を巡る2016年の動きはめまぐるしい。
　年明け1月に小泉を座長とする自民党農業骨太方針策定プロジェクト
チーム、いわゆる小泉PTが始動する。その後、11月の政府方針となる
「農林水産業・地域の活力創造プラン」改訂までに小泉PTは約50回の
会合を持ち地方キャラバンも実施した。

・激変11月〈レッド・ノーベンバー〉

4月には改正農協法施行。政府の規制改革会議（後に規制改革推進会議と名称変更）が再び農協改革で動き出す。そして11月11日、農業ワーキンググループ（WG）の農協改革に対する意見として、全農に改革の加速を迫る。

生産資材価格引き下げなど提言。内容は、1年以内の大幅な組織改革を求め、できなければ「第2全農」設立にも言及する。民間組織の全農に対し、別組織設置もちらつかせながら期限を切っての急進的な改革手法は異例のことだ。

さらに総合JAの半数は3年後を目途に信用事業を農林中金に譲渡すべきとも触れていた。JAグループにはとても受け入れられない内容がいくつも盛り込まれている。明らかに自主的な協同組合組織への権力介入に他ならないとも映った。

11月11日には語呂合わせから記念日が多い。中国では数字の〈1〉が並ぶことから「独身の日」とされアリババのネット販売は1日で5兆円を超し活況を呈することで有名だ。

一方でこの日は近代日本の資本主義を育て上げた実業家・渋沢栄一が1931年11月11日に没した命日に当たる。今年でちょうど没後90年。3年後の2024年には福沢諭吉に代わり新1万円札の顔になる。2月中旬からは渋沢を主人公としたNHK大河ドラマ「青天を衝け」も放送中だ。タイトルに絡めれば、農協関係者にとってこの日はまさに〈怒髪　天を衝く〉日となった。

同年11月は全農改革をめぐる激変の月そのものだった。農協にとっては危機の11月、赤信号が灯り交通事故に遭いかねない〈レッド・ノーベンバー〉を迎えた。

・「高めのボール」は暴投

　規制改革推進会議は、先の中央会制度廃止などの第一弾に続く農協改革の第二弾で思い切り「高めのボール」を投げ込んだ。大詰めの政府・与党調整で一定の妥協を経て修正されるにしても、改革は着実に前進するはずと踏んだのだ。だが、甘い見通しは崩れ去る。「高めの球」はキャッチャーミットをはるかに外れる〈暴投〉だったからだ。

　「まさに農協潰しそのものではないか」。農業関係者や自民党からも怒りの声が相次いだ。同月17日の自民農林関係合同会議は2時間を超す大荒れとなった。出席議員からは「とんでもない内容。憤りを感じる」「改革じゃない。農協潰しだ」などの反発が噴出した。奥野全中会長も「驚き、怒りを感じた」、さらに全農が名指しで解体的な改革が明記されたことについて中野全農会長は「決して承服できない。徹底的に戦う」と語気を強めた。

　全中は組織の意を結集するため11月21日、東京都内で1500人規模の緊急集会を開く。〈安倍官邸の農協改革と協調を探って封印してきた「ムシロ旗を掲げる」抵抗路線への回帰だった〉。『小泉進次郎と権力』第3章〈「青天の霹靂」と農林部会長〉の項で清水真人日本経済新聞編集委員はこう書いた。

　だが、そうだろうか。緊急集会に踏み切ったのは、理不尽な農協改革へのやむにやまれぬ憤怒の行動と言っていい。つまり、我慢の一線を越えたのだ。

　同日の集会で「協同組合の自主・自立の理念を踏みにじるもの」と反発する奥野に、自民党を代表し二階俊博幹事長は「皆さんと違う方向で農政が進むことはない。自民党は皆さんを裏切ることはない」と応じた。

　だが同時に、もう一つの仕掛けがあった。

　二階側近でもある農林幹部・西川公也は「数値目標はJA側が自主的に決めるもの」と言いつつも「全農改革は小泉農林部会長としっかり調

整していただきたい」と付け加えることも忘れなかった。小泉主導の全農改革路線は一つの最終ゴールに向け再び動き出す。

写真 5-1　全農改革で論議する西川公也農林幹部ら（当時）
　　　　　前列左が小泉進次郎農林部会長（2016 年、自民党本部で）

写真 5-2　全農改革を巡り自民農林合同会議は大勢の関係者で
　　　　　「農業版小泉劇場」と化した

・安倍首相は日農読み「ああ、すごいねえ」

　規制改革推進会議からの〈高めのボール〉は農業団体、自民党内部に大きな動揺と義憤を呼ぶ。同会議農業 WG の農協改革意見から 4 日後

の11月15日、小泉は後見人で農林幹部の西川と官邸に出向き安倍首相と面談した。具体的な中身は『小泉進次郎と福田達夫』（文春新書）がリアルだ。政治評論家・田崎史郎が小泉と農林部会長代理を務めた福田にインタビューしたものをまとめた。特に全農改革を巡る紆余曲折が赤裸々に話される。

　同著は小泉自らの発案で書籍化された。内部の話をそこまで明かしていいのかとの指摘もある。

　日農も、やっかいだが気になり存在力のある新聞として何度も登場する。1面コラム「四季」も載る。小泉は同コラムをコピーし持ち歩いていたのだろう。11月15日に官邸で、小泉は安倍に農業団体の実態を知らせるため日農の紙面をわざわざ持って行って見せる。安倍は「ああ、すごいねえ。あ、こんな感じなの？」と驚いたという。小泉は「相当噴いてます。党内も今、血気盛んな状況です。そういったことを踏まえて、しっかりまとめていきます」と全農改革への決意を改めて伝えている。

・「最後の6行」の攻防

　同著で全農改革のキーワードに〈最後の6行〉の話が出てくる。最終段階でまとめられた文書の最終箇所にある〈なお、全農は生産資材の買い方、農産物の売り方の自己改革を進めるため、役職員の意識改革、外部からの人材登用、組織体制の整備を行う。（中略）自己改革が、重大な危機感を持ち、新しい組織に生まれ変わるつもりで実行されるよう、全農は年次計画やそれに含まれる数値目標を公表し、与党および政府は、その進捗状況について定期的なフォローアップをおこなう〉という内容だ。

　一見すると何でもない文章のようだが、繰り返し読むといくつもの〈仕掛け〉がしてあることに気がつく。協同組合の自主組織である全農の〈内部〉にまで踏み込む表現がちりばめられ、しかも〈数値目標〉の定期的

146

な点検まで書き込まれている。権力による全農への〈監視〉ともなりかねない。

　最終局面で中野会長が「全農としてしっかり対処はする。だが、最後の〈なお書きの6行〉は受け入れられない」と主張する。同著で、土壇場での中野の言動を小泉は〈ちゃぶ台返し〉と言う。この件を中野に直接聞いたことがある。すると、「そうだよ。最後の6行は問題だった」と認めた。つまり、全農は改革をしっかりやる。それでいいではないか。この6行があると、さらなる政治介入が再び始まりかねないとの懸念を抱いたのだ。

　全農内部の意思疎通の問題ではあるが、小泉の〈ちゃぶ台返し〉の表現が適切かは別の話だろう。いずれにしろ、その後、全農は数値目標を掲げ中野の言葉通り〈しっかり対処〉することになる。だが中野が危惧したように、文書最後にある〈定期的フォローアップ〉は規制改革推進会議の新たなる全農改革介入の余地を残したとも見ていい。

・かみ合わぬ議論

　全農も内部で改革加速化の具体策を懸命に検討していた。だが組織内の手続きや、本来は国が制度を整備した上で対応する事案など、全農単独で対応するには難しい事柄もあった。全農内部にも改革の具体的な中身、実行する手順、速度などでもさまざまな意見が出ていた。政府の意見は踏まえるにしても、あくまでも自己改革である。組織内の議論を積み重ねるのは当然だろう。

　いくつかの曲折を経ながら11月、全農は「自己改革に関する方針」を発表した。その過程でさまざまな問題、課題も浮上した。

　話を数カ月前に巻き戻そう。その年の7月22日、JA自己改革推進の意思表示のため、全中の奥野長衛会長をはじめ全農の中野吉実ら全国連会長が記者会見を開いた。ここでの不用意な発言が思わぬ波紋を呼び、

「小泉劇場」の中で全農批判がくり広げられる。

　この記者会見で筆者は中野会長に「自己改革での全農の意欲、姿勢を改めて伺いたい」と、全農改革への態度表明を尋ねた。質問意図は、全農が会見で今一度、改革の姿勢を鮮明にした方が良いとの判断からだ。

　だが中野会長は違う反応を示した。「今までもよい形で運営してきた。これまでのやり方が間違っているとは思っていない」と切り出した。これが〈全農は改革に後ろ向き〉と一部の新聞に取り上げられ、小泉も知ることとなる。

　折り悪く、4日後の同月26日には中野会長の地元・佐賀に小泉を招いていた。小泉は佐賀市内の農家を視察した後に同行記者に「中野会長の考えを知ろうと佐賀に来たが、残念ながら考え方に開きがある」「全農改革が改革の本丸。組織の在り方を変える必要もあるのではないか。全農と建設的な意見交換ができるかどうか、分岐点に来ている」とまで踏み込む。小泉と中野の溝はさらに深まる。先述した〈最後の6行〉攻防の伏線は既に始まっていたのだ。

　後年、何度か当日の会見や小泉との関係で中野会長と話題にした。筆者は「当然、あの時の会見で中野会長は着実に改革を進めていくと答えると思ったのですがね」とも話した。中野にすれば、全農はこれまでもさまざまな改革を実践してきた自負心がある。なぜ理不尽な言われ方をされるのかと、この間の全農を標的としたような規制改革論議に強い違和感を持っていた。それが思わず口から出たのだろう。中野は本当は「全農はこれまでも、これからも農家、組合員、国民の立場で不断の改革を遂行していく」ことを言いたかったのだ。

　中野は青年部活動を皮切りに、若い時から全国レベルの農協運動の先頭に立ってきた。地元・佐賀は九州屈指の農業地帯で、水田を有効活用し耕地利用率も長年日本一を誇る。中野は農政通で、特にコメ問題に詳しく、様々な政策課題を解決してきた。農政運動も精力的にこなし、多

くの政治家と腹を割った話をしてきた経験を持つ。

　中野と筆者は、全農会長室や都内ホテルのレストランなどで何度か懇談を重ねたが、その政治交友の広さやパイプの太さには驚いたことがある。ただ、若い小泉とはこれまでの自民農林議員の枠に収まらない手法などで違和感を強めた。

　この中野の下で政治感覚を磨き、全国段階で存在感を示すのが佐賀中央会会長で現在、全中副会長2期目の金原壽秀だ。持ち前の突進力と、思ったことを口に出す飾らない人柄で中央政界にも食い込む。今、全中の切り込み隊長として米麦、畜酪など農政運動を担い、永田町を縦横無尽に走る。

・〈イエロー・セプテンバー〉9月

　中央突破を図ろうとする〈小泉劇場〉に仕掛けは幾重もあったが、印象深いのは全農改革が重大局面を迎えた9月5日の出来事だ。事態が急変する11月を赤信号に絡め〈レッド・ノーベンバー〉と先述したが、9月はその前段、要注意の黄信号である〈イエロー・セプテンバー〉と名付けてもいいだろう。

　全農改革論議は7月10日の参議院選を前後して小休止となる。政治にとっていつの時代も国政選挙で議席を得ることは最優先課題だ。国民的に人気の高い小泉は、特に自民の苦戦が予想された農業県を重点的に遊説する。筆者もいくつか小泉が選挙応援演説の現場を回った。どこも人だかり。特に女性の姿が目立つ。若さをアピールし、選挙カーに一挙に駆け上る。終えると参集者の渦の中に入り一人一人と握手し、有権者の心をつかむ。どこまでも「小泉劇場」なのだ。

　問題はそれが得票にどれだけ結びつくか。参院の勝敗は一人区が大きなカギを握る。注目を集めたのは農業県である東北6県の一人区の行方だ。自民党は秋田以外の五つで野党共闘に敗北した。安倍政権の進める

官邸農政への根強い農業者の警戒感を表したと言っていい。ただ、全体として与党は堅調を維持し、選挙後の追加入党を含めて、参院で1989年以来の自民単独過半数を回復した。

・ターニング・ポイント9月5日

　国政選挙で自民優位が続く。こうした政治情勢の中で9月6日、自民党の農業骨太PT、いわゆる小泉PTを再開する。「ここからがキックオフだ。取りまとめの段階に入る。全国キャラバンも行い、論点を整理して11月には農業骨太方針をまとめる」と、全農改革〈秋の陣〉は火ぶたを切った。

　重要な〈前哨戦〉はその前日、9月5日にあった。東京・大手町のJAビルに自ら出向き全中、全農ら全国連首脳陣に改革への協力を要請したのだ。同行した自民政調の農林担当職員は「当日に小泉部会長が突然、農協本部に乗り込むぞと言い出した」と明かした。この日、テレビや新聞のカメラの放列の前に奥野ら全国連首脳陣らを連れて現われた小泉は「改革での大きな方向性の認識は共有できた」と自民、農業団体の共同歩調を強調してみせた。

　実はこのぶら下がり会見の後に突然、小泉は標的とする全農の役員室を見たいと言い出す。著者も一緒のエレベーターに乗りJAビル35階へ。小泉は「全農幹部がどんなところで仕事をしているのか実際にこの目で確かめたい」と話した。これも、小泉流の相手中枢部への政治的プレッシャーの演技だったのだろう。まさに敵陣に〈乗り込む〉雰囲気を醸した。この日、全農会長の中野は海外出張で不在だった。あえて小泉が中野不在を知って〈奇襲〉をかけたとは思えないが、9月5日の小泉・全国連首脳会談はその後の大きな分岐点になっていく。

・「骨ぐらい拾ってくれ」

その後、全農改革の具体的調整は自民党・小泉と全農は神出元一専務（当時）で進めていく。一連の農協改革で、旧知の神出とは何度も接触し意見交換してきた。必ず改革の本丸は経済事業、特に全農中枢に切り込まれると見たからだ。

全農は迫りくる試練の大波をどう乗り越えるつもりなのか。

当時の「国会手帖」を開いてみて「あっ、そうだったな」と思わず声を出した。改革論議が再始動した9月6日火曜日、神出と夕方に会う約束を取り付けていた。メモに書き忘れないように波線が引いてある。

しかし、一向に姿を見せない。秘書に何度か聞くと「所用が長引いておりまして」と言うばかり。異変を感じた。予定を2時間近く遅れ現われた神出は憔悴し疲れ切ったように見えた。全農改革の矢面で交渉役を任された神出は、攻勢を強める小泉と全農トップとの板挟みに立っていた。別れ際に神出は「これからどうなるのか。骨ぐらい拾ってくれるか」とぽつり。組織内で厳しい立場に追い込まれているのが痛いほど感じた。あえて具体的な事案は聞かなかった。

・神出理事長で改革加速

後に理事長となる神出は、自分の頭で考え、自分の言葉で話す。快活な性格で、九州男児らしく細かいことにはこだわらず、「俺について来い」という親分肌のところがあった。

話は具体的で数字も交え極めてわかりやすい。全国連幹部にありがちな専門的な組織用語を操るタイプとは一線を画す親しみやすさを備えていた。全農と農林中金の関係がこれまでになく深まったのも、神出のオープンな姿勢が多分に影響した。

・農中との関係も深まる

　当時、食農部門の農中幹部は「かつては全農と話しても言葉が通じない。まるでスペイン語で話しているような感じ。最近は英語かな。だいぶ意思疎通ができるようになった」と話したものだ。神出を補佐した生産資材部門出身の山崎周二は常務から専務、そして現在は理事長として全農改革路線を着実に進めていく。

　理事長になった神出は、農政ジャーナリストの会の招きで「全農の自己改革と今後の展望」と題した講演を行い、参加記者との質疑に応じた。詳しくは農政ジャーナリストの会編「日本農業の動き」No201「安倍農政改革を検証する」を参照願いたい。この時に筆者は「今も小泉氏とは携帯電話で連絡を取り合っている関係ですか」と、当時と現在の小泉との距離感を尋ねると、神出はちょっと答えにくそうにした。さまざまな状況が頭をよぎったのだろう。

・全農改革の磁場が取材引き寄せる

　それにしても、当時の手帳で取材スケジュールを見ると、〈イエロー・セプテンバー〉の重要日の９月５日と６日は当初、宮崎で農政講演が入っていた。

　緊迫する農協改革論議、全農改革論議で現況を話してくれと請われたものだ。それが直前に、相次ぐ台風などで中止となった。そこで在京することとなり、全農改革の重大局面の一つに立ち会う。今振り返ると、これも「農政記者四十年」の磁場力だったかもしれないと思う。

・覚悟の全農緊急会見

　全農は〈レッド・ノーベンバー〉の最終日、11月30日、これまでの政府・与党との調整を経て全農自己改革に関連し緊急会見を開き、改革を加速するため翌年の年明け１月には全農自己改革推進本部の設置など

を表明した。

　前日の29日は講演で広島に出張中だった。全農問題とあわせ規制改革論議の一環で急進的な酪農制度改革も浮上し、酪農家で構成する専門全国連組織・全酪連主催の会議に招かれていた。突然、携帯電話の呼び出し音が鳴った。全農広報部長の久保田治己（当時）からだ。「緊急で会見することになりました。力を貸してくれませんか」。その声は緊迫していた。

　久保田とやり取りしながら14年前、2002年春の全農会長の辞意にまで至った「全農チキン問題」の顛末が頭をよぎった。記者会見は、不用意なたった一言でどんな波乱が起きるか分からない。

　その言葉が本筋ではなくても、一人歩きし全てを支配しかねない。新聞の書き手ならよく分かる。この間の全農改革論議は、具体的中身もさることながら、改革派・小泉 vs 守旧派・中野など皮相的な側面が強調されてきた経過もある。久保田は不測の事態を懸念したのだ。会見の結果次第で、またぞろ全農批判が高まりかねない。

・「まっとうな全農改革論議を」

　「そうか。いろいろ懸念もある。まっとうな全農改革論議が進むようにしないと。明朝、飛行機で東京に戻る」と応じた。11月30日夜に始まった緊急会見は100人を超すメディアが詰めかけ、関心の高さを裏付けた。全農は成清一臣理事長以下、幹部が勢ぞろいした。マスコミとして興味のある全農と小泉との角逐などの質問が繰りかえされると、何のための会見が分からなくなる。会見の方向性を決める操縦が必要だ。冒頭質問することにした。

　一計を案じた。「全農は小泉氏とのやり取りなど曲折を経て本日の会見に至った。配布資料を見ると、これまでにない改革姿勢が明記されている。改めて全農自己改革の最重点は何か。答えは理事長か、実際に具

体的協議を担ってきた神出専務で」と訊いた。まず、最初に一般関心事の小泉と全農の関係に触れながらも、本筋の自己改革具体策を引き出す。組織は上下関係を踏まえた順番が大事だ。理事長の成清は雄弁家だが、改革の核心は汗をかき実務を担ってきた神出が精通し言葉に説得力がある。理事長の名を出しながら、暗に神出専務に答弁を促した。

　結果的に、成清は神出に説明するよう求めた。緊急会見は一定程度、全農が改革姿勢を示すことで収まった。その後、全農は改革推進本部を設置し、2017年3月の総代会で政府の「農林水産業・地域の活力創造プラン」を踏まえた具体的な対応を決めた。事業別に具体的な数値目標を明記したこれまでにない大胆な改革方針だ。それ以降、全農は着実に農家の手取アップへ改革の巡航速度を上げていく。

　久保田は畜産、穀物や全中出向などさまざまな業務を経験し、広いネットワークを持っていた。広報部長として持ち前の行動力と創造力も備え、全農リポートなど広報媒体をより親しみやすく分かりやすく刷新していく。筆者とはSNSで常時、情報交換して意思疎通を図っていた。会長、理事長をはじめ幹部との取材にもできるだけ迅速に応じるなど、広報としての役割をこなす。後に常務、現在は関連会社・全農ビジネスサポート社長を務める。

・全農改革の視座「原点回帰」

　幾多の議論を経て2017年以降、全農は大胆な改革に乗り出す。その時に日農論説で「全農改革の視座」をテーマに書いた。以下にその趣旨を記す。

・・・・・・・・・・・・・・・・・・・・・・・・・・・・・・・・・・・

　JA全農は政府、自民党の新たな農業改革方針を受け、大胆な事業改革の対応方針を決めた。基本視座は「原点回帰」だろう。改めて農業者、地域JAに「なくてはならない組織」として、具体的な数値目標の必達

へ挑戦し完遂すべきだ。

　事業改革に当たりまず確認すべきは、これらの対応は全農単独では限界があるということだ。政府・与党一体の支援に加え、地域―都道府県段階―全国といったJAグループ全体の理解と相互調整も欠かせない。

　さらに強調したいのは、再び規制改革推進会議による過剰介入とも言える〝横やり〟が入れば、改革は空中分解を起こしかねないという点だ。2016年秋、同会議による「第2全農の設立」「1年以内の委託販売廃止」などの〝暴論〟を網羅した唐突な提言が、生産現場にどれだけ混乱と不信と怒りを招いたかを想起すべきだろう。

　安倍晋三首相は、来年度予算成立後、後半国会の重要法案に絡め「全農改革」と名指しした。だが、まずは国による制度・規制見直しこそ率先垂範すべきで、改革の「全農先行論」は筋違いだ。今は改革方針に沿い地に足の着いた実践こそが最重要である。全農事業改革は、関係業界の再編と地殻変動を招く。混乱を防ぎ農業者と地域の活性化に結び付けねばならない。世界的な自由貿易と保護主義との激突の一方で、国内では少子高齢化で食の市場の構造変化を進む。改革方針は内外の情勢激変を受けた具体的な「回答」の一つと受け止めたい。

　全農は民間組織であり協同組合組織である。その強さを生かし、弱さを補完しなければ改革の成就は難しい。

　協同組合としての強さは、地域を基盤に大小を問わない全国の農業者の力の結集だ。農業者、組合員が個々ばらばらに対応すれば成果には限界がある。今こそJA運動を通じた求心力をばねに、「良いものを1円でも安く仕入れ、生産物を1円でも高く売る」という組織の「原点回帰」を改革の根底に据え目標に向けまい進すべきだ。そういった意味では生産資材での共同購入運動を再活性化させることこそが、単なる予約注文の領域を超えて系統営農経済事業を支える精神的な礎にもなる。

　会見で全農幹部は、改革の方向を「新しい事業モデルへの転換」と強

調し、米穀や園芸など販売事業で最終実需まで見据え「自ら売る」態勢
シフトへ具体的数値を挙げた。弱さでもあったリテール（小売り）部門
強化のため、外部人材登用で大手スーパー元トップを理事級で受け入れ
るのも、改革の深化と加速化への決断だろう。

　改革が本格始動するのは 2018 年度から。日本が近代国家に船出した
明治維新から 150 年に当たる。「全農維新」ともいえる事業転換を伴う
大きな挑戦のゴールは農業者所得向上と持続可能な地域農業の維持・発
展ということも改めて認識したい。

・・・・・・・・・・・・・・・・・・・・・・・・・・・・・・・・・・・

■ 全農新たな船出

　全農はその後、具体的な数値目標も掲げ改革を加速していく。改革方
向を「新しい事業モデルへの転換」として、新たな挑戦に果敢に進んで
いくことになる。

・前面に農家手取り最大化

　2017 年 3 月発表の政府の「活力創造プラン」を踏まえた全農の対応は
多岐にわたる。貫くコンセプトは〈生産者の手取り最大化を目指した生
産資材事業と販売事業の改革〉だ。

　肥料、農薬、農機、飼料、米穀、園芸、輸出対策、営業開発など部門
ごとに、実施内容と、主な数値目標を掲げた。それ以降、数値目標へ沿っ
て全農改革は着実な歩みを踏み出す。

・意欲的な数値目標

　全農事業実績や総代 JA との質疑の軌跡は、地方巡回結果など毎年春
にまとめる「会員からの主な意見・要望事項と全農の見解・対応策につ

いて」でよく分かる。

　前述した全農改革論議を経て現在の３カ年計画（2019 ～ 21 年度）を前にした 2019 年３月が示した「見解・対応策」は、これまでと一線を画したと言っていい。全農自己改革の取り組み状況と３カ年（19 ～ 21 年度）、その先の３カ年（22 ～ 24 年度）も含め各事業別に細かく記された。

　例えば米穀事業は実需者直接販売の実績と今後の目標を示した。2024 年産米は実に全体の 90％を直接販売の目標に据える大胆な計画を据えた。同じく全体取扱量の２割台だった米の買取販売を 24 年産米では 70％にまで引き上げる。ただコロナ禍で外食需要は激減しており、先行きは不透明だ。

・〈アライアンス〉加速化

　異業種などとの業務提携を意味するアライアンス。ビジネス界では戦略的同盟とも称される。全農は先の「見解・対応策」でこのアライアンスをキーワードに、販売事業における主な出資・業務提携の一覧表も出した。米や園芸分野で他業態と連携することで確実な販売先の「出口」を見つけるマーケット・インに沿って着想したものだ。

　大手企業がずらりとそろう。回転寿司のスシロー、無菌パック米飯に強いサトウ食品、総菜大手のデリカフーズなどだ。例えば、スシローは寿司への米提供はもちろんだが、サラダなど野菜関連商材の販路拡大にもつながる。今後とも経済成長が見込まれるアジア市場の店舗拡大も視野に、米、野菜販売拡大を狙う。

　全農は、日本フードサービス協会とも 18 年５月に事業連携で合意した。外食企業向け国産農畜産物の安定販売・流通で情報交換、実際の取引の関係を強めていく。これまで外食産業は、激しい価格競争から輸入食材の割合が圧倒的に高かった。だが消費の流れは一変しつつある。健

康、ヘルシー志向や、高齢化に伴い良食味、安全、安心な国産食材のニーズが高まっている。そんな中で、外食全体の窓口であるフードサービス協会と全農との関係は今後、さらに強まるだろう。

■ 改革シンボル・共同購入トラクター

全農改革のシンボル的存在は共同購入トラクターだ。農機コスト低減へ大型トラクター（60馬力クラス）の共同購入に取り組んでいる。

1万人以上の生産者から意見を聞き取り、必要な機能の絞り込みと台数集約を行うことで、スケールメリットを生かした入札を実施。同クラスの標準型式と比べ約2〜3割の価格引き下げを実現した。赤で丸みを帯びたボディ。愛らしい顔つきだが力持ちの実力派農機に仕上がった。実際に試乗したいと思い神奈川・平塚の全農営農・技術センターを訪れたが、他県に貸し出し中だった。人気が高く、実物を見たいと産地からの問い合わせも多い。

共同購入トラクターはラインナップを拡充してきた。全農は2021年元旦号の日農に中型クラス33馬力のトラクターのPRを掲載した。前年12月に出荷を開始したが、わずか3カ月で予約受注が800台を超えたという内容だ。一括発注で生産者の求めるものを出来るだけ安価に提供する姿勢が支持されている。それを実現したのは、やはり〈結集〉があればこそだ。

写真 5-1　組織結集の象徴となった共同購入大型トラクター（JA全農提供）

・結集で生産資材下げ

　分かりやすい改革シンボルに共同購入トラクターを挙げたが、一般の農業者に広くメリットがあるのが肥料・農薬など生産資材の品質を保ちながら一層の低価格品の提供だ。2017肥料年度春肥からスタートした肥料の新たな共同購入の取り組みは、成果を上げつつある。2018肥料年度に約550銘柄ある一般化成肥料を一挙に25銘柄まで集約した。JA生産現場段階から積み上げた肥料予約数量をもとに入札を行い、最も安価なメーカーから購入し、生産資材コストの着実な引き下げにつなげている。

　農薬は、担い手直送規格の取り扱い拡大、安価な期限切れ後発のジェネリック農薬の開発も進めている。2018年4月には三菱商事との合弁会社も設立、ジェネリック農薬の登録業、製造の体制を強化した。

■ 100兆円市場へ挑む

　食品バリューチェーンは全体で約100兆円以上の市場規模を持つ。だが農業分野はその1割の10兆円強を占めるに過ぎない。残りは食品製造業38兆円、関連流通業、外食産業29兆円などだ。全農は食ネットワークを広げ、100兆円マーケットでの農業分野のシェア拡大に挑戦中だ。

・10年後も挑戦続ける全農に

　全農の最新全体像は「全農リポート2020」が図表入りで分かりやすい。冒頭の菅野幸雄会長、山崎周二理事長のトップメッセージは〈5年後も10年後も果敢に挑戦する全農であり続けるために〉を踏まえて、前を向く決意を述べた。

　事業展開に当たり菅野会長が常に繰り返すのは、協同組合の父・ドイツのライファイゼンによる箴言〈一人は万人のために、万人は一人のために〉。共助の精神を表わしJAグループの行動の源だからだ。

第5章「全農半世紀　試練と挑戦」のタイトル通り、全農は〈試練〉と〈挑戦〉の振り子の間を揺れ動いてきた。試練を超え雌伏の時を忍び今、再び挑戦の時を迎えた。経済事業を担う巨大組織・全農の舵取り役として、肝に銘じている言葉でもあろう。

・「全力結集で挑戦」に手応え

　理事長の山崎は現在の3カ年計画のキャッチフレーズ〈全力結集で挑戦し、未来を創る〉に手応えを感じている。生産資材部門出身の山崎は、先の肥料の新たな共同購入運動の取り組み、低コストトラクター普及を通じ人一倍、〈全力結集〉の実践こそが全農改革のエンジン役を担うと確信しているからだ。

　北海道・道東出身の山崎とNHK朝ドラマ「なつぞら」と絡め、北海道や札幌での思い出話に花を咲かせたことがある。ここにも後の章で書く「地方記者十二年半」の経験が役立つ。同ドラマは十勝の開拓酪農民の一家の物語。十勝は道内でも進取の気質に富み、農業を土台としたさまざまな食品産業が発達した。今も北海道銘菓などで有名だ。開拓魂が今も脈々と生き続け、農民運動や農民文学も盛んな土地柄である。

　個人的には「農政記者四十年」スタート時の40年以上前の札幌時代が、今に至るジャーナリストの〈背骨〉を形作った地で、思い入れが特に強い。山崎が北海道大学経済学部在学時に過ごした札幌と、筆者が住んだ札幌は時期が若干ずれているが、ほぼ同じ時代に同じ街で同じ空気を吸ったことになり、感慨深い側面もある。

　前理事長の神出は、先述したように全農改革を巡り幾多の葛藤を抱えながら小泉自民党農林部会長とのやり取りに汗をかいた。神出を直近で支えた山崎は、道産子らしく広大な十勝の空のように鷹揚な性格だ。会見ではどんな質問にも具体的な数字を交えできるだけ丁寧に応じる。会見終了後はそばに来て「ごくろうさま。いつもありがとう」と労をねぎ

らうのを忘れない。そんな人柄も手伝い、全農改革の重大局面でキーワードとなる〈結集〉は着実に実を結びつつある。

・**五つの最重点施策**

　全農は五つの最重点施策を進める。生産基盤の確立、食のトップブランドの地位確立、元気な地域社会支援、海外戦略の構築、JAへの支援強化だ。

　この中で〈一丁目一番地〉は生産基盤の確立。特にトータル生産コスト低減への取り組みに力を入れる。農家手取りアップへ向けた低コスト産地の支援には、全農の持つ最先端技術を導入する労働力支援や農福連携など新たな動きにも積極的に対応している。

・**作物・品目別増産戦略**

　食料需給表を見ると日本は年間8700万トンの食料が必要だ。うち国内生産量は半分弱の4300万トンに過ぎない。地域農業振興には、輸入品から国産農畜産物への代替、切り替えがどれだけ進むかがカギを握る。

　そこで全農は、品目別の戦略を策定し、国内生産量の拡大に取り組み、食料自給率向上に貢献している。戦略は①国内需要を賄う生産力を有する農畜産物の完全自給②国内需要に対して不足している農畜産物の生産拡大③輸入量の多い農畜産物の国産への転換④国際競争力のある農畜産物の輸出――の四つに分けた。

　自給は米、主要野菜、生乳、鶏卵など。輸入割合が高い品目の国産切り替えは業務・加工野菜。農畜産物輸出は米、和牛、果実などを挙げた。それぞれ品目ごとの戦略に沿い計画的・段階的な生産拡大を目指す。

・**バリューチェーンと販売強化**

　〈挑戦〉を掲げる全農の新たな販売戦略を担う営業開発部に注目した

い。発足から３年が過ぎ大きな成果が出てきた。新型コロナウイルス禍で食の現場が激変する中で、「挑む」をキーワードに中・長期視点でさまざまなチャレンジを行う。

　全農の強みは、県域機関と連携しながら全国のJAを束ね営農経済事業を展開することにある。産地を持ち、地域ごとに特色ある農畜産物を集荷・販売することができる。こうした組織は他にない。スーパーなど量販店が大型農業法人と結び、販路を確保する動きはあるが、点的な存在で持続性がない。全農の強みである産地力、農業生産リソースを生かしどう高付加価値販売につなげていくのか。全農はこれまで、出来たものを集荷し市場などに卸す一次卸機能の側面が強かった。だが、今後の販売は、その先の末端の実需まで照準を当てることが欠かせない。消費者ニーズが多様化、細分化する中ではなおさらだ。

　営業開発部は、販売先という「出口」を確保したうえで実需ニーズを産地に提案し、新たな付加価値を持つ商品開発を加速する。戦略の先には全農が掲げる「食のトップブランド」構築がある。昨年秋からは国産使用を前面に出した加工品の新ブランド「ニッポンエール」本格展開にも踏み出した。

　描く姿の一つは、ニトリやユニクロなど原料調達から付加価値商品づくり、販売まで一気通貫で手掛ける製造小売業（SPA）も念頭に置く。全農は新たな農業版SPAとして存在感を高め、国産食材の商品化を通じた食料自給率の向上を目指す。

　コロナ禍は、業務用需要の激減など農業現場にも大きな試練を強いる。こうした中で全農は今後、国産農畜産物の販売、流通で新たな対応を急ぐ。鍵を握るのは「連携」と「スピード」だ。特に連携は、製造、物流、販売力など得意分野を持つ企業などと手を握り、全農の強みである産地力を生かす手法だ。

　コロナ禍で喫緊の課題はｅコマース対応の強化だ。全農は40万を超

す会員のJAタウンを持つ。コロナ禍でネット通販は大きく伸びたが、大手のネット通販サイトとは経済規模の桁が違う。一層の多角的な販売チャネル化が問われる。それには、産地JAごとにサイト出店に加え、一定の規模、物流を持つ産地連携、例えば南九州ブロックや北関東ブロックなどのまとまった戦略的販売を一層強めることも問われる。

写真 5-2　施設合理化へ山形・庄内南部ライスステーション
（JA 全農提供）

　もう一つは、コンビニをはじめとした食品産業との「連携」の深化だ。具体的な動きの一つは、コンビニ大手・ファミリーマートへの出資。消費最前線の膨大な情報を活用し、国産農畜産物の販売拡大を図っていく方針だ。山崎周二理事長は「ファミマとの提携は、何ができるのか全農自身も問われる。今後の主役はJA、農業者になる」と産地振興にも期待を込め、今後の事業展開を具体化していくとしている。

　こうした新商品づくり、食品産業との連携の旗振り役が営業開発部だ。大玉ブロッコリーの野菜サラダなどセブン－イレブンとの商品開発も拡大中だ。

　国内コンビニは、少子高齢化の進展で営業戦略が行き詰る中で、食

品分野の拡充に活路を探り全農の役割も増す。「連携」を通じ具体的な商品の形にするのは営業開発部の「全農グループ MD 部会」だ。今後、MD 部会はセブン、ファミマといったコンビニ別やコロナ禍で需要急増

の冷凍・加工食品、飲料で部会を拡大する可能性も高い。成長分野のドラッグストアとの連携拡大も行う。

今後、鍵を握るのは販売戦略拠点の再構築だ。全農は今後、首都圏で仕分け、冷蔵冷凍保存、個包装、共同配送を兼ねた対応を急ぎ、輸入物から国産への食

写真 5-3　ファミリーマートとの一体型店舗
（JA 全農提供）

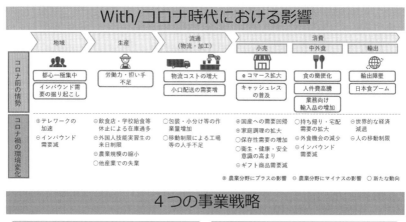

図表 5-1　全農コロナ対策（全農資料から抜粋）

材需要の奪還を進める。

　コロナ禍で外食の営業不振が続く中でも食品スーパーなどの中食需要は底堅い。特に伸びが見込めるのが総菜需要。そこを国産野菜で供給していく体制を強める。さらに国産具材主体の冷凍食品、米需要が落ち込む中で売れ筋のパックご飯への対応拡大も進める。

・「提携で周回遅れを挽回」

　営業開発部を率いる全農の戸井和久CO（チーフ・オフィサー）に、事業の節目のたびにインタビューしてきた。戸井は「他業界と連携し周回遅れの商品化を加速したい」と強調。産地力を生かした商品化を進める。以下、インタビュー内容だ。

――全農の新たな市場開拓を担う営業開発部の新商品づくりなどが次々
　形になってきた。「食」のトップブランド構築を目指す目標値はどこ
　まで来たのか。

戸井：「山に例えれば7合目あたり。今は発展期と言える。今後、提携
　　　はさらに深化する。全農はこれまで産地という「入り口」を持っ
　　　ていたが、最終需要の「出口」がなかなか見えにくかった。販売
　　　先の「出口」をはっきりさせ、産地振興、商品づくりに生かすこ
　　　とが、食料自給率の向上にもつながる」

――コロナ禍で今後の需要に総菜、冷凍食品の対応強化を強調している
　が。

戸井：「明らかに伸びる分野だ。例えば総菜市場は10兆円と巨大だ。し
　　　かも輸入食材がまだまだ多い。ここのマーケットを全農の総合力
　　　を使い国産比率を高めたい。国際的には食品需要が拡大し、冷食
　　　原料を輸入に頼る時代は長く続かない。今の安売りが恒常化して
　　　いる冷食市場は大きな転機を迎えると見ている。国産食材を使い、
　　　採算を踏まえた適正価格で販売する姿になる」

「最終消費に接するコンビニとの連携は重要だ。ファミマとの提携で今後、新たな販売戦略も見えてくるだろう。今年は東京五輪のオリンピックイヤー。コロナ禍がどうなるかにもよるが、経済は一定程度、上向くだろう。今後も「ウイズ・コロナ」、その後の「アフター・コロナ」も見据えなければならない」

「〈挑む〉をキーワードにさまざまなチャレンジを行う。よくプロダクト・アウトからマーケット・インへの発想の転換が強調されるが、生産と販売は一体で進めるものだろう。ただ、売り先が決まらず生産優先なのは問題だ。様々な業界と連携を強め、実需に応じた産地力を高め、農業者の手取り向上へ全農の販売戦略をさらに深化、進化させていきたい」

図表 5-2　業務提携先との連携による事業スキーム
（JA 全農提供）

■ 説明責任果たす

全農改革が巡航速度を上げる中でアカウンタビリティー、対外的な説明責任も重要さを増す。昨年末、12 月 16 日にはオンライン形式で全国メディア懇談会を開いた。菅野会長、山崎理事長をはじめ野口栄、桑田義文の両専務が図表を使い当面の関心事項であるコロナ対応、国産農畜産物の海外輸出の取り組みも含め質疑に応じた。アカウンタビリティーの実践だろう。

・輸出促進は関係者一体で

特に桑田は政権が最重要課題の一つと位置づける輸出に関連し、全農

の姿勢について具体的数字を上げ説明した。輸出問題は目標5兆円という数字だけが一人歩きしている傾向が強い。目的と手段を取り違えてはならない。輸出そのものが目的ではなく、結果的に農家手取りが増え地域農業が元気になり、日本の農畜産物の品質の良さを世界にアピールすることにつながることが欠かせない。

　輸出の中身を点検すれば日本酒、水産物、加工品が大半だ。それでも今後、国内の人口減少、少子高齢化が加速する中で、海外市場に目を向け米や牛肉などを輸出していく必要性は高まってくる。桑田は全農を含め関係者が一体でオールジャパンで取り組み必要性も強調した。

・コロナ対策と労働力対応急務

　野口は、全農としてのコロナ具体策と喫緊の課題である農業労働力対応と全農の役割で地図も使い説明した。

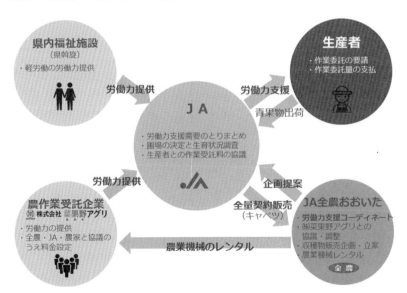

パートナー企業と連携した労働力支援（JA全農おおいたの事例）

図表 5-3　JA 全農おおいた労働力支援図（JA 全農提供）

九州・大分などの先行事例を今後、全国規模で広げていくことを明らかにした。生産基盤をも守るには、労働力の確保が欠かせない。全国ネットワークを持つ全農の出番でもあろう。

■ ホクレン「次の100年」

幾多の政治介入もまじえ全国組織・全農の試練と挑戦を見てきた。肝心の地方はどうか。経済事業、営農指導事業は生産現場こそが礎だ。各地でも全農県本部、経済連とJAが手を携え創意工夫ある取り組みが次々と芽生え、成果を出しつつある。事例は枚挙にいとまがないが、典型は日本最大の食料基地・北海道の大地にしっかりと根を張るホクレンだろう。創設から100年を過ぎた。ホクレン100年は北海道農業の汗と涙と笑顔の軌跡でもある。不断の経済事業改革を進めホクレンの取り組みを見たい。

・東京での会見が奏功

全国最大の食料基地・北海道を支えるホクレンは、1919年4月18日の創立から100年を経て次の100年に歩み始めた。食料自給率低下の中で、北海道農業の重要性が一段と増す。ホクレンの役割は生産、販売から、先端技術の積極活用、物流改革と多岐に及ぶ。食と農の〝共生大地〟構築へ一層の機能発揮に期待したい。

ホクレンが存在感を増すのは、大食料基地を抱えるとともに、販売対策と広報戦略が卓越していることだ。「ホクレン100年の歩みと次の100年」の会見を道内から飛び出し東京都内のホテルで開催すること自体、道産農畜産物のホクレンPRが全国ベースの報道に載ることを意味する。

・「共生の大地」へ熱意

　ホクレン創立100年を踏まえた東京での会見で、内田和幸会長（当時）は「共生の大地、北海道から今後とも食と農の未来を担う」と、次の100年の抱負を強調した。内外への新たなメッセージは「つくる人を幸せに、食べる人を笑顔に」。食と農を両輪とした地域振興を通じ、国民への安定的な食料供給を担う産地としての決意を形にしたものだ。この両輪は輪の大きさが均等でなければ前に進まない。どちらかが縮小すれば、同じ円を回り続ける悪循環に陥る。その意味では、北海道農業の今後にとって、供給と需要とのバランスが最も重要となる。

　ホクレンの基本戦略は、販売、購買、営農支援を一体で進め、農業所得の向上を目指す。特に最近、労働力確保と首都圏など大消費地に道産農畜産物を確実に運ぶ物流対策が大きな課題に浮上している。生産基盤支援とともに、これら喫緊の問題にも対応する方針だ。その一環で19年8月末、ホクレン中斜里製糖工場で大型トラックの自動運転実証実験も行い注目を集めた。

・朝ドラ「なつぞら」彷彿

　明治以降、開拓が進んだ北海道は、命名150年とも重なる。さらに、注目を集めたNHKの連続テレビ小説「なつぞら」。道内最大の農業地帯・十勝の開拓酪農民の明日を切り開く汗と笑顔を描く。番組の中では、地元農協の組合長で後のホクレン、JA全農会長を務める太田寛一のモデルも登場する。十勝8農協による農民資本の乳製品工場建設を通し、今の道酪農隆盛の礎となった現在のよつ葉乳業の歴史も放映された。アニメ作家となる主人公・なつは、新たな作品「大草原の少女ソラ」の舞台を十勝に定め、大正から昭和初めの開拓農民の日常を色彩鮮やかで情緒たっぷりに描く。なつとソラが一体となり題名「なつぞら」が完結する。

　先の会見で、テレビ小説の効果を訊かれた内田会長は「番組の影響は

大きい。北海道農業の理解が進み、農業を継ぐ若者が増えてくれればいい」と期待を込めた。道農業振興とホクレンと「なつぞら」は三位一体で、北海道の知名度を押し上げた。

　ホクレンの事業取扱高は約1兆5300億円。うち販売事業は約1兆1470億円の中で、生乳は約3400億円強と最も大きな割合を占める。北海道は全国生乳シェアの6割に近づき、ホクレン受託乳量は2020年度に初めて400万トンの大台も超えた。道内農業関係団体を挙げた生産者支援と、「なつぞら」が描く先の開拓者の奮闘の歴史が重なり、道酪農は大きく成長した。次の100年も担うホクレンの役割は大きい。

・三位一体で生産基盤強化

　ホクレンは販売・購買・営農支援を〈三位一体〉とする事業運営を実践している。対象とする農業者は大規模経営ばかりでなく多様化が進む。〈販売〉〈購買〉〈営農支援〉の3基軸を相互に循環して回すことで、生産基盤の維持・強化を進め、食料基地・北海道の土台を確固たるものにしていく。

・十勝・士幌と記者40年の巡り合わせ

　2020年6月、ホクレン新会長に十勝・JA士幌町組合長の篠原末治が就任した。道内屈指の先進的な農業地帯である士幌町は、かつて1970年代に組合長（当時は士幌村農協）でホクレン会長、全農会長を務めた農協界の伝説の人・太田寛一を輩出した地だ。

　篠原は太田が当時掲げた「農村ユートピア」創造を振り返り、先人の努力の上に今の北海道農業とホクレンの隆盛があると見る。「つくる人を幸せに、食べる人を笑顔に」のメッセージを胸に、〈次の100年〉へ食料自給率向上を目指す。

　個人的には40年前の記者人生を太田が全農、ホクレンのトップだっ

た時代に始めた。駆け出し記者のころ、士幌町を取材するたびに加工ま
で含め付加価値農業を追及する先見性に驚かされた。あれから 40 年が
過ぎた。

　そして今、ホクレン 100 年、会長に再び士幌出身の組合長が就いた。
これも歴史の巡り合わせかと思う。

　農協改革の肝は経済事業改革にある。もっとも農業者、組合員に関心があるテーマで、具体的な数字もわかりやすい。だが、生産資材価格の高い安いといった単純な数字比較だけでは事の本質を見誤る。

　生産現場、産地ごとに、置かれている条件、環境は大きく異なる。農業者の手取りアップに欠かせないのは、営農技術支援や販売力強化も含めた総合コストの削減と販売価格の向上だ。

　JAグループの強みは、全国各地に組織を持ち、仲間がいることだ。〈連携〉と〈結集〉の二つこそ農業者の所得向上につながるキーワードに違いない。

　全農が現在取り組んでいる中期3カ年計画のキャッチフレーズは〈全力結集で挑戦し、未来を創る〉。ここに、厳しい試練に立たされ自己改革を進める全農の覚悟と〈明日〉への展望が集約されている。〈結集〉を強みに、これまでにない分野も含め元気な地域づくりへ〈挑戦〉を続ける。そのことが明るい〈未来〉につながる。重要な漢字は〈創〉だろう。作るや造るとは違う。創造力を働かせ、創意工夫の上で出来上がる〈未来〉を見据えてのことだ。JAグループが進める「創造的自己改革」とも重なる。

　第5章の冒頭はドイツの二人の偉人の言葉を取り上げた。難解さがつきまとう哲人ニーチェだが、実は言葉の断片を見ると極めてわかりやすく勇気を与えるものが多い。〈まず立ち上がり、歩き、走り、登り、踊ることを学ぶ〉。着実な手順を踏んだ実践に勝るものはない。〈その過程を飛ばして、跳ぶことはできない〉とニーチェは諭す。この箴言は、苦難を背負いながら一歩一歩と坂道を上る今の全農改革の実践への道のりと似る。

　もう一人はノーベル賞作家、文豪トーマス・マンの言葉だ。長編『魔の山』は、登場人物を介した西欧近代思想史でもある。マンは時間を〈動詞〉であるとの卓見を示す。そして時間は変化を生み出すとも指摘する。〈現在は当時ではなく、ここはあそこではない〉と。なるほど。時間、つまりは時の流れが〈変化〉を生み出すことを、一番実感しているのは全農改革の実践主体の役職員らだろう。まだ不十分ではあるが、一つ一つ形と成り改革の全体像が見え始めた。時間は動詞の性格を有するが、〈される〉他動詞ではなく、〈する〉自動詞こそが、真の改革への大きな一歩となるはずだ。

　地域単位の経済事業も頑張っている。この章で取り上げたホクレンは典型だ。創設から100年。ルーツは苦難にもへこたれない入植農民の開拓魂だろう。北海道・十勝のNHK朝の連続ドラマ「なつぞら」に登場する酪農民の涙と笑顔が、今のホクレンの隆盛につながる。

第6章　農林族群像と農政

【ことば】

「政治とは情熱と判断力の二つを駆使しながら、堅い板に力を込めて、じわっじわっと穴をくり貫いていく作業である」「断じてくじけない人間。どんな事態に直面しても『それにもかかわらず！』と言い切る自信のある人間。そう言う人間だけが政治への『天職』を持つ」

———マックス・ウェーバー『職業としての政治』

「人類の最も偉大な思考は、意志をパンに変えるということである」

———ドストエフスキー『未成年』

■ 方向性示す農林族

　農政も含め多くの場合、官僚の下書きに沿って政策が提案され法律で補強されていく。だが、実際の場面は、官僚が示した〈下地〉にさまざまな絵が描かれ、最終的に出来上がった作品は当初の原画とかなり異なるケースがある。農政の原画を修正するのは政治家であり、その過程で補助、助言するのは農業団体をはじめ生産現場に関わる人々だ。

・生きた政策つくる政治家

　そうでなければ、まるで近世以前の宗教画のように建前の理屈ばかりの硬直的な農政となり、生きたものにならず現場で機能しない。典型は第4、5章で取り上げた急進的な農協改革論議だ。むろん、国会議員自らの発案による議員立法もある。いずれにしても、実際の農政展開は政治家、官僚、農業団体の三者でさまざまな具体的な議論が繰り広げられてきた。

　政治家でも〈族議員〉、特に農林族と称される農林議員は長年、専門的な知識を蓄え官僚とも渡り合い農政運営で決定的な役割を果たしてきた。官僚がわずか数年で部署を代わりキャリアアップしていくのに比べ、農林族は内部の役職の階段を上がりながら、激論が展開される農林部会等の会議を仕切る。時間と予算の制約がある中で農政の方向性を定めていく役割を担う。同時に、政治家として大成する経験とプロセスも踏むことになる。

・生産現場の意向反映

　族議員と利害関係者との癒着など「政治とカネ」問題が改めて問われている。政治家個人の問題が大きいが、「政治とカネ」を放置しておけば国民の政治不信を招くのは間違いない。行き過ぎは是正し、適切な法

的措置は当然だ。

だが、それと族議員の存在の有無は全く別次元の話だろう。特に、項目別にも品目的にも複雑な体系で編んである農政は、長年にわたり専門知識と経験を積んだ農林議員が不可欠だ。そうでなければ、「官邸農政」のシナリオに沿った大規模路線偏重の政策が突出して、さらなる食料自給率低下、地域の衰退を招きかねない。農林族は、生産現場の声を反映し、常に実態に沿った政策運営が成されているかのチェック機能も担う。

・均衡発展の視点

要は国内各地で、地域実態に合ったバランス取れた農業の姿を実現することだ。農政では規模要件など一律に線引きするのは慎重であるべきだ。農業者本人のやる気、つまり前向きなマインドを最重視すべきだ。一定の規模要件が必要としても、必ず地域事情を勘案した〈特例〉を設ける必要がある。

平場の好条件地だけが農業適地となれば、中山間地が圧倒的に多い日本での食料自給率向上は望めない。農政の双発エンジンは産業政策と地域政策の二つ。それが同じ大きさの車輪として整わなければ、同心円を回り続け前に進むことはできない。

与野党問わず農林族は、日本農業の全体のあるべき方向性を踏まえながら、こうした地域の〈均衡発展〉の旗振り役としてあるべきだ。そうでなければ、やがて選挙区での支持も先細りし、落選の憂き目を見て政治の舞台に立つことは難しくなるだろう。

・型破り桧垣徳太郎

役人出身で元祖・型破り政治家の一人は愛媛出身の桧垣徳太郎だ。官僚出身の農林族中枢は後に触れる大河原太一郎が受け継いでいく。貧しい農家出身で、正岡子規や日露戦争で活躍した秋山兄弟を輩出した旧制

松山中学を出て東大法へ進んだ秀才だ。子供の頃はきかん坊で桧垣「悪」太郎と呼ばれ、本名の「徳」と呼ばれたことがなかったと言う。

だが官僚時代は今につながる重厚な政策を紡いだ。加工原料乳補給金の酪農不足払い制度は典型だろう。

良く出来た仕組みで、15年程度と言われた〈暫定法〉でありながら半世紀にわたり機能し、世界に誇る北海道酪農確立の礎となった。それも規制改革論議の渦中で、関係者から〈改悪〉の指摘が相次ぐ改正畜産経営安定法に組み込まれた。

・全盛期の農林8人衆

攻撃されればされるほど抗い強固となる。今から40年前後も前の自民農林族の全盛期とされる1980年代は、米国からの執拗な牛肉・オレンジ自由化攻勢にさらされた時期でもある。「農政記者四十年」の出発点とも重なる時期だ。特に中曽根康弘内閣の1980年代半ばは〈農林8人衆〉と呼ばれた大物が群雄割拠し、農政に活力を与えていたのを思い出す。

総合農政調査会長の丹羽兵助を筆頭に、桧垣徳太郎、中尾栄一、江藤隆美、佐藤隆、羽田孜、加藤紘一、大河原太一郎だ。

それぞれが、後に農相をはじめ閣僚になる自民の実力者でもある。羽田は転換期の「政局」で主要な役割も果たす。8人衆は今の〈集団指導体制〉インナーに当たるものだ。特に役所出身で元事務次官の桧垣、大河原は政策価格などの事前調整では農水省の官房長、長官、局長などを呼びつけ、資料の作りまで厳しい指導をした。

■ 角栄のDNA

「ザ・自民党」に触れたい。自民党を知るには田中角栄を知ることだ。

「政策の人」でもあり、議員立法を 33 も提案し成立させている。田中理解は自民党農政にもつながる。1993 年 12 月 16 日角栄逝去。享年 75。自民野党転落後の細川連立政権がガット農業交渉結果受け入れのわずか 2 日後のことだ。戦後農政の〈分水嶺〉は、角栄の死と共に歴史の歯車が動き出す。

・「政治とは愛情だ」

「数は力」「政治とカネ」「言葉の政治」「闇支配」「弱者と地方重視」。良かれ悪しかれ角栄の遺伝子・DNA は過去、現在、未来と自民党に脈々と流れる。個人的に「農政記者四十年」の経歴では、政治で活躍した実際の角栄の姿を知らない。その後の竹下登以降の大物政治家らとの絡みとなる。だが、彼らからいつも聞くのは〈おやじ〉つまり角栄の言動、箴言のことだ。政治とは人であり、愛情である。そんな熱量の大きさに驚き引き込まれる。幾多の角栄本が書かれ角栄伝説が語られ、政治記者が角栄に影響され魅せられ続ける所以でもある。

いわば〈磁場〉を持つ希有な政治家なのだ。

・竹下派七奉行と「その後」

角栄の下で政治力を磨き首相にまで上りつめた竹下登は、師と同じく「政治とカネ」に沈んだ。だが、後継者らは次の自民党や政界再編で存在感を示す。今に至る日本政治の大きな流れは、角栄の影響を受けながら竹下のもとで刻苦勉励した 7 人の政治家抜きには語れない。いわゆる〈竹下派七奉行〉と称された。

7 人は小渕恵三、梶山静六、橋本龍太郎、羽田孜、小沢一郎、渡部恒三、奥田敬和。うち小渕、橋本、羽田の 3 人は首相になっている。岩手 3 区で当選 17 回と現役最古参の小沢は今も政界再編のキーマンの一人である。

　それぞれ政治力は卓越し政権の要職を何度も経験した。時にこう言われた。〈無事の橋本、平時の羽田、乱世の小沢、大乱世の梶山〉。

　羽田は自民農林幹部で加藤紘一らとともに〈総合農政派〉に属し、1980年代の日米牛肉・オレンジ貿易交渉などに当たった。蔵相（当時）、外相の重要閣僚のほか、農相も2度務めた。

　温厚な雰囲気だが、負けん気が強く思ったことを口にするタイプで舌鋒は鋭かった。夜回りで東京・九段の議員宿舎に行くと、いつも記者であふれていた。マスコミ各社は序列で羽田に会う順番に決まっていた。まず政治部、次に経済部、そして社会部、最後にその他。

　外政から国内問題、政治の話題など全ての記者の関心事に玄関口でてきぱきと応じる姿はさすがと思ったものだ。日農報道部は政治部枠で最初のグループで質疑できた。いつもガット農業交渉など、羽田も思い入れが強い貿易自由化問題を尋ねた。よく、他紙の記者からは、日農は通商問題以外には関心がないのかと冷やかされたのを思い出す。

・羽田に「選挙管理内閣ですね」

　〈七奉行〉の一人で思い出深いのは27年前、1994年4月末の羽田政権発足時の官邸会見。既に非自民連立政権は、小沢一郎らとの対立から社会党が抜け、死に体だった。記者の質問はまず「選挙管理内閣と呼ばれていますが」。さすがの羽田も気色ばみ「君ね、羽田内閣はまだ始まったばかりだ」。考えてみれば、これほど失礼な質問はない。会見は同内閣がすぐつぶれるとの異常な雰囲気だったのを思い出す。政権発足の会見で、後にも先にもこんな事態は経験がない。

　小沢と共に自民党を離党した羽田は、いくつもの政党を渡る曲折を経る。2017年に〈平時の羽田〉逝く。享年82。後継の長男・雄一郎は立憲民主党の参院幹事長の重責を担っていたが、無念にも2020年末にコロナ禍で急逝。4月25日の長野選挙区での自民敗北した補欠選挙結果は

菅政権の政策運営に一定の影響を与えた。

　角栄DNAはまだまだ続く。いまの菅義偉首相も絡む。〈竹下派七奉行〉の梶山から薫陶を受け政治家として大成した。その菅が同じ七奉行・羽田に連なる参院長野補欠選挙で雌雄を決することになるとは、皮肉な歴史の巡り合わせだろう。

　菅政権を支える屋台骨・二階俊博自民党幹事長も角栄、小沢と関係が深い。つまりは現政権にも〈角栄DNA〉が歴然と存在感を保つ。

・住専問題で胆力見せた野呂田農相

　角栄DNAで忘れられない一人に村山自社さ政権で農相を務めた野呂田芳成がいる。折から「住専問題」に遭遇し、農協バッシングの中で蔵相とのトップ会談に臨む。日農の取材に非常に協力的で何度か部屋に呼ばれざっくばらんな意見交換を重ねた。腹の据わった政治家らしい〈胆力〉があった。

　よく「住専での農協批判は理不尽きわまりない。母体行責任は当然だ。皆さんの報道もありここまで来た」と言っていた。苦労を重ね政治家になっただけに、貧者、弱者に寄り添うことを忘れなかった。元々は田中派、竹下派の主流・建設族だが、農林幹部となる。話題も豊富で、官僚達の前では「次官には二通り。頭の良いのは事務次官で、出来の悪いのは政務次官だ」などと言って笑わせた。

　建設官僚だっただけに、都市開発にも詳しかった。「ニュージーランドに知人が多い。今度一緒に行かないか」と誘われたことがある。たぶん、都市開発との関連で人脈があったのだろう。

・石破に「このままでは飼い殺しにあう」

　独自の存在感を示す石破茂は、何度も自民総裁選に挑み日本のトップを目指してきた。長い付き合いだが、角栄の最後の弟子を自認する。こ

こにも〈角栄DNA〉が生き続ける。

　父で鳥取県知事、参院議員、自治相を務めた石破二朗死去に伴い角栄本人から「君、銀行を辞めて政治家になれ」と請われた。当時24歳で三井銀行（当時）の行員だった。

　議員会館の石破の部屋に飾られる角栄の揮毫〈末ついに海となるべき山水も暫し木の葉の下くぐるなり〉。この箴言は雌伏の時こそ大切なのだと説く。人生訓にもつながる。空中分解寸前の少数派閥で苦境に立つ今ほど、石破が身に染みている教えはないだろう。

　人一倍に勉強熱心で丁寧な政治家である。著者と年齢もほぼ同じで、石破が大ファンだったキャンディーズ・スーちゃんこと田中好子の話題もよく分かる。地元・鳥取1区の選挙戦時も何度か現地を訪ねた。選挙時の当選の弁でも、日農取材には特別に時間を割いて応じてくれた。

　若いころに自民農林部会の畜酪など品目別小委員長をこなし、農水政務次官も2期務めた。農相、防衛相などを歴任、党務は自民党政調会長、幹事長までのぼりつめた。

　地方に人気が高く、安倍晋三とは自民総裁選で決選投票までもつれた事もある。その安倍政権で初代の地方創生担当大臣となる。

　2016年初夏、与野党国会議員と農業団体らとの懇親で、久しぶりにゆっくり石破と話す機会を得た。石破はいつになく弱気だった。「大臣をいくつも務め、今は初代の地方創生相だ。党務も幹事長までやった。もう十分やった感が強いよ」「そうですか。でも大事な一つは務めていませんよね。あくまでトップ、首相を狙うべきだ」。こう応じると石破は少し表情を硬くし黙った。こうも付け加えた。「このままでは石破封じ込めで、安倍政権で飼い殺しにならないか」。それへの石破の明確な返事はなかった。同年8月、内閣を離れ安倍との距離は広がる。そして再び総裁選出馬の基礎固めへ地方回りに精出す。

■ 1993年政権交代

話を巻き戻そう。

日本農政は長年、政権党を担ってきた自民党の影響力が絶大で、その意味では農政＝自民党農政と言っても過言でない。それだけに、いまから28年前の自民党の野党転落、政権交代の衝撃は、特に農政現場で大きかった。農林族群像はまず、1993年政権交代を前後して始めるのがふさわしい。

・権力は簡単に地に墜ちる

長年取材してきた自民党は先輩、後輩の序列が整然として規律ある政党だ。だが〈あの時〉ばかりは目を覆うばかりの混乱状態に陥っていた。28年前、自民党の野党転落は、党内をある意味でカオスとも言えるほどの無秩序の雰囲気が取り巻いた。

・民主党政権への序章

その後、政権復帰した自民は再び2009年秋、野党に転落し民主党政権ができる。その意味で、1993年は政権交代の〈序章〉ともなった。

28年前の当時、まず思ったのは「権力は簡単に地に墜ちる」ということだ。政官産複合体の利益半分を通じ戦後日本を支配してきた自民党は、政権与党として盤石と見られてきた。しかし、目をこらせばそこら中にある綻びは覆い隠せない。自民単独の与党は無理で、しばらく前から連立政権の時代に入っていた。衆議院で勝利しても、特に3年に一度、半数を代える参議院で与野党の多数派が異なる「ねじれ現象」は、政権の体力消耗を強いていった。

政治の格言に「一寸先は闇」。その通りに、昨日と今日と明日は違う。この歴史的な自民の野党転落は、メディアの格好の取材対象となり、東

京・永田町の自民党本部には連日、多くの取材関係者が詰めかけ、テレビ放映も続いた。党本部では、これまでの政策の総括と今後の対応を巡り、政調の部会が相次いだ。もちろん、総選挙敗北の主因となった農業県、農村部での自民離反について農林合同会議もたびたび開かれた。

・若手怒声相次ぎ混乱

　当時の自民部会は会議冒頭以外は原則、非公開だった。そこで記者らは、参加議員の生の声を聞き漏らすまいと部屋の外側から壁に耳をぴったりと着けメモ取りする。いわゆる〈壁耳〉と言われる取材法だ。

　たまたまある記者が、部屋の隣に長机などをしまうスペースの物置小部屋のカギが空いていることを見つけそこに入る。筆者も含め各社10人程度が便乗した。薄い壁一つで隔たれただけで議論の声が聞こえる。ただ、こちらの気配も伝わりかねない。自民関係者に悟られないようにじっと静かにメモ取りを始めた。

　そこで目にした、いや耳にしたのは先輩に遠慮してこれまで発言を控えていた若手議員の反発だ。ある意味で〈反乱〉と言ってもいい光景だ。「こんなことばかりやっているから野党に転落するのだ」「執行部は猛反省が必要だ。でなければ、次の選挙も勝てない」「これまでの自民党の政策を抜本的に見直す必要がある」。若手の怒声が続いた。

　これが少し前までの秩序だった自民党なのか。以前、米価運動などで、大幅引き上げを求め若手議員が執行部を突き上げた姿を何度も見てきた。だが、それはあくまで与党の土俵の上での〈コップの嵐〉と言えた。今回は政権党でなくなる。国会議員にとって〈落選〉という2文字は、命と引き替えるほどの恐怖の言葉だ。このままでは自民党は内部分裂を起こしかねない。「自民崩壊」という言葉さえ浮かんだ。

　農林合同会議が終わって廊下に出ようと思ったら、すぐ別の部会が始まった。それが相次ぐ。結局、数時間も暗い物置部屋から動けなくなった。

ただ、どの部会でも若手の怒声が同じように続いた。自民がまるで〈溶解〉していくように見えた。

　政権党の最大の役得は予算編成権だ。実際の経済を回すには巨額の国家予算が欠かせない。政治は政策を通しカネと結びつき、絶大な力を発揮する。

・奇手使い自民政権復帰

　野党になれば与党案に文句をつけ修正を求める程度だ。議席数で劣ればそれすら通らない。何のために政治家になったのかとの自問自答も出てくる。だが、自民の雌伏の時は短かった。ある〈奇手〉が奏功した。

　8党派連立政権の足並みの乱れを突き、自社さ連立政権で与党に返り咲く。もしあの時、自民の野党暮らしが長引いたら内部から瓦解し、今の政治情勢、政党構図は全く塗り替わっていたかもしれない。自民党は与党、政権党にいてこそ存在感を発揮する。長年の権力の統治ノウハウを持ち官僚操縦法にも長けている。結果的に、自民は党勢を取り戻し、半面で政権復帰に手を貸した社会党、後継の社民党は解党の危機にまで追い込まれた。

・自民政調から「先生がお呼びです」

　28年前の自民野党転落時の思い出がもう一つ。国会記者会館内の日農が在籍する「八日会」の直通電話のベルが突然鳴った。自民政調からだ。「先生達が党本部でお待ちです。お出でください」。政治が混乱している中で、何の用事なのか。だが、電話の向こうの様子はとても断れる雰囲気ではない。

　自民党本部の指定された部屋に行くと、10人程度の農林幹部が沈んだ顔で集まっていた。記憶では柳沢伯夫、谷津義男、松岡利勝、石破茂らがいた。それぞれ後に農相をはじめ閣僚になるメンバーだ。何を話した

かは記憶に定かではない。それになぜ、わざわざ呼んだのか。いずれに
しても、農政報道を巡り自民党と日農記者の深い関係を考えれば、「引
き続き宜しく頼む」など、今後の農政の方向で意見を交わしたはずだ。
ただ、自民は茫然自失状態にある。それほど中身のある会話など交わせ
るはずもなかった。

■ 農林族群像

　農林族群像に話を移そう。政治は人であり、それぞれの政治家の情熱
と個性こそが、魂の籠もる政策につながる。

・上州人の農魂
　農林族群像はまず群馬から。農政記者40年の記者生活の中で、大物
保守政治家や歴代農相を輩出した思い出深い地でもある。改めてそう感
じたのは、講演で中央会、連合会が入る前橋市の県農協ビルを訪ね、役
員室の壁に四方ずらりと飾られた各政治家の〈揮毫〉が脳裏に焼き付い
たからだ。政治家が選挙などで同ビルに立ち寄った際に揮毫した。達筆
で含蓄ある言葉がそろう。
　いくつか紹介しよう。中曽根康弘「人生開拓」、福田康夫「温故創新」。
いずれも首相となった。大河原太一郎「農興国栄」、山本富雄「農為国
基」、谷津義男「耕心」。3人はいずれも農相時代に書く。それぞれ農魂
とも言える含意を感じる。特に繊細と思っていた中曽根の大胆な字に勢
いを感じ、山本の何とも品のある筆遣いに感心した。

・米価に精通「農政のドン」大河原
　その文字は人柄も表わしているようで、署名と併せ見ると何人もの政
治家との往事の出来事が浮かぶ。まず大河原太一郎。農林事務次官から

参院議員、1994年から1年間、村山自社さ政権時に農相を務めた〈農政のドン〉である。様々な政策決定に関わり、特にコメ問題に精通していた。農林官僚OBだけに、役所への影響力も大きかった。旧制水戸高校（現茨城大学）、東大法学部を経て農林省へ。秘書課長、官房長、食糧庁長官、事務次官と、農水官僚の王道を歩む。

1990年代初頭、平成の初めは先の山本富雄総合農政調査会長と大河原米価委員長の〈群馬参院コンビ〉が自民党農林合同会議を仕切った。大河原に米価関連でよく議員会館の部屋に取材に行った。沈思熟考型で目をつぶり、たばこの紫煙が絶え間なく上がる。微動だにしない。たばこの灰がそのままの形で数センチ。もう崩れ落ちると思った瞬間に、かっと目を開き米価の具体的な話しを始めた。

まだ米価決定は農政の一大時で、大河原と一緒に自民党本部の議員専用エレベーターに乗り7階の農林合同会議の部屋に行くまでテレビのライトや新聞社のフラッシュが一斉にたかれる。まぶしい。しかも熱い。こんなドラマのような米価決定劇だが、今は昔となった。

コメ関連の複雑な数字を端数までそらんじていた。どう覚えるのかと訊くと、ある方式があると教えてくれた。数字と関連づけ一定の法則を見つけるのだ。むろん、大河原とは頭脳の容積が違うのでそのままとはいかないが、今でも通商問題や品目の基本数字、政治関連の数字などの時に応用している。

・山本は「野党になったら天までおかしくなった」

1993年、総選挙で自民過半数割れ。同年末には冷夏が列島を襲い細川連立政権はコメ不足を理由に主食用米80万トンもの緊急輸入を発表。前代未聞のことで、ガット農業交渉妥結に伴うコメ部分市場開放と併せ農政は混乱の極みに。山本総合農政調査会長は「自民党が野党になったら天候までおかしくなった」と嘆いた。

　谷津の揮毫は〈耕心〉だが、その文字通りに誠実に議員人生を生き抜いた。谷津の話題は既にWTO農業交渉や住専問題でも触れた。小泉進次郎が農林部会長時代に、TPP農業関連対策でガット農業交渉国内対策予算6兆100億円を巡り当時関わった谷津を自民党本部に招き、本人から「あれは大失敗だった。農業団体の話をあまり聞いちゃいかんぞ」の言質を引き出した。小泉自身が何度もこの話題を披露している。そこには小泉一流の計略がある。TPP議論を「最初に予算ありき」にしないための作戦を立てたのだ。

　ガット交渉当時はコメ部分開放をはじめ自由化の衝撃度があまりに大きく、政治家や官僚も農業団体も何をどう対策していいのかよく分からなかったのが実態だ。金額の6兆100億円は、農林関係の取りまとめ責任者だった山本が1年1兆円という相場観に加え、端数の100億円は、山本が国内対策の折衝で汗をかいた農林幹部・中川昭一の苦労に報いるためにと上積みを財務当局に渋々のませた。今振り返ると谷津は正直な感想を述べたが、当時と現在を結びつけ結論を得るには無理がある。いや誤解を招き間違いでさえある。

　一番の自由化対策は、これ以上の自由化をしないことだ。関税削減・撤廃は輸入時に徴収される関税収入が減り国内対策に回す財源が先細りする。しかも安価な輸入品が入ってくる。カネが減りモノはあふれる。よく国産農畜産物は品質に優れており、輸入品との棲み分けが出来るとの指摘がある。だが安価な輸入

写真6-1　国際交渉で畜産は大きく揺れ動いた（自民党本部での畜産酪農団体要請集会）

品は相場全体を押し下げ、結局は国産品も対応上、価格を一定程度引き
下げざるを得ないのが実態だ。牛肉が典型例である。自由化と小泉の話
題はここではこれ以上立ち入らない。

・**誠実な谷津のエピソード**

　話を谷津に戻そう。人柄を彷彿させるエピソードがある。2020年11
月26日付日農くらし面投稿欄の「女の階段」に〈谷津農相との出会い〉
と題した記事が載った。茨城県境町の女性からだが、20年前にWTO農
業交渉に関連し谷津農相（当時）に1万人のはがきを農水省大臣室で手
渡した時の思い出が綴られている。谷津は「せっかくここまで来たのだ
から、一人一人、思っていることを話しなさい」と参加したJA女性部
員らに促した。自分の出身県を話すと「私の故郷と遠くないね」と言い、
〈親近感のある言葉が、今の私の力となっている〉と結ばれている。

　政治は言葉であり、態度なのだ。谷津の源泉はそこにある。先日、久
しぶりに会った。めっきり頭は白さを増したが馬力は当時のまま。農業
交渉や住専の話をすると「そうだったかなあ。懐かしいな」といつもの
笑顔に戻った。尊敬した人物は足尾鉱毒事件で有名になった田中正造。
世界食料サミットの話題でも取り上げたFAOのディウフ事務局長とは
県会議員時代からの付き合いで、よく国際電話する間柄だった。谷津は
特に畜酪に強かった。畜酪は関係団体が多く取りまとめには苦労を伴う。
今の畜産議員には関係者を面前で叱責し虚勢をちらつかせる場面も目に
する。だが、谷津はそんな態度は一切取らなかった。国会議員として見
習うべき点であろう。

・**先見の明あった松岡**

　松岡利勝は〈ザ・農林族〉として活躍し、そして散った。

　松岡の話題は第1章の1995年のFAO50周年のカナダ・ケベック会

議で触れた。行動力は群を抜き、細川連立政権時はガット農業交渉に抗議して国会中庭でハンガーストライキを実施。「日本農業を守る行動議連」も組織した。ガット大詰め交渉では、ジュネーブで何度か松岡行動議連メンバーと会って取材した。

　林野庁技官の出身。北海道北部の営林署長時代に政界の実力者で、中川昭一の父・中川一郎に巡り合い政治家を目指すきっかけになった。気さくな性格で、松岡とはよく議員会館の部屋で話を交わし、何度か特ダネ情報も得た。だが、実は財政当局から評価されている話を聞き意外だった。主計局長、財務事務次官から2017年末まで日本政策金融公庫総裁を務めた細川興一と何度か懇談した時だ。「農林議員として柔軟な発想があった」と政策能力を褒めた。

　そういえば農産物輸出の可能性へ熱い思いを語っていたのを思い出す。「来週、中国に日本の国産米の売り込みに行く。日本の水と炊飯器も持ち込む。向こうの物じゃおいしく炊けないはずだ」と。農業保護一点張りではなく、先見の明があったのかもしれない。「政治とカネ」を巡り自ら命を絶つ。農業総自由化時代に加えコロナ禍で農業も混迷の時代だ。時々、もし危機突破力を兼ね備えていた松岡が今いたらとも思う。

・堀之内「記事通りにするしかない」

　もう一人、忘れられない政治家は農相など閣僚を歴任した自民農林幹部・堀之内久男だ。国内有数の畜産地帯の宮崎・都城の市長から転じ、2003年まで27年間国会議員を務めた。海軍兵学校出で幼い頃から優秀だったという。畜産に精通し、市長経験から農地法など法務にも詳しかった。農林族として頭角を現わしたのは畜産小委員長になってから。ふさふさの白髪がトレードマーク。ヘビースモーカーで、いつも手元に灰皿を置いた。九州男児らしく豪放磊落で細かいことを気にしなかった。

　よく議員宿舎を訪ねた。普段は機嫌良く話をするが、ある話題になる

と「静かにしろ」と制し真顔でニュースを聴き入った。政治家の不祥事、特に贈収賄など汚職に関する報道だ。「政治とカネ」を巡る話題は途切れることがないが、堀之内にとっても身近な問題だったのかもしれない。

　いつも温厚な堀之内に一度、大きな雷を落とされた。農民春闘とも言われた３月の畜産物政策価格・関連対策決定時の記事だ。１面で「実質乳価引き上げへ」と書いた。有力議員ら複数の農林関係者から感触を得て書いたが、内実は据え置きだった。飼料代が下がるなど生産費でどうやっても引き上げは財政当局の理解を得られなかったためだ。

　政策決定の当日朝８時、自民農林合同会議に出席する前に堀之内に会うと、「なんだ今日の記事は。乳価引き上げにはならんぞ。だが出てしまったものはやむを得ない。関連対策で実質引き上げとするしかないな」とどなられた。その時は鬼の形相で、あの白髪も逆立って見えた。だが、翌日はまたいつもの温厚な姿に戻った。政治家とは喜怒哀楽の激しい人種なのだと改めて感じた。

・江藤父子は畜産に情熱

　先に〈農林８人衆〉の一人として挙げた江藤隆美は、野太い声に眉毛が逆立ついかめしい顔で迫力満点だった。自民農林合同会議でしどろもどろの官僚に「こらっ、はっきり答えんか。そういうのは〈うどん屋の釜〉だ。言う（湯）ばかりで中身がない」と一喝する。記者席から笑いが漏れるが、標的にされた農水幹部は顔面蒼白だ。獣医師出身で宮崎県議から国政の場へ。終生「農政とは愛国心」を貫いた。

　引退後に一度、地元宮崎の和牛全共県予選で出くわした。血統の良い牛が出てくると目を細めて見る江藤は根っからの畜産議員だった。この時に「うちの坊主は俺より勉強家だ。よろしく頼む」。そう言われたのを思い出す。坊主とは農林族として頭角を現わす長男・江藤拓を指す。昨秋まで農相を務め畜産防疫対策で手腕を発揮した。農水省に７月、「畜

190

産局」が20年ぶりに復活する。畜産に情熱を持ち続けた江藤父子。江藤拓の置き土産かもしれない。

・八面六臂の森山国対委員長

　自民農林議員の存在感と実行力は今も脈々と受け継がれる。筆頭は国対委員長としても与野党から信頼が厚い鹿児島4区選出の衆院議員・森山裕だ。市議会議員も経験し地方行政に明るい。菅義偉の首相誕生には、二階自民幹事長と共に重要な役割を果たした。

　鹿児島の偉人は二タイプ。情に厚い西郷隆盛タイプと頭の切れる大久保利通型とされる。森山は西郷タイプの典型だろう。

　温厚篤実で人の話に耳を傾ける。何事も急がずじっくり相手の理解を求める。時には野党から激しい反発を受ける国対委員長を長く続けているのも、その人柄が貢献している。「森山が頼むなら」と言うわけだ。農相も経験し、幹部会のインナー会議の取りまとめもこなす自民農林議員の筆頭格だ。特に通商問題や畜産には精通しており、政策決定の際には重要な役割を果たす。自由化が進む中で、最近は和牛の牛肉輸出にも力を入れる。

・コメ精通の宮腰

　森山が畜産なら、コメは富山2区選出の衆院議員・宮腰光寛だ。コメ需給均衡へ水田フル活用、現在の飼料用米生産振興の仕組みも編み出した。コメ政策で大きな役割を果たしてきた。

　京都大法学部出身の理論家で、品目別の生産費など数字にめっぽう強く、局長、課長ら官僚との議論で全くひけを取らない政策通でもある。甘味資源など離島対策にも熱心だ。たばこを肌身から離さず、自民農林合同会議の前には必ず党本部7階入り口の喫煙ブースで一服する。急ぎ話を聞くにはここで捕まえるに限る。

・豪腕・西川〈光と影〉

　豪腕の西川公也は、自民農林合同会議を取り仕切ってきた。東京農工大大学院から栃木県庁、県議、衆院議員と駆け上る。亡くなった松岡利勝と入れ替わるように農林族で存在感を増した。数字に詳しく農政に精通していた一方で、官邸にも近くTPP推進や農協改革の旗を振った。

　コメ政策を差配する農業基本政策小委員長に就くと「役人は出席しなくてよい」と官僚を会議から閉め出したこともある。基本政策小委の〈小〉が余計だと、小を削って委員会に格上げした。畜産団体の要請で幹部を叱責するなど豪腕を発揮したが、「政治とカネ」を巡り何度か辛酸をなめる。念願の農相もわずかの期間で辞任した。光と影が常につきまとう農林族の象徴だ。

・「進次郎の乱」と嵐の後

　小泉進次郎は第6章の全農改革でも何度か触れた。政治勘が働き、その突破力と情報発信力は父親譲りだろう。

　若いが戦略・戦術に長け、すぐ人の名前を覚え名前で呼びかけるので親近感がわく。むろん、これは周到な作戦に基づく。小泉が農林部会長になりたての頃、自民党本部の議員専用エレベーターで名刺を渡すと、「論説委員ですか。世論に影響を及ぼす重要ポストですよね」と応じた。マスコミ、新聞社の仕組みにも精通しているのだろう。

　農協改革加速を狙う官邸の意向に添い34歳の若さで農林部会長に就いた。『小泉進次郎と権力』で日経編集委員・清水真人が書いた〈小泉は西川が農水省に図抜けた影響力を持ち、官僚達が西川の顔色ばかりうかがうのを素早く見て取った〉は的を射ている。小泉は改革路線に転じた農林幹部・西川公也と二人三脚で、ある局面では農協組織との角逐を交えながら全農内部に深く切り込んでいく。

　全農改革で「負けて勝つ」の言葉を残し去った5年前のあの〈小泉台風〉

は何を残したのか。農業関係者で賛否両論があるのは確かだ。現場実態軽視を指摘する声の一方で、営農経済事業重視へ農協の原点回帰を改めて促した点もある。小泉が固執したメッセージ「農政新時代～努力が報われる農林水産業の実現に向けて」は、安倍首相（当時）が国会演説でも引用した。

　だが小泉が去った〈嵐の後〉、農政新時代は一向に実像が見えない。このままでは農業者に辛苦を迫る農政〈辛〉時代が続きかねない。むしろ、コロナ禍で成長産業偏重の農政は大きな見直しが求められている。

・農協〈参院3本の矢〉

　自民農林議員の中で農協〈3本の矢〉として強固なスクラムを組むのが野村哲郎、山田俊男、藤木真也の参院議員3人だ。鹿児島中央会出身の野村は、強固な政治基盤に支えられ大量得票で再選を続けている。

　自民農林幹部を長年続け、誠実な人柄と幅広い調整能力から信頼が高い。博識でもある。気さくで自ら宴席の輪に入る。一度、野村の地元鹿児島で農協青年部の会合に招かれ、その後の酒宴で同席した。青年部一人一人に分け隔てなく接する。ここで野村から〈薩摩の大提灯と小提灯〉の例え話を聞いた。なるほど、幕末、明治維新と薩摩隼人は一人なら非力でもみんなが団結し大事を成し遂げる気迫と知恵が備わっていた。農協改革を巡り急進的な規制改革論議に抗し、現実的な妥協案づくりにも汗をかいた。

　山田は全中専務から参院比例で国会議員となる。農林インナーメンバーともなり、農政の内実にも精通する立場だ。個人的には全中時代から30年以上の長い付き合いだ。全中時代に培った政治家、官僚ネットワークも広い。水田農業や農協改革をはじめ組織整備問題に長く携わってきた。宮腰と同じ富山出身だけにコメ問題には人一倍思い入れが強い。国会議員の農協理解、協同組合理解の輪をいかに広げるかをライフワー

クにしている。農業のもう一つの側面、環境、緑の保全のため都市農業振興にも力を入れる。

　最も若い藤木は熊本のJA組合長から参院比例で国会議員となった。ちょうど山田と3年おきの選挙となり、参院比例の農協出身2枚看板が整った。青年部の全国組織である全青協会長も務めただけに、全国の若手青年者、担い手の立場も代弁して自民農林部会や国会での答介に立つ。

　質疑で藤木が最初に強調するのは、生産現場からの視点だ。例えばTPPなど自由化やコメ過剰問題で現場の農業者はいかに不安が募っているかの声から切り出す。そして、説得力のある現場の要望を背景に国に万全の対策を問う。当選1回で早くも農林水産政務官を務め、農林族としてのキャリアを積みつつある。大規模偏重農政に反対し、中山間地も含め持続可能な地域農業の確立を求め、農協の役割の大切さを唱える。

■ 農林インナー・イレブン

　菅政権発足に伴い、自民農林族幹部による「インナー」布陣は重厚さを増した。前農相・江藤拓が復帰し、宮下一郎農林部会長が新たに加わる。11人の大所帯でいわばインナー・イレブンとも称される。メンバーは塩谷立農林・食料戦略調査会長をはじめ、森山裕、江藤拓、齋藤健、宮腰光寛、林芳正、小野寺五典、野村哲郎、宮下一郎、山田俊男、吉川貴盛。大半が農相をはじめ閣僚経験者から成る重量級で、自民農林族の層の厚さを裏付ける。だがこのうち、吉川元農相が後述する「政治とカネ」で議員辞職し、インナーを外れる事態となる。

■ 与党・公明党農林族も存在感

　与党では自民党に加え、公明党も存在感を示す。北海道など地方を中

心に農林議員も層が厚く、発言力を増す。

　全中をはじめ、農業団体との意見交流も盛んだ。行き過ぎた規制緩和などの論議ではブレーキ役を果たし、農業・農村の均衡ある発展に寄与している。

■ 野党の農政通にも期待

　農政は与党の政策ばかりでは一面的になりかねない。やはり野党のチェック機能が欠かせない。民主党政権時代に戸別所得補償政策が大きな農政の柱となった。2007年、参院選は自民敗北、「衆参ねじれ」で政権交代が現実となりつつあった。第1次安倍政権の時で、国政選挙から2カ月後に安倍は首相を辞める。民主党を率いたのは〈竹下七奉行〉の一人、政界の壊し屋の異名もある乱世に強い小沢一郎だ。

・現場で見た小沢 vs 自民

　当時、九州支所に在籍し選挙戦を取材した。安倍は保守の牙城・鹿児島入り。演説会場は大入り満員。安倍は「自民劣勢が伝えられるがこの熱気に反転攻勢への自信を持った」などと話した。一方で同じ頃に小沢も九州入り。熊本の農村でミカン木箱に乗り、大規模偏重ではない、中小農家を救う戸別所得補償の導入を語り始めた。すると、高齢の農家らも演説に耳を傾け始めた。安倍の会場は動員で集めた、いわばサクラで票に結びつかない。一方で小沢は中小規模重視政策をアピールし農村票に確かな手応えを実感した。選挙現場の感性の差が、自民惨敗となって現われた。

・戸別所得補償にも課題

　戸別所得補償は自民から民主党への政権交代に起爆剤の一つになっ

た。だがその後、実際の運用では幾多の課題が噴出する。財源はどうするのか。生産調整の実効性をどう担保するのか。そもそも過剰基調の主食米に助成金を与えるのはどうか。稲作農家への経営安定を図る〈岩盤〉の必要性は今にも続く大きな課題だ。

・与野党で農業共闘を

いずれにしても、与野党の建設的な議論を通じ農政は活発化する。最終目的の自給率向上、農業振興を通じた元気な地域創出、国民への安全で安心、良質な食料の安定供給は、与野党とも変わりはない。

・思い出深い社会党古参代議士

野党の農林族で思い出深い一人は40年前の当時、北海道5区選出の社会党衆院議員の島田琢郎。愛称〈しまたく〉。駆け出し記者だった40年前の北海道支所時代によく話を聞いた。

腰が低く人柄が良い。いつも北海道農民連盟の会議で長時間にわたって畜酪、畑作を中心に農政課題を熱く語った姿があった。当時、道内は自民、社会の与野党勢力が拮抗していた。島田のように農業問題に精通した社会党議員も多かった。与野党伯仲による切磋琢磨が、政策を内実のあるものにした時代だ。

・国民民主・玉木代表は農政通

むろん、今の野党にも農業に熱心な議員も多い。国民民主党代表の玉木雄一郎は食料安保、環境保全と絡めた戸別所得補償制度の拡充などの独自政策立案に熱心だ。民主党政権時代の農相・郡司彰、農水副大臣を務めた篠原孝、佐々木隆博、農水政務官だった舟山康江、ガット農業交渉時の農相・田名部匡省を父に持つ立憲民主党の田名部匡代、同党の北海道選出・徳永エリ、共産党比例代表の紙智子ら、野党農林族も論客が

そろう。一層の活躍を期待したい。

■「政治とカネ」の陥穽

　農林族と農政では、「政治とカネ」を巡る問題に触れざるを得ないだろう。昨年のクリスマス目前、菅政権に冷水を浴びせる出来事、ありがたくない〈クリスマスプレゼント〉が届く。「政治とカネ」疑惑の噴出だ。通常国会でも与野党で激論が続いた。

・元農相に相次ぐ疑惑

　豪腕でならした2人の元農相にまつわる。大手養鶏業者「アキタフーズ」の元会長からの吉川貴盛と西川公也両氏への現金授受疑惑である。吉川は在宅起訴となった。吉川は議員辞職に追い込まれた。野党側は「辞めたからといって責任追及が終わるわけではない」と、体調回復次第、予算委員会での国会証人喚問を求めた。通常国会は、冒頭からコロナ対策と共に「政治とカネ」で波乱含みの展開となった。

・「さくら疑惑」と118の数字

　「桜を見る会」前夜祭の政治資金疑惑で、安倍前首相は東京地検特捜部の任意聴取を受けた。国会で本人の説明も行った。それにしてもあきれるのは、「桜」答弁の118回が事実と異なる可能性があることが分かった。「事務所は関与していない」「明細書はない」「差額は補填していない」の3点だが、「あるものをない」、つまりは黒を白と説明していた。

　気がついたのはこの〈118〉の数字だ。電話番号に例えれば海上保安庁の海難事故の緊急連絡番号である。四方を海に囲まれたわが国。〈118〉を背負う安倍氏周辺が果たして軽い事故で済むのか。沈没となるのか。菅政権の行方にも影響が出るかもしれない。

・衆院解散戦略に影響

　吉川の議員辞職で、議席のある北海道2区の補欠選挙は4月25日となった。このタイミングは政局と連動しかねない。菅首相が解散・総選挙をいつ打つかの時期と微妙に絡んでくる。3月末の年度内に2021年度予算成立。その時期と4月25日は極めて接近していたためだ。

　北海道はもともと民主党（当時）の牙城で野党が一定の勢力を持っている。衆院補選は、「政治とカネ」を争点に野党統一候補で戦う可能性も高かった。こうした中で、自民党は北海道2区の自民候補擁立を断念した。いわば〈不戦敗〉となる。同じ日時のもう一つの補選、長野選挙区。立憲民主党参院幹事長・羽田雄一郎の死去に伴う。同選挙の対応も菅政権の今後を占う重要な選挙となった。さらに、自民党が絶対に負けられない参院広島の再選挙も加わった。

・次期衆院選は不出馬

　同様に元会長から現金数百万円の提供疑惑の西川は内閣官房参与を「一身上の都合」で辞めた。たびたび「政治とカネ」にまつわる問題に巻き込まれている。

　2014年に念願の農相に就いたが、わずか半年後に政治資金問題が明らかになり農相を辞任。17年10月の自民大勝の衆院選でも落選した。その後、安倍首相（当時）の配慮で内閣官房参与に起用され、自民農林合同会議にも政府側の立場で顔を見せていた。つまりは次期衆院選までの「つなぎ」ポストとして、農政上の影響力を維持するための対応と見られていた。結局、西川は4月、次期衆院選不出馬を表明。事実上の政界引退だ。

　吉川の疑惑は農相在職中の事柄であることが焦点だ。ここで何らかの便宜供与があったのか。鶏卵大手「アキタフーズ」グループの元会長は現金提供を認め「養鶏業界全体のためだった」と話している。大臣室で

の現金提供と授受なら、政策立案者への働きかけとそれを受けての何らかの政策変更、便宜供与となりかねない。これでは国民からの農政不信も招きかねない。

・農林族地図も地殻変動

　政局とも絡む元農相の相次ぐ疑惑は自民党内の農林族勢力図の塗り替えにも結びつきかねない。吉川は北海道で特に酪農に大きな影響力を持っていた。さらに栃木2区が地盤の西川は畜酪と農政全般に発言力を保っていた。共に東日本出身の2人の農林幹部が政治の場から退場したことの意味は大きい。

　畜酪のうち生乳は北海道、食肉は南九州の実力派国会議員が事実上差配するのが一般的だ。畜産関連、特に肉牛は森山裕、江藤拓ら農相経験者で鹿児島、宮崎出身の議員がおり、対策拡充が進む。問題は酪農の北海道だ。疑惑を受け政治の舞台から消えた吉川は北海道2区。自民党農林合同会議の最前列で農水省幹部ににらみを効かせ政策を実現させてきた議員だ。さらに、自民農林幹部でコメ精通の宮腰（富山）が5月下旬に突然の政界引退を表明した。

　自民農林族は当面「九州突出」が目立つとの指摘もある。その影響が今後どう出るのか注目したい。

第6章で言いたかったことは結局、政治と政策は「人である」に尽きる。特に農林関係は昔から多士済々な国会議員が多く居り、人間味もあった。そうした人情味があり包容力、寛容な精神を大前提にしながらも、先を見据え政治決断していく〈情と理〉の絶妙のバランスを保つ。過去を振り返ると、そんな政治家が大勢いた。

「農政記者四十年」は、振り返るほど彼らの表情と肉声がよみがえる。

長い歴史を持つ自民農林族は、農政を形作ってきた。今の日本の食と農は、これまでの農林族の真剣な論議抜きにはあり得なかったはずだ。農林部会など自民農林合同会議はどこの部会よりも激しく、真摯な議論を深めてきたことは間違いない。

官僚の作文をなぞった法律や政策価格の決定では、机上のプランでは生産現場で機能しないどころか、かえって有害なことは農協改革論議でも指摘したとおりだ。

いわゆる〝族議員〟は利害関係者との癒着など否定的に表現されることも増えてきたが、本質は全く別の所にある。癒着疑惑は議員本人の倫理観の欠如で、法に反するなら厳しく処さざるを得ない。だが本来の族議員はいわば農政プロ政治家を指す。長く勉強し制度に精通し、かつ時代情勢に応じて微調整を加えていく。場合によっては、議員立法で補強していく。そうした族議員の存在そのものに、自信と誇りを持っていい。当然、与野党とも同じだ。

第6章で、脈々と続く〈角栄DNA〉を取り上げたが、田中角栄は自身の議員立法の数を誇りにしていた。今、議員自らの法案が少なくなっていることは政治の劣化の裏返しでもあろう。

冒頭ことばのマックス・ウェーバーの格言はあまりに有名だが、実際に実践してきた政治家はほんの一握りだろう。堅い板にぎりぎりと穴を開ける行為は、屈しない意志の強さを表わすが、何に穴を開けるかだ。効率化ばかりを追い求め生命産業の農業分野も含め「既得権にドリルで穴を開ける」と安倍前首相は声を大にした。一方で空前の自由化に旗を振る。その結果はどうなったのか。生産基盤の〈岩盤〉に穴を開ければ、食と農の根幹が揺らぎかねない。

人間の深淵を探り続けたロシアの文豪ドストエフスキー。「意志をパンに変える」という人間の偉大な思考とは何を指すのか。パンとは生きる糧だろう。むろん物質も精神も含む。生きるために欠かせぬ〈パン〉は自分だけでなく、他も含め人間全てと言い換えてもいい。農業は〈パン〉そのもの。政治がそれに生気を与え意味を持つ。農政はその過程でもある。

第7章　検証・菅政権

【ことば】

「消えろ、消えろ、つかのまの燭火、人生は歩いている影にすぎぬ」「眠りはないぞ。マクベスは眠りを殺した」

——————シェークスピア『マクベス』

「歴史は、われわれの行為の導き手である。だが、特に指導者にとっては師匠である」

——————塩野七生『マキアヴェッリ語録』

　先行き不透明のコロナ禍は、2020年9月に発足した菅政権の行方にも暗雲をもたらす。そこで様々な角度から菅政権を検証し解析する。やや時点が前後するが、菅政権の〈今〉を切り取るヒントを探りたい。

■ 新基本計画に触れず輸出「突出」

　波乱含みの菅政権の船出だろう。2020年10月26日の菅義偉首相初の所信表明は、具体策が並ぶ一方で大元の国家像はあいまいなままだ。農業は競争力強化や海外輸出に力が入る。だが、果たしてコロナ禍でどれだけ現実性があるのか。まずは農業再興へ生産基盤再構築こそ農政の「一丁目一番地」に据えるべきだ。

・「中身」問われる農産品輸出

　所信表明で目立ったのは具体的な案件の羅列、つまりはミクロ経済の重視だ。そして「年末まで」と、期限を切ったスピード感を繰り返した。半面で国家像、大局観が見えない。だからメリハリに欠けた。元々大向こうをうならせる演説上手とは言えない。淡々と語り掛ける手法なだけに、所信後の評価は分かれた。

　所信のうち農業案件を見たい。主に4番目の柱「活力ある地方を創る」の中で語られた。特に強調したのが農産品の輸出拡大だ。「輸出額はまだまだ伸ばすことができる」として、10年後の2030年5兆円目標に向け「当面の戦略を年末までに策定」と具体的な日程を示した。今後は食品・農業界のオール・ジャパンでの対応が求められる。

　懸念するのは、農林水産物・食品輸出の「内実」だ。水産物や加工品が多くを占め、肝心の農畜産物の割合は極めて少ない。肝は米と食肉をどう増やしていくのか。少子高齢化が進む中で、国際市場に目を向けていくのは間違いではない。輸出の拡大を通じ生産者に利益が還元され、

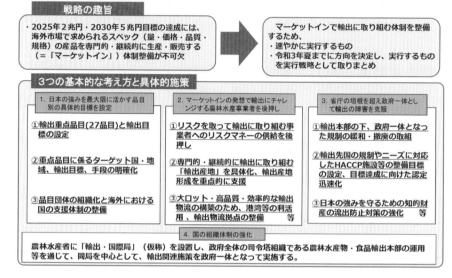

図表7-1　菅政権の目玉5兆円輸出（農水省資料から抜粋）

やる気が出る。それによって新たな担い手が生まれる。こうした農水省が描く「輸出好循環」ができれば結構な事だ。

　だが特に農畜産物の「内実」は、輸出コストや輸出先の受け入れ体制不備などでの廃棄リスクも加わり、とても農家への利益還元とはなっていない。生産者が儲かり、生産意欲につながる輸出ができなければ、5兆円の数字だけが踊る「机上の空論」となりかねない。

・「自給率向上」視点の欠如

　地方振興の手順があべこべではないか。国内農業再生には、輸出振興の前にやることがあるはずだ。

　食料自給率38％という先進国最低の異常国家ニッポンの汚名返上である。国民に4割足らずの国産の食料しか提供できない実態をどう解消す

204

るのか。三つの安全保障である軍事、エネルギー、食料のうち、国民の命に直結する食料安全保障が軽視されていいはずがない。

　政府は 2020 年 3 月、新たな食料・農業・農村基本計画を閣議決定し、自給率向上へ生産基盤強化の取り組み本格化を明記した。しかも、これまでの競争力強化を前面に出した産業政策偏重を是正し、家族農業支援を含む地域政策を「車の両輪」と位置付けた。その視点が全く欠けたまま輸出突出としたのでは、市場開放の見返りとしての輸出ではないかと見られかねない。

　国内生産基盤強化→自給率向上→「出口戦略」としての輸出。こうした内外バランスを取った図式で、農業振興と元気な地方を創るべきだ。

・「空虚」に響く地方創生

　菅首相にとって「地方」とはどんな存在なのか。繰り返すフレーズ「私は雪深い秋田の農家生まれ」は、決して生まれ故郷を誇っている訳ではない。むしろ鄙（ひな）として、是正すべき対象ということだろう。

　所信では「地方の所得を増やし地方を活性化する」とした。発想の背景には、農業改革遂行も見え隠れする。「毎日農業賞」で表彰されるなど先進的なイチゴ農家だった父・和三郎の存在が大きい。地域内での角逐などを見て育ち、農業大学校への進学を薦めた父親に反発し大都市に出て政治家になる半生は、「地方」への屈折した思いと重なる。改革派官僚を重用し、その後の農協改革は力ずくの「官邸農政」で、生産現場との意識のずれが目立った。こうした農政路線は見直されなければならない。「地方」は経済面ばかりでなく、食料生産の場、癒しの場、国土保全など多面的機能を有す。地方の疲弊を救うには、住民挙げて課題に取り組み協調性や協同の力も欠かせない。「地方創生」と「協同組合」は対立概念ではなく、逆に極めて親和性が高いことを直視すべきだ。

　菅政権は今後の農政改革をどう対応するのか。農業界は「警戒」の一

方で、今後の出方を「注視」する。首相直系とも言える野上浩太郎を農相に据えた。野上は菅官房長官時代に官房副長官を務めただけに、菅－野上ラインのパイプは太い。

　野上農相は若さを前面に出した行動力で現在、関係者の意見をくみ取りながら手堅い農政運営を手堅くこなす。今後、コメ需給問題と共に、具体的な対応をどうするか政治手腕を問われる場面となる。

・「自助、共助、公助」逆さま論

　所信の締めくくりに首相は私の目指す社会像と前置きし「自助・共助・公助」そして「絆」とした。一見当たり前のことだが、この順番でいいのか。さらにはもう一つの〈助〉である「互助」が抜けているのも気にかかる。

　自助努力は当然だが、人々の個々置かれた環境でその対応は異なる。だからこそ共助と公助が必要となる。人と人が支え合う組織・協同組合の強みでもある互助も加わり、全体で誰一人取り残されない社会のセーフティーネット構築が急がれる。まず自助を掲げ、最後に公助を置いたのでは、何のための政治かとなる。自助、共助、公助のバランスを取り、互助も含めた社会の〈絆〉構築こそが目指す社会像にすべきだ。

■「スガ人脈」を読み解く

　菅首相を支える周辺のブレーン、いわゆる「スガ人脈」をどう見るかは今後の政権の動向とも直結する。権力の中心を心臓に例えるなら、この「脈」は動脈と静脈の二つに分かれる。衆院予算委員会で話題のアニメ「鬼滅の刃」の「全集中の呼吸」で応じるとした菅だが、内実が伴っていない。いずれにしても、官邸を取り巻く「人脈」がこの政権を左右するはずだ。

・「一寸先は闇」を泳ぐ

　農政記者40年。長く政治家を見てきたが、基本的には二つ、「情と理」「明と暗」に分かれる。菅は農協改革でも見て取れるように「情」よりも「理」を優先する。ある理屈を付け中央突破を図る。

　政治記者らは口をそろえ「前任の安倍は明るかった。だが菅は全く違う」と言う。その菅はどう世の中を明るくするのか。そこで、周辺に集まる人々の知恵をどう生かすのかが鍵を握る。「令和おじさん」菅首相誕生の立役者は、縦横無尽に政治街道を走る二階俊博自民党幹事長だろう。衆院和歌山3区で当選12回を重ねる老練な政治家は、「一寸先は闇」の中のわずかな光明を見逃さない。全ては潮の目をどう見て、動くのか。

　ポイントは突然の安倍辞意表明が2020年8月30日、週末の金曜日だったことだ。政治家らは通常、金曜の夕方は地元に帰る。この手薄な時の政局に大物政治家らがどう動き対応したのか。勝負は翌土曜日から日曜日に付く。ポスト安倍に菅を担いだ二階が一挙に流れを作る。次期首相有力候補の石破茂は、「二階突風」に不意を突かれ、岸田文雄は政治講演で新潟入りしていた。

　いったいこの二人は何をしていたのか。週明けには、細田派、麻生派、竹下派が菅支持を表明するが、先鞭を付けた二階の政治的な優位は不動となり、その後の政治は菅－二階ラインを中心に回る。両者に信頼の厚い森山裕自民党国対委員長も加わり、一挙に菅首相誕生となる。森山は衆院鹿児島4区選出で事実上、農政運営を取り仕切る大物農林幹部だ。質問すると立ち止まり耳を傾ける実直な性格で人望が厚い。一方で、第6章「農林族群像と農政」でも触れたが、石破の座右の銘に田中角栄の「末ついに海となるべき山水も　暫し木の葉の下くぐるなり」。石破、二階とも角栄に学んできたが、「明暗」分かれた。このままだと石破は「海」となれそうにない。

・「政商学者」ら規制改革論者

冒頭で触れた心臓は、血液を送り出す動脈と、戻ってくる静脈の循環で命を保つ。政治家は動脈を担う。血管が詰まり破裂する「動脈硬化」は政権崩壊を意味する。

では戻ってきて心臓の鼓動を支える静脈は何か。やはり学者や経済界など具体的な政策を提案する知恵袋、ブレーンの存在だろう。目立つのは構造改革論者だ。中でも竹中平蔵は、時に米国偏重の経済学者で政治と商売が表裏一体となった「政商学者」とも称される。

小泉政権時に竹中総務大臣の下で菅副大臣となり関係を深めた。菅政権で新設した「成長戦略会議」の民間有識者委員に名を連ねた。竹中は「自己責任」「自助努力」を強く求める。菅が唱える「自助、共助、公助」とも共鳴する。指摘したように「自助、共助、公助」は逆さまの議論だと重ねて強調したい。

JA全農が標的とされ、JA全中を農協法から外す農協改革を安倍政権時に政府側から支援したIT企業社長・金丸恭文も菅政権に引き続き関わる。農協改革論議の当時、金丸に長時間インタビューした。同氏は「私は鹿児島の地方出身。地域振興のための改革だ。農協はこのままでいいのか」と農協組織の抜本改革を繰り返した。安倍、菅両氏との関係を訊くと「携帯電話でいつでも話せる」と応じた。菅に極めて近い存在と言っていい。

・マスコミ懐柔か否か

政治記者たちに聞いても驚きを隠せない人事に、柿崎明二・元共同通信論説副委員長の官邸入りがある。菅に請われて首相補佐官を務めるが、定まったテーマで動いているわけではない。柿崎は秋田出身で菅と同郷。衆院初当選からの知り合いで、菅の相談相手の位置付けだ。菅がシンパシーを感じても不思議ではない。

　ただ、これがマスコミへの懐柔策では困る。「忖度報道」が横行すれば報道の信頼性はさらに低下しかねない。政権への転身に批判もある。地元紙「秋田魁新報」の 2020 年 10 月 9 日付で柿崎は心の内を割と率直に述べた。この中で「これまで政権批判をしてきた立場なので批判があるのは自覚している」「自助、共助、公助のうち共助の部分で自分なりに結果を出したい」と明かした。

　豪雪地帯の秋田・横手出身。言論界に深く身を置いた柿崎なら、同郷で 101 歳まで反権力を貫いた孤高のジャーナリストむの・たけじの幾多の箴言を知らないはずがない。むのは安倍政権を論難しながら「絶望の中にこそ希望はある」と「明日」を信じ続けた。官邸の中で柿崎は言論人だった矜持をどう示すのかが問われる。

・「落日の経産省」と「三人衆」

　安倍官邸は「経産省官邸」とも言われた。中心人物は、安倍政権時に首相補佐官兼政策秘書官の今井尚哉。「官邸官僚」という特権を使い権勢を振るった。TPP をはじめ、次々と市場開放を決断したのも経産省主導だったからだ。ところが菅が首相になった途端、「経産省の落日」となりパワーバランスは切り替わる。

　今、菅政権で官邸を支える中心は「三人衆」とされる。まずは杉田和博官房副長官、そして北村滋国家安全保障局長。さらに菅の懐刀として多くの政策を担ってきた首相補佐官の和泉洋人。先の二人は警察官僚出身で公安・外事の経験が長い。平たく言えば対スパイ、危機管理の専門家だ。これまでも官房長官時代の菅に様々な機密情報をもたらし、政権の延命に寄与した。杉田は内閣人事局長も兼ね、官僚人事も束ねてきた重要人物だ。

　菅は「鬼滅の刃」の「全集中の呼吸」に言及したと書いた。「全集中の呼吸」は人食い鬼と対峙する鬼滅隊士必須のもので、厳しい修行の末

に得られる。警察官僚ら「三人衆」の知恵を借りながら鬼退治＝野党対応するという菅の気構えを示したものとの解釈もできる。それにしても問題なのは日本学術会議の6人の任命拒否の論議だ。この間の政権運営に批判的な学者が多く、具体的人選は杉田が主導したとされる。菅は国会で国民には理解しにくい答弁を繰り返している。こんな時こそ、言葉を操ってきた同郷・柿崎の出番かもしれない。

■「スガ本」を読み解く

大型書店に足を向ければ新政権誕生関連の本、いわゆる「スガ本」の特設コーナーが目に付くはずだ。中身は虚実ない交ぜだが、参考となる書もあり、菅政権の本質を探る一助になる。それらのページをめくると、確かに掲げた政策実現へ強力なリーダーシップの熱量が伝わる。手段は人事権を掌握し官僚を操る術だ。ただ官邸主導、政治主導が過ぎれば、日本の進むべき道を誤ることもあり得る。

・本質突く〈きれいは穢い〉

本題の「スガ本」に入る前に、権力の本質を突く本と言葉をいくつか。まずはシェークスピアから。約400年前、1616年没の世界的な作家だ。没年が徳川家康と同じなので覚えやすい。彼の戯曲「マクベス」は、物語の先行きを暗示する冒頭の3人の魔女の語りから始まる。

「きれいは穢（きた）ない。穢ないはきれい。さあ、飛んでいこう霧の中。汚れた空をかいくぐり」。スーパーナンバー2だった菅義偉が首相になる決断をする際に、こう心で反問したかは分からないが、「きれいは穢ない。穢ないはきれい」は清濁併せのむ政治の実態、晴れのち嵐が見舞う権力の中枢の景色を表す。

あるいはシンガーソングライター中島みゆきの「わかれうた」はどう

か。彼女の詞はへたな作家よりもよほど文学的だ。この曲に出てくる〈別れはいつもついて来る　幸せの後ろをついて来る〉は「一寸先は闇」の政治をも映す。

　菅政権は、先の大統領選をめぐる米国政治の混乱ぶりに困惑しているに違いない。ここで、ベトナム戦争をはじめ名ルポを世に送ったジャーナリスト・本多勝一の慧眼に改めて驚く。ルポ「アメリカ合州国」の表題は〈合衆国〉ではなく〈合州国〉である。この国が民衆主体ではなく、異なる州の連合体で形作る実態を物語る。

・「したたか」の4字

　人事権を完全掌握し官僚を屈服させる辣腕。「従わない官僚は辞めてもらう」と公言する姿を称し「人斬り菅」とも言われる。最近の国会答弁は、だいぶ冷静さに心がけているが、野党の追及や意にそぐわない記者からの質問にいらだつ様子からは「イラ菅」のあだ名が付くかもしれない。

　この言葉は元々、民主党政権時代の菅直人首相に付けられた。すぐ切れる性格からだ。同じ漢字でも〈かん〉と〈すが〉と読みは違うが、どちらも国会答弁時のイライラぶりがテレビ画面からも見て取れる。二人の菅は、戦後まもなくの第一次ベビーブーム時代に生まれた同じ団塊世代という共通点があるのも興味深い。

　菅首相の本質を表す4文字は「したたか」だろう。スガ本でも読むべき一つ、『したたか　総理大臣・菅義偉の野望と人生』（松田賢弥）は、的確な人物評伝である。「味方にしたら心強いが、敵に回したらこれほど怖い男もいない」の証言は、力尽くで農協改革を断行し関係者を困惑させた姿とも重なる。

　好物はパンケーキ。大の甘党で酒は飲まず、タバコも吸わない。趣味は渓流釣り、ゴルフ。座右の銘は「意志あれば道あり」。平日は朝5時

起床、40分ほど散歩してから官邸近くのホテルで一汁一菜とも言うべき野菜、果物、ヨーグルトドリンクなど軽い朝食を済ませる。特色は「朝活」。朝に政治家、官僚、財界人などと会い、具体的な話を聞きながら今後の政治対応や政策などを練るのが日課だ。もっともコロナ禍で、こうした日常は、様変わりを迫られたが。

・波紋呼ぶ「政治家の覚悟」

　本人が書いた文春新書の改訂版『政治家の覚悟』は書店でうずたかく積まれている。ここで語られるのはたたき上げ人生だ。「私は雪深い秋田の農家生まれ」とおなじみのフレーズからは、地方から裸一貫で出てきて、さまざまな苦労を経ながら政治家の道を歩んできた自負心がのぞく。

　先の『政治家の覚悟』には元官房長官で師・梶山静六の「官僚は説明の天才だ。お前なんかはすぐ丸め込まれる」とある。この言葉を胸に刻み、政策作りに励んだ日々を明かす。地方への思い入れも強く「農業改革」「観光」に力を入れてきたことを強調するが、なぜ農業改革が地方振興につながるのか、具体策は見えない。

・二つの愛読書

　菅の二つの愛読書は『リーダーを目指す人の心得』（コリン・パウエル元米国務長官）と『豊臣秀長　ある補佐役の生涯』（堺屋太一）。

　確かにどちらも含蓄のある著書に違いない。

　秀長は天下人・秀吉の弟で、豊臣政権の調整役に力を発揮した。身内で秀吉が最も信頼を寄せ頼りにした。実直な人柄で家臣から好かれ、多くの武将から慕われた。早死にするが、長命なら家臣団を丸く収め千利休の切腹などもなかったろう。場合によっては徳川家康の天下取りの野望さえ失せたかもしれない。

　菅の着眼はそんな人徳などにない。秀長の調整役としての大局観とナンバー2、補佐役の心得だ。首相の女房役、番頭、政権危機管理を担う官房長官を長く務めた菅にとって「補佐役」とはどういうものなのか。安倍政権時には一度も寝首をかく野心は見せなかった。いや、本人は一度も考えなかったろう。ただ、昨年8月末、ポスト安倍に名乗りを上げてからは「これからは秀長ではなく秀吉になる」と周囲に漏らし、天下取り＝自民党総裁・首相になることに意欲を示した。

　もう一つのパウエルの本は示唆に富む。国務長官の前は統合参謀本部長を務めた軍人だけに、指摘は具体的かつ実践的だ。

　菅の愛読書ということもあり改めて注目を集め、版元の飛鳥新社は大幅な増刷に乗り出した。同著は都合よくさまざまな読み方ができる。そこで菅は例えば「何事も思うほどに悪くはない。翌朝には状況が改善しているはずだ」など、自分の使える項目をメモ書きする。しかし、日本学術会議問題などの木で鼻をくくったような国会答弁を見る限り、「信頼、責務、結果責任は一体のもの」などの指摘は読み飛ばしているかもしれない。

・対マスコミ対策

　どうマスコミに対応するかは政権の命運に直結する。スガ関連本の最後に、緊急出版の形でニューヨークタイムズ紙元東京支局長が書いた『吠えない犬』を挙げたい。ずばり「安倍政権でアメとムチの手法でメディアをコントロールしてきた中心人物が菅新首相だ」と。そして、「権力を監視する『番犬』たる記者はなぜ戦えなくなったのか」と問う。

　全国紙の一部は政権擁護の一方で、立憲民主など野党攻撃に力を入れている実態がある。マスコミが権力監視を軽んじれば政権は国民軽視で暴走しかねない。野党はひとたまりもない。今日の与党・自公政権の圧倒的多数はこうした報道姿勢も深く関わる。

先のパウエルの本にメディア対応も出てくる。国務長官として定例会見を通じた経験を具体的に描く。この中で「記者は質問する権利がある。私は答える権利がある」と語る。これをそっくりそのまま菅が官房長官時代に心がけてきた。つまり記者はどんな質問をしようが勝手だが、どう応じるかはこちらの自由だという解釈だ。

　官邸会見で食い下がる東京新聞社会部の女性記者へ「指摘は当たらない」「さっき答弁した通り」と繰り返す応じ方はこの典型だろう。

　以上、スガ関連本を参考に、菅自身の本質、体質と政権の性格を読み解いた。詳しくは挙げた本を精読なさるのをお勧めする。なお、スガ本の横には、総裁候補として争った石破茂の本も置かれているケースに注目したい。石破は読書家、勉強家、政策通としても知られる。彼の『政策至上主義』（新潮新書）などは、実利を最優先の菅との違いがよく分かる。それが石破の良さでもありが、逆に欠点にも転じかねない。昨秋の総裁選菅圧勝にご本人こそ痛感しているはずだ。

■ コロナ、五輪、景気「3点セット」

　国会での予算論議は新型コロナウイルス禍での特殊事情が大きい。それに加え菅新政権の手腕発揮という政治的な思惑も重なる。予算の重みは首相が関心を持つ「スガ案件」最優先。予算の比重は政策優先度と表裏一体だ。そして、政権の浮沈を握るコロナ、五輪、景気の「3点セット」が浮き彫りとなる。

・「鬼滅」問答と本質

　「スガ案件」と財政の本題に触れる前に、昨秋の臨時国会でのやり取り、中でも日本経済の大幅なGDP引き上げ試算も出た一大ブームのアニメ「鬼滅の刃」の問題に触れておこう。これが菅の本質にも迫る一つでも

ある。

　事の発端は、菅が昨秋の衆院予算委員会で答弁の冒頭、野党議員に「『全集中の呼吸』で答弁する」と切り出した。その後、定例の官房長官会見でも「首相は原作を読んでいるのか」など話題となる。内実は首相周辺の民間ブレーンの一人が話題の「鬼滅の刃」を答弁に入れたらどうかと進言したらしい。多彩なブレーンを抱えており、入れ知恵を受けた。国民にもわかりやすく親しみもわくと考えたのだろう。

　その後、このアニメに絡んだ質疑も続く。国民民主党の玉木雄一郎代表がコロナ対策を「全集中の呼吸で取り組むべき」と求めた。論客でもある立憲民主党の辻元清美は手厳しい。学術会議問題を巡り同アニメの台詞を盛り込む。「私が言うことは絶対である。こうならないように」と首相をいさめた。主人公・炭治郎らが戦う鬼の元締めで〈きぶつじむざん〉と読む鬼舞辻無惨の言葉を切り取ったものだ。

　せっかく国会でも〈鬼滅ブーム〉が起きているのだから、言い出した首相本人にもぜひ全20巻余ある原作の読破を薦めたい。そうすれば幾多の修行の末に得られる「全集中の呼吸」などを軽々しく言わなかったはずだ。その後の答弁を聞いても炭治郎の真剣勝負とはほど遠い。間違っても問答無用の権力の〈刃〉を振り回すことのないよう自ら戒めるはずだ。

　参考本には「『鬼滅の刃』の折れない心をつくる言葉」（藤寺郁光）がわかりやすい。感情を動かす、自分を信じる、あきらめない、強くなる、仲間を想う――の5つの側面から整理している。アニメの本質は、主人公の成長物語と同時に、家族愛や友情、大切な物を思う心を描いている。子供たちがキャラクターに憧れるとともに、その生き方に共感して大人にも人気が広がったことを忘れてはならない。決して、国会答弁で相手を倒す術を説いているわけではない。時代背景を大正時代としているのも、明治でも昭和でもない同時代の多様性を配慮したのかもしれない。

・「トンネルの先にある光に」

　2020年11月中旬、我が国、いや菅政権にとって朗報となった最大ニュースは国際オリンピック委員会（IOC）のバッハ会長の来日と、コロナ禍の中でも東京五輪開催の決意を共有できたことだろう。

　既に五輪開催は日本だけの問題ではなくなっている。バックには米国巨大メディアの莫大な放映料の存在、IOCの存在意義も問われている。東京五輪の半年後には、中国・習近平が威信をかける北京冬季五輪も控える。東京がだめなら北京も無理とのドミノ理論が成り立ち得る。つまり「中止の選択肢はない」と、退路を断ったのだ。

　振り返れば今から28年前、1993年冬、スイス・ジュネーブでのガット・ウルグアイラウンド交渉妥結の取材終了後、近隣のローザンヌに立ち寄ったことを思い出す。歴史を刻む物静かな町並み。小高い丘を登っていくとIOC本部が見えた。4年に一度、世界中を熱狂させる夏季五輪の司令塔となる同本部は、各国の利害が交錯する政治の舞台でもある。そして今、半世紀ぶりに再び東京での五輪開催を巡り様々な難題が待ち受ける。

　菅政権にとって五輪は今後の政局とも絡む重要な要素だ。そう言えば、57年前の1964年10月、東京五輪後に池田勇人首相は辞意を表明、安倍晋三前首相の大叔父に当たる佐藤栄作に代わる。コロナ、五輪、景気の「3元連立方程式」の答えが今後の政権の行方を左右するのは間違いない。

　バッハは会見で「東京大会をトンネルの先にある光としたい」と前向きなメッセージを発し、それを聞いた菅は笑みを浮かべた。昨秋の臨時国会所信表明で「来年の夏、人類がウイルスに打ち勝った証として」と前置きし五輪開催を強調した。

　それにしても「トンネルの先の光」とは心許ない。暗闇の一筋の灯火ほどの意味である。コロナ猛威が続けば、その光は消える。全てはコ

ロナをどれだけ押さえ込めるのかにかかる。感染者が全国拡大しても
「GoTo トラベル」が「GoTo トラブル」に転じてもすぐには止められな
かったのは、景気に大きな打撃を与えかねないためだ。コロナ、五輪、
景気は「一蓮托生」の関係で菅政権の命運を握る。

・「一つ一つ結果出す」

　政権発足の 2020 年 11 月 16 日で政権発足から 2 カ月。この時、菅は
周囲に「一つ一つ結果を出したい」と話し、政策の実現を通じて支持を
集めて政権の基盤を強化していく道筋を描く。

　安倍のようなイデオロギー的な大局観はない代わりに個別撃破型で、
なかなか進まなかった規制に穴を開ける手法だ。先に「鬼滅の刃」に絡
め仲間を思いやる大切さを指摘したが、政治では仲間＝国民、特に社会
的な弱者への配慮が欠かせない。菅は真っ先に「自助」を挙げるが、そ
れこそが「鬼滅の刃」の本質への理解不足だろう。そして「全集中の呼
吸」は何のためにやるのかと言うことになりかねない。

　「国民のために働く内閣」と凡庸なスローガンを掲げた菅だが、それ
だけ目に見える成果を急ぐ必要がある。菅の自著の末尾に、権力論を説
いたイタリアの思想家マキャベリの政略論の一説を紹介している。そこ
にはこうある。「弱体な国家は常に優柔不断である。そして決断に手間
取ることは、これまた常に有害である」。菅の心情にぴたりと収まる字
句が並ぶ。

　官僚に政策実行を迫る時の短気で怒気をはらんだ表情は、イライラす
る「イラ菅」そのものだ。特に「できない理由」を蕩々と述べるエリー
ト官僚には容赦ない。どうすればできるのか、その答えを持ってこいと
応じる。従わないなら代わってもらうと人事異動を迫る。

　農協改革を進めた元事務次官の奥原正明は、経営局長時代から一人で
官邸に出向き A4 サイズ紙 2 枚ほどにまとめ菅官房長官（当時）に説明

写真 7-1 輸出にも力を入れる秋田・大潟村

に行っていたという。確かに官房長官時代にテレビなどで農政改革を語る時に農地バンクを通じた農地の 8 割集積、目標額を定めた輸出による国内農業振興など、単純明快な説明は、奥原の手法が重なる。

　問題は生産現場の実態に果たして沿っているのかという点だ。足のサイズに合わせ靴を作るではなく、靴のサイズに足を合わせる「机上の論理」では、生産現場では受け入れられない。

　所信表明でも述べたデジタル庁、携帯電話料金値下げ、不妊治療の「スガ 3 大案件」の具体化を急ぐ。先の「3 点セット」と「3 大案件」はマクロとミクロ経済の関係だ。結果次第では政局に直結する。

■〈GoTo〉目的地はどこか

　菅政権は発足から 3 カ月を迎えた昨年 12 月中旬。〈GoTo トラベル〉の混乱は支持率急落となって表面化した。加えて〈密会食〉への批判。〈GoTo 政権〉はどこに行くのか。このままでは〈GoTo トランジット〉、菅政権からの途中下車、乗り換えの動きも出かねない事態に追い込まれ

た。

・政権に菅官房長官不在

〈何事も思うほどには悪くはない。翌朝には状況が改善しているはず
だ〉。菅は昨晩、愛読書『リーダーを目指す人の心得』（コリン・パウエ
ル元米国務長官著）を読み直しているはずだ。そして、こう自問したに
違いない。「やることなすこと、なぜこうも裏目に出るのか」と。

　政権の足下が揺らぐ。根本は菅政権には「菅官房長官がいない」ことだ。
危機管理を束ねる調整役が不在だ。

　例年なら年末は、自民党本部のある永田町周辺は予算関連関係者の出
入りで活況を呈す。カネこそ力。予算編成権こそ政権党の源泉だからだ。
28年前の1993年、非自民8党・会派から成る細川連立政権の誕生で、
自民党は野党の悲哀をいやというほど身に染みた。当時の年末の次年度
予算案決定時、党本部には閑古鳥が鳴いた。何としても一刻も早く政権
に復帰したい。だからこそ、なりふり構わぬ自社さ連立政権の〈奇手〉
を使ってでも政権に戻ったのだ。

　あれから四半世紀。昨年末の永田町も様子が一変した。菅の前に立ち
はだかる最大の難敵は、野党ではなくウイルスと世論。新型コロナウ
イルス感染拡大で、菅政権の足下が揺らいでいる。菅首相は、健康と気
分転換を兼ね早朝の散歩を欠かさない。政権への世論の冷たさも加わり、
今朝の冷え込みは一層こたえたはずだ。年末は〈西高東低〉の冬型の気
圧配置が強まり日本海側の降雪も続いた。北国・秋田出身だけに菅氏は
ふるさとの雪害も心配していたはずだ。一方で取り巻く政治は〈西高東
低〉を言い換えた〈政高党低〉ならぬ、〈党高政低〉へと切り替わりつ
つある。

・「多人数忘年会」自ら失態

　それにしても、「GoToトラベル」全国一斉停止を公表した昨年12月14日、その夜に、二階俊博自民党幹事長ら5人以上と東京・銀座の高級ステーキ店で会食したのは失態だった。与党内も含め世論の批判を浴び「真摯に反省している」と述べた。それ以降、予定していた二階派、岸田派の忘年会など相次ぎ、取りやめ、自粛することになる。国民に我慢を強いている以上、当然だろう。

　ただ、菅は政治手法として朝や夜の「会食」などを通じ、経済界などの様々な意見を吸い上げ、政策に生かしてきた。それ事態は悪いことではない。菅は仲間内での付き合いを好んだ安倍晋三前首相とは違い、意見の異なる人物も含め多様な接点を求める。

　JA全農の山崎周二理事長も昨年12月16日の会見で、11月27日の首相との45分間の懇談内容の一部を明かした。その1週間前に官邸で農産物輸出関連の関係閣僚会議があり、終了後に首相から「輸出でゆっくり話を聞かせてほしい」と請われ、昼食会が実現したのだという。菅には、こうした立場を越え実際に相手の話を聞く姿勢がある。

　新聞各紙には政治欄の最下段に毎日、分刻みの「首相動静」が載る。政治のプロたちはここを見逃さない。実際は政権内の手の内が分かるため、ここに載っていないケースも多い。

　さて、注目の「首相動静」は昨年12月15日付。前日が新聞休刊日だったため13日と14日の2日分が載った。ここで明らかに官邸内の〈異変〉を読み解ける。

　13日は日曜日にもかかわらず慌ただしい。昼にお気に入りの官邸近くザ・キャピトルホテル東急のレストラン「ORIGAMI」で秘書官と昼食。その後党本部に移り16時過ぎからは官邸に官房長官、厚労相らを呼び寄せる。〈GoToトラベル〉停止に向けた最終調整をしたはずだ。翌14日。官邸は朝9時前から関係閣僚の出入りが続く。その後、夕方の感染症対

策本部を経て、期限を区切っての全国一律停止表明。そして懇親会場に向かう。

　実は問題となった二階幹事長らとの会食の前に、「首相動静」によると都内ホテルで先約の経済人との懇談を 19 時 41 分から行っている。注目したのはメンバー。出雲充ユーグレナ社長の名が見える。ベンチャー企業でユーグレナはミドリムシのこと。太陽光で増える藻の一種で、今後の食料や燃料としても有望視される。菅はグリーン社会実現へ、ユーグレナ活用なども考えているのだろう。

　その後、20 時 50 分から問題となった二階幹事長ら「5 人以上」の会食、つまりは忘年会に出向く。ここでもメンバーが気になる。王貞治、俳優の杉良太郎、政治評論家・森田実ら各氏。野球談義に花が咲いたというが事実だろう。なぜ森田が加わったのか。同氏は東大時代に 60 年安保闘争を主導。評論家に転じてからは活発な政治論評を行う一方で『公共事業必要論』など積極的な著作活動も行う。公共事業重視は二階幹事長との共通点だ。互いは今、親密な関係を保つ。同席した理由かもしれない。

・メルケルと差は歴然

　国際政治雑誌「ニューズウィーク」日本語版は、コロナ対応での日独宰相の違いを探った「メルケル演説が示した知性と『ガースー』の知性の欠如」と題したドイツ思想史学者の記事を載せた。確かに、タイトルが示すように的を射た内容を含む。

　メルケル首相は昨年 12 月 9 日、ドイツ連邦議会の演説で感染に伴う死者を減らすためにコロナ禍の危機感を情熱と感情をあらわに訴えたのだ。物理学者であり普段、冷静沈着な彼女にとっては珍しい。その〈勇姿〉は SNS で世界中に拡散し反響を呼ぶ。「私は啓蒙の力と科学的知見を信じている」と知性への誇りと可能性を説いた。

一方で日本。東京の感染者数が初めて600人を超えた昨年12月11日、菅首相は「ニコニコ動画」の生放送に出演し「こんにちは、ガースーです」と笑顔を見せた。菅にしてみれば親近感を持たせる演出だったろう。だが、両宰相の緊張感の差は歴然とした。

■ まだ「暫定政権」に過ぎない

権力を取れば、人は誰もが次に長く続けたいと思う。戦国武将では「豊臣秀長」を敬愛しスーパーナンバー2を自認してきた菅だが、思わぬ形で転がり込んだ首相の座を維持したいと思うのは当然だろう。そこで、情報管理、人事掌握が得意な性を生かし、腹心の警察官僚出身の官邸官僚を使いながら、政権維持の方策を探っているはずだ。

昨秋の臨時国会対応は、日本学術会議の任命拒否問題はまともに質問に答えない形で乗り切ろうとした。世論も胡散臭さを感じながら、学者という象牙の塔の話であり既に野党の追及は食傷気味というのが本音だ。そこで、政権支持のメディアからは、コロナ対応、経済対策でまともな国会論戦を行うべきとの記事が多くなってくる。それこそが政権の狙いだ。尻尾をつかまれない。あとは国民が納得しようがしまいが同じ答弁で審議時間を消化する。結果、時間切れで疑念はうやむやになる。安倍長期政権を支えた官房長官時代に培ってきた経験則をもってすれば、難なく乗り切れると踏んでいる。

野党の追及をどうにか乗り切っても、厳然たる事実が菅の脳裏を離れない。「暫定政権」の指摘がついて回ることだ。昨年8月末の突然の安倍の辞意に始まり、幹事長・二階俊博の電光石火ともいうべき先制攻撃で権力の座を得たにしても、国民の審判を受けていない。あくまで自民党内部の権力の移行に過ぎない。4月の衆参補選・再選挙も〈全敗〉と苦汁の結果となった。「暫定政権」から「本格政権」の4文字を得るた

めに、いつ解散・総選挙を決断すればいいのか。首相の政治勘が試されるのはこれからだ。

・コロナで目論見狂う

　動かせない日程は10月21日で衆議院議員が4年間の任期満了になるということだ。任期ぎりぎりまで解散・総選挙ができないと言うことは、政権が世論の逆風に遭い選挙をしたくない時に多い。選挙結果で与党惨敗となれば、負け数によっては政権を手放さざるを得ない。衆院議員の任期は平均して2年半強。2年を過ぎればいつ総選挙があっても不思議ではない。それが今回は任期が3年半を超す。

　昨年11月中旬の段階では国会開催は年明け早々の可能性が高かった。つまり首相が日程に余裕を持って政治課題をこなし、解散・総選挙の判断時期をある程度フリーハンドで対応できると言うことだ。逆に言うと、年明け以降はいつ解散があっても不思議ではないという理屈が成り立つ。だがコロナで目論見が全て狂う。

・1月解散と歴史の巡り合わせ

　政治、政局の乱気流に出会う時に、いつも思うのは歴史の巡り合わせの不思議さと皮肉だ。

　当初、菅が探っていた年明け早々の1月解散、2月総選挙は現行憲政下で過去2度ある。古くは今から66年前、1955年1月24日の鳩山一郎首相による「天の声解散」。鳩山の日本民主党（当時）は単独では衆院で過半数を持っていなく、左右社会党（当時）の協力も得て政権を取った。前年12月の組閣から45日後の解散は現行憲法史上最短記録だ。2度目は1990年の同じ1月24日に海部俊樹首相による「消費税解散」。時の自民党幹事長は豪腕の小沢一郎で、金丸信率いる竹下派の力をバックに実質、小沢が仕組んだ。結果は、自民党が安定多数の議席を得た。

3度目の1月解散、2月総選挙に持ち込もうとしたのが9年前の民主党政権最後の首相となった野田佳彦だ。かつての鳩山の日本民主党に郷愁もあったのだろう。2009年民主党政権誕生、自民党野党転落を経て首相となる鳩山由紀夫は先の一郎の孫に当たる。歴史の巡り合わせか。この時の政権交代の影にも小沢がいた。

　由起夫の父・威一郎は元外相を務めた。母・安子はブリヂストン創業者・石橋正二郎の長女だ。つまり由起夫は父方から鳩山家の頭脳と政治家の系譜、母方から財力を受け継いだサラブレッド。個人的には、自民党時代の若き由起夫を今も思い出す。北海道選出だったため、自民農林合同会議などにも頻繁に顔を出した。長身細身で部屋に入ると深々とお辞儀をすることを忘れなかった。今思うと、いったい何のために誰に頭を下げていたのかと思う。おそらく華麗なる一族・鳩山家のサラブレッドのしつけの一環で、幼い頃からの習性だったに違いない。別に意味などないのだ。

　野田は結局、1月まで踏ん張りきれず2012年11月16日に解散に踏み切る。「近いうち解散」と呼ばれる。当時を間近で取材したが、惨敗覚悟の数々の民主党議員の顔が浮かぶ。議員バッジを外せばもう二度と国会に戻れないのではないかとの悲壮感が漂っていた。それにしてもなぜ、野党転落の危機迫る不利な状況で解散に打って出たのか。もう少し時を稼げば、反転攻勢の機会もあったのではないかとの思いも去来する。

　この時の衆院の議席は一部欠員などを除き478で、その半数は239。離党などで公示前与党議席は233。選挙結果は民主党57とほぼ壊滅状態に陥った。そして安倍晋三の2度目の首相就任、やがて7年8カ月という日本の政治史上最も長い政権となっていく。その後、空中分解した民主党から野党第一党・立憲民主党が立ち上がったが、党勢回復、政権奪還にはほど遠い。一方で、66年前の鳩山一郎内閣時に存在感を示した社会党の流れをくむ社会民主主義政党・社民党も消滅の危機に立つ。

・総選挙の「2つの山」

　本題の解散・総選挙はいつなのか。昨年11月初め、時事通信の松山隆政治部長と言葉を交わした。この時は2つの山が見える、と言った。

　最短は、冒頭に述べたように通常国会を年明け早々に開会し、大型補正である2020年度第3次補正予算案を可決した直後、1月下旬の解散、2月総選挙のケースだ。これには訪米がいつになるのかも絡む。総選挙を経て党内基盤が盤石となれば、「暫定政権」から「本格政権」のトップとしてバイデン大統領と対峙することが可能となる。結果的に、日米首脳会談は4月中旬となり、中国対抗へ同盟深化を確認した。

・電光石火かじっくりか

　選挙は勝ちか負けかだ。いずれにしても菅の政治勘がどう働くか。幹事長・二階の判断も大きく左右する。与党・公明党の了解も鍵を握る。

　政権の目標ラインは与党で過半数となるが、それでは自民党内が収まらないだろう。現有議席は与党合計で公明党の29を加え310前後と圧倒的な多数を持つ。野党の立民は113。「安倍1強」と称された安倍前首相の力の源泉は、国政選挙での連戦連勝だったからだ。それが菅に代わった途端、選挙で議席を大きく減らしたとなれば、9月総裁再選の芽は摘まれる。

　菅の党内基盤は強くなく、再び派閥間の合従連衡も始まるだろう。勝機はいつなのか。菅は政権運営で結果を出し国民に示した上で、解散・総選挙と繰り返している。だがそれは本音ではないだろう。解散だけはいくら嘘を言っても許される高度な政治判断だ。解散時期を悠長に探っていたら内閣支持率の低下、閣僚の問題発言、不祥事など、いつ厄災に見舞われるかもしれない。コロナがさらに蔓延すれば政権責任は避けられない。

困難を押し切っての〈電光石火解散〉か、じっくり時を待つ〈熟柿型解散〉か。菅の頭の中は「ハムレット」の台詞が繰り返しているはずだ。

■〈決断〉はいつなのか

新型コロナウイルス禍に翻弄され、蛇行運転を余儀なくされる菅政権。いよいよ〈コロナ〉〈五輪〉〈総選挙〉の3元連立方程式の「解」が迫られる日が近づく。総選挙はまず4月25日の三つの衆参補選・再選挙が大きな〈山〉だが、北海道2区の衆院補選は早々に自民の〈不戦敗〉が決まった。結果、三選挙は〈全敗〉となった。

・2021選挙イヤー幕開け

2021は与野党激突の政治決戦を〈縦糸〉に、9月末で自民党総裁任期切れとなる首相・菅義偉の再選有無を〈横糸〉に織りなす政治模様が展開される。

結果次第で、自民党内の権力構図が地殻変動しかねない。一方で野党は大所帯となった野党第一党の立憲民主党がどれだけ存在感を発揮するのか。総選挙結果が振るわなければ、いよいよ野党は混迷の〈冬の時代〉が続く。自公政権の高笑いが聞こえてきそうだ。

1月の通常国会で与野党論戦の火ぶたを切った。論点は「後手に回るコロナ禍対策」、前首相・安倍晋三にまつわる「サクラ疑惑」、元農相・吉川貴盛らを発端とした「政治とカネ」の厳しい追及が続く。さらに五輪の行方が絡む。しかし、圧倒的な議席を持つ与党の前に第3次補正予算、2021年度予算案審議は粛々と進んだ。

・いくつものハードル

3月の段階で解散、総選挙のタイミングは三つに絞られた。2021年度

予算案成立後、〈第二国政選挙〉とされる7月4日の東京都議選とのダブル選挙、さらには9月5日の東京パラリンピック閉会後の9月解散・総選挙だ。まず政治関係者と話すと9割以上が「五輪後」説である。

　ところが、4月25日の衆参補選・再選挙の位置づけが日増しに大きくなっていた。

　菅政権初の国政選挙で〈全敗〉となれば、自民党内は「衆院選は菅で戦えるのか」との不協和音が高まる。一時期、下村博文政調会長が「自民党が全てで負けるとなったら政局になる」と見立てたのは本音だろう。すぐ森山裕自民国対委員長が「選挙に負けたからと政局になるということはあり得ない」と火消しに回ったほどだ。それだけ衆参補選・再選挙の行方に危機感が強い表れだろう。

・五輪と政局の因縁

　政治にはジンクスがつきものだ。特に干支と絡むことが多い。

　有名なのは「亥年選挙」。12年に一度、参院選と地方統一選挙が重なり自民党が苦戦するケースが目立った。ところが「一強」を貫いた安倍晋三は2年前の2019年7月参院選を何とか乗り切った。

　それでも、農村部の「官邸農政」への警戒は根強く、前回2016年に続き東北地方で野党統一候補の健闘が目立った。野党は16年の東北「一人区」6議席のうちで5勝1敗、19年も4勝した。だが、全体では自民勝利となった。

　次に五輪との絡み。

　夏季、冬季ともに政変が〈突出〉している。国政選挙が重なると、その確率は跳ね上がる。政権が日本での五輪開催、成功を一つの目的において、政治の体力をすり減らしていることも影響しているかもしれない。

　憲政史上最長となった安倍政権。考えてみれば、本来あったはずの東京五輪の2020年秋に辞任した。その安倍をもってしても五輪と政局の

ジンクスはぬぐえなかった。

　五輪と政局は表裏一体の関係にもある。57 年前の東京五輪閉会直後の池田勇人辞意、1972 年札幌冬季五輪時の佐藤栄作から田中角栄へ。1998 年長野冬季五輪後の夏の参院選惨敗の責任を取り橋本龍太郎辞任。

　さて東京五輪を前後して、菅の命運はどうなるのか。

　十干十二支で見ると今年は 60 年ぶりの「辛丑」年である。前回の 1961 年は米ソ対立が激化し、ソ連が東ドイツ内に「ベルリンの壁」建設を始めた。東西冷戦は世界の分断に行き着く。もっとも今はソ連も東ドイツも歴史から消えた。米国は政権交代したが〈トランプ後遺症〉は根強く〈分断〉はまだまだ続く。

■ 初の施政方針演説

　2021 年 1 月 18 日、菅政権にとって苦難の 150 日間が始まった。その出鼻、通常国会冒頭での初の施政方針演説はどんな言葉が飛び出すのかと聴き入った。だが期待外れに終わった。農業分野は時間にして 10 秒強。熱量が伝わらない。

・三つのショック

　国会開会前に三つのショックな情報が菅のもとにもたらされた。

　まずは世論調査。やや政権寄りとも指摘される読売新聞ですら 18 日の国会当日の紙面で菅内閣「不支持」49％、「支持」39％と逆転した。次にコロナ禍での中国実質 GDP プラス。ウイルス発生源の中国は「封じ込めに成功した」と宣伝するだろう。一方で東京五輪をひかえる日本は感染抑制のメドがなかなか見通せない。さらに新型コロナウイルス変異種の市中感染も高まった。

　困った。さてどうする。そんな首相の心中を察する。そして国会の開

会ベルが衆参本会議場に鳴り響いた。

・まずはコロナ

　年頭の国の方針を示す施政方針は約1万字ある。臨時国会などの所信表明に比べ3割程度多い。それだけ時に首相は熱意を傾け、国民にメッセージを示そうとする。マスコミには事前に原稿が配られ、首相がその通り読むかどうかも含め、演説をチェックするのが通例だ。

　自分の思い入れのある箇所は、身振り手振りも交え声が大きくなる。なるほどここが山だな。受け手側も納得する。文章の構成ははじめに問題意識、最後の終わりで締め、一番言いたいことが書いてある。項目立て、小タイトルの付け方で政権の政策への軽重が透けて見える。

　施政方針を読み解こう。演説は7項目。まずコロナ対策。次に東日本大震災を含めた災害対策。3番目にグリーン社会、デジタル改革などわが国の課題と対応方針。4番目地方への人の流れをつくる、5番目が社会保障、6番目が外交・安全保障、最後におわりに。内政から外交の流れで文章の構成は成る。農業は4番目の地方活性化で触れる。

　冒頭、菅は政権を担って4カ月一貫して追い求めてきたものは、「国民の『安心』と『希望』である」と語りかけた。国民はきょとんとしたはずだ。安心と希望の二つこそ、日常生活で今最も欠けているからだ。そして、新型コロナウイルス対策で政府が取り組んできたことを縷々羅列する。これでは国民に伝わらない。

・大局観なく熱意に欠ける

　施政方針では世界的潮流の気候変動や国連の持続可能目標SDGsへの熱意が感じられない。つまりは大局観の欠如だ。

　企業は今後世界市場で生き残るにはESGの実践が欠かせないと事業転換を急ぐ。ESGとは環境、社会性、統治の三つを表わす英頭文字。金

融も農林中金も含め ESG を投資基準に置きはじめた。ESG 推進は持続可能社会への道であり、SDGs 実現とも重なる。気候変動対策とも背中合わせで、地球環境保全と企業の存続は運命共同体との考えだ。

施政方針の 3 番目の〈グリーン社会の実現〉が ESG と重なる。菅は「グリーン成長戦略を実現することで大きな経済効果と雇用創出が見込まれる」としたが、あくまで他人事のようだ。「緑の新経済政策」（グリーン・ニューディール）のような効率・利益重視の現行社会を抜本転換する国家戦略が必要だ。それを具体化すれば新自由主義の色彩が強かった安倍前政権の経済政策からの決別で、〈さらばアベノミクス〉となるだろう。

・農業は 4 番目に 10 秒強

農業は 4 項目の最初に〈農業を成長産業に〉の小見出しで触れた。まずは「スガ案件」の目玉の一つ、農産品輸出への期待だ。昨年 10 月の政権発足後の臨時国会での所信表明で菅は、農業について触れたが「輸出」「成長」ばかりが突出し、肝心の 10 年後の 2030 年を展望した指針、新たな食料・農業・農村政策基本計画には言及がなかった。今回も同様だ。基本計画では国内農業振興への国民運動の展開を掲げた。なぜ、通常国会冒頭で首相自らが呼びかけないのか。

農業を巡る現状と課題、方向性の認識に首をかしげざるを得ない。まずは自国生産を柱とした食料安全保障の強化を挙げ、食料自給率がカロリーベースで 38％と先進国最低の低水準となっていることへの危機感を発するべきだ。自給率を国是の 45％まで引き上げる具体的プロセスこそ示すべきだろう。

農業が成長し余剰を輸出できるまでに競争力を持つには、まずはしっかりした生産基盤を維持・拡充することが欠かせない。

・輸出に強い意欲

　この輸出に関して菅は特に思い入れが強い。昨年、官邸での関連会議の後、取り組み状況を説明した山崎周二 JA 全農理事長と後日、懇談の機会を持つ。菅はこれまでも官房長官時代を通じて、朝食や昼食を挟んで財界人や有識者と具体的な項目で率直な話を交わし法案など政策に生かす政治的手法を取ってきた。

　菅にしてみれば官房長官時代に農協改革、特に突破力、発信力のある小泉進次郎を農林部会長にして全農改革を進めてきた経過がある。改革を加速する全農に輸出への期待を掛けている表れかもしれない。

　1月18日の施政方針では農産品輸出の 2030 年 5 兆円へ「世界に誇る牛肉やイチゴをはじめ 27 の重点品目を選定し、国別に目標金額を定めて、産地を支援していく。農業に対する資金供給の仕組みも変えていく」と具体的数字を交え踏み込んだ。ポイントは〈重点品目〉と〈国別目標金額〉の二つ。何をいつまでどこでいくら。こうした目標を具体的な道筋、年次別の工程表を実現するように迫っていた。

・コメ過剰問題にも言及

　輸出の次に取り上げたのは主食用米から高収益作物への転換。そして「農林水産業を地域をリードする成長産業とすべく改革を進める。美しくて豊かな農山漁村を守る」と締めくくった。

　コメ過剰問題は、コロナ禍の外食需要縮小に加え家庭内消費の伸び悩みで深刻さを増す。

　そこで首相がコメ問題を取り上げたのはある程度意義がある。コメは基幹作物で、需給緩和による米価下落は地域経済にも悪影響を及ぼす。在庫増加や消費低迷からこのままでは需給緩和を避けられそうにない。産地ごとにコメ用途を主食用から加工、飼料用へと転換する努力が必要だ。農水省として主食用米からの転換を強く推し進めており、施政方針

に入った。ただ、国内農業を左右し今後の食料安保とも関わる水田農業の重要さをコメ消費拡大国民運動と共に、政権が呼びかけるよう農政運動の展開も課題だ。

菅政権で警戒されるもう一段踏み込んだ農政改革、農協改革については、「成長産業へ改革を進める」と一般的な表現にとどまった。だが、安心は出来ない。菅は農地への企業参入に関心がある。またぞろ規制改革推進会議で理不尽な要求が出てこないとも限らない。すでに生乳改革加速と絡め、全く筋違いのホクレン分割にも言及している。さらに、准組合員事業利用規制の今後の扱いに注視が欠かせない。

■〈菅官接待〉と忖度政治

官僚接待問題で総務省に続き農水省官僚の処分も決まった。農政への国民信頼を揺るがしかねない事態だ。この問題で、3月早々に国会集中審議を行ったが、業界癒着の疑惑は一向に晴れない。続く不祥事は菅政権の体力を一層弱めていく。

・〈疑惑〉国会集中審議

鶏卵大手「アキタフーズ」元代表からの接待で処分を受けた農水省事務次官の枝元真徹も国会に呼ばれた。既に農水省は2月25日、鶏卵汚職に関連し枝元ら幹部6人を処分したが、人事異動は行わないという。集中審議では接待と農政への便宜供与の関連などが問われた。

元総務省幹部の山田真貴子内閣広報官（当時）の1人約7万4000円と超高額な接待疑惑は論外だが、農水省幹部による「会食は吉川農相（当時）の負担との認識」には首をかしげる。そうならば、退席時に「ごちそうさまでした」と礼を言う。黙って帰るなどはあり得ない。

そもそも、農政上で、わずかの比重しか占めない鶏卵の一業者に大臣

以下農水幹部が顔をそろえ会食するなど異例中の異例で、考えられない。何らかの便宜供与と疑われ兼ねない行為と疑念を持たれてもやむを得まい。

・「年度内予算」かけ攻防

　3月初め、菅にとっては「勝負の1週間」を迎えた。3月1日に、菅政権が接待問題や新型コロナウイルス対応で集中審議に応じる決断は、国会審議日程と密接に絡む。政権の至上命題は「年度内の予算成立」。それには翌2日に衆院で2021年度当初予算案採択が欠かせない。与野党国会審議の環境整備に、1日の集中審議に臨むというシナリオである。

　3月は重要日程が目白押しだった。まず、東京五輪開催有無で重大局面を迎える。1週間後の7日には首都圏の新型コロナ緊急事態宣言解除も射程に置いたが結局、延長となった。3月下旬には千葉県知事、千葉市長ダブル選挙など与野党激突の地方選挙の投開票もひかえていた。

　国民がテレビで見る菅の表情は余裕がない。既に菅は五輪開催へ退路を断っている。一方で、内閣支持率の動向を示す世論調査は下げ止まりとなる。国政選挙の足音が高まる。相次ぐ不祥事は政権の政治体力を一段と消耗していくのは間違いない。

・「菅官接待」は忖度そのもの

　菅の長男が絡む総務省幹部の接待疑惑は〈官官疑惑〉ならぬ、〈菅官疑惑〉だ。政財界では親の威光を借りるケースはたびたびある。だが、その親が、国運を背負う日本のトップリーダーとなると話は全く違う。

　かつて権力や社会的タブーに抗し、その中枢に風穴を開けるジャーナリズムの戦士を〈トップ屋〉と称した。源流は、辣腕ライターを束ねた週刊誌や写真週刊誌のチーム取材だ。今なら存在感を示す〈文春砲〉が、権力の闇を切り裂く砲弾を放つ。今回の総務省の〈菅官接待〉にしても、

当の官僚が「記憶がない」と逃げ切ろうとしたが、文春報道で音声テープが暴露され事態が急転した。動かぬ証拠がなければ総務省高官らは、しらを切り通しただろう

・根源は行き過ぎた〈官邸主導〉

「政と官」「政治とカネ」を巡る忖度政治の根源は何か。大きな要因は行き過ぎた「官邸主導」にある。官僚は官邸の顔色をうかがうばかりで、国民を向いて仕事をする基本を踏み外している。憲政史上最長の安倍前政権は、官僚の人事権掌握で意のままの政権運営を進めてきた。その中枢にいたのは、当時の官房長官で現首相の菅だ。今回の一連の騒動は、「さもありなん」となる。

■4月衆参トリプル選挙〈全敗〉の衝撃

菅政権下での一連の不祥事を見ると、初の小選挙区での衆院選だった1996年初当選組の〈連鎖〉、人間模様が浮かび上がる。

小選挙区選挙から25年。1996年10月20日投開票の衆院選で、今の政治舞台を彩る主役らが代議士人生を踏み出した。10月20日とは、今年の衆院議員任期満了とほぼ重なるのも歴史の皮肉かもしれない。

あれから四半世紀経ち、衆院議員任期満了の時までに菅政権の命運がどうなるかは誰も分からない。当時の初当選組は菅をはじめ、鶏卵汚職の渦中にいる元農相の吉川貴盛、そして元農相で「政治とカネ」スキャンダルにたびたび登場する西川公也、広島3区で初当選し、後に議員辞職した河井克行。つまり、96年同期が負の〈連鎖〉でつながっているのだ。

そもそも鶏卵汚職の発端、「アキタフーズ」は広島・福山の企業。地元代議士だった河井の紹介で農政中枢に関わり、吉川元農相の知己を得

る。それがブーメランのように政権に跳ね返り、菅を窮地に追い詰める構図だ。〈負の連鎖〉は腐食が進みいつかは断ち切れるはずだ。

　「政治とカネ」は、菅政権初の国政選挙である4月25日の衆参3選挙で焦点だった参院広島を含め〈全敗〉となり、今後の政権運営に大きな打撃を与えた。

※第7章は専門紙「農業協同組合新聞」電子版JAcomで連載中の「検証　菅政権」（2020年11月〜2021年3月分）を加筆、修正し掲載した。なお政治状況は2021年4月時点で執筆。

　長期政権の後は短命政権に終わる。政治は長ければ淀み腐敗が生じる。その後の政権は、芥の後始末に追われ〈敗戦処理内閣〉になりかねない。そんな政治の格言が現実となるのか。昨秋発足し6月で9カ月が過ぎた菅政権の先行きは不透明感が増す。菅政権の行方に影を落とすのは猛威を振るう厄災だ。

　第7章はそうした菅政権を、さまざまな角度から光を当て検証しようとした試みだ。厳しい指摘は、政権への期待と裏返しでもある。

　2021年は、いったいどんな1年になるのか。誰も見通せない。新型コロナウイル禍に覆われた昨春以降の混乱は、ワクチン投与の広がりで収まるのか、あるいは別の問題が起きてくるのか。全世界の人口の4分の1が感染した100年前の世界的大流行パンデミック「スペイン風邪」以来の厄災とさえ言われる。100年前は第1次世界大戦の最中で、兵士が広範囲に移動し感染を爆発的に広げた。肝は人の流れだ。

　100年前のパンデミック「スペイン風邪」という通称はスペインには気の毒だ。大戦時に同国は「中立国」の立場を取っていたため、自由に多様な国の人々が出入りし感染の坩堝となってしまった。発生源は諸説あるが、発症した米国の兵士が密集状態の護送船で大量に欧州戦線に送り込まれ一気に広がったとの見方が強い。

　その100年後、新型コロナの発生源はどこなのか。トランプ前大統領が名指しした〈チャイナ・ウイルス〉。国連のWHO専門家の調査結果を待たねばならないが、中国・武漢での感染拡大と中国政府の初動対応の遅さが、パンデミックの主因の一つとなったのは間違いないだろう。

　今年も世界はG2米中で動く。トランプ台風が去り、バイデン民主党政権となった米国は、分断から融和を目指すが国内の亀裂は深い。一方の中国は、主要国で唯一、経済成長がプラスに転じ3月の全国人民代表会議（全人代）でコロナ克服に自信を示した。したたか外交も加速する。コロナ禍当初の「マスク外交」に続き「ワクチン外交」で途上国への影響力を増す。米中対立は民主主義vs独裁国家との争いでもある。

　菅政権は今年、一年遅れの東京五輪開催を追い風に、任期満了に近いほぼ4年ぶりの衆院議員選挙を断行し与党勝利のシナリオを描いていた。全てがコロナ禍で不透明になった。「マクベスは眠りを殺した」の冒頭ことばは、王座を力で奪った謀反人マクベスの心情を表わす。「人生は歩いている影にすぎない」の名言が菅の胸に去来していないか。

第8章　邂逅　地方記者十二年半

【ことば】

「それは最良の時代でもあり、最悪の時代でもあった・・・光の季節であり、闇の季節だった。希望の春であり、絶望の冬だった」

―――チャールズ・ディケンズ『二都物語』

「芸術と信仰、純粋な思想、自然などは大きな森のかげや泉のようなもので、疲れた魂がそこに来て身を休め、水を飲むのである。しかも誰もそこに閉じこもる権利はない。生命があるのだ。人間の苦しみと彼らの闘いのあるところに、太陽と突風の下に」

―――ロマン・ロラン『魅せられたる魂』

「ムッシューモネ、その視覚は冬も夏も鈍らない。その人生と絵画は、ウールのヴェルノンのジヴェルニーにある」

―――詩人マラルメより画家モネへの手紙

「どこか遠くへ行きなさい。仕事が小さく見えて、もっと全体がよく眺められるようになる」

―――レオナルド・ダ・ビンチ

■ 地方こそ「取材道場」

　農政、政治、国際交渉などの報道で、いまも取材の〈背骨〉つまり核となっているのは長い地方取材の経験である。

・今に至る〈背骨〉形成

　当たり前のことだが、農業を取材対象とするには全国各地の生産現場を知ることから始まる。役所の数字で農業生産額や専業農家戸数、特産物などを把握することも必要だが、その土地の人々の息づかい、表情、歴史と文化、方言などいわば人の温もりとも言うべき特徴を理解することが欠かせない。

　ただ2、3日の取材では全く物足りない。やはりそこに住み、何度も通いなじみ酒を酌み交わし、喜怒哀楽の奥にある素顔が一瞬でものぞけるようになって、本当の取材が始まる。よく官僚達が、統計資料をもとに霞が関で政策を練り上げても現場でうまく機能しないのは、こうした地域の実情に疎いからに他ならない。理屈で練り上げた机上のプランは、機能しないばかりでなく、時には有害でかえって現場の意欲をそぎ混乱さえ招きかねない。理不尽で急進的な農協改革取材などを通じ、そう感じたケースは枚挙にいとまがない。間違った政策は正し、見直さなければならない。

・〈財産〉は巡り会い

　第8章は、いまだに報道の〈背骨〉となっている地方記者時代の軌跡だ。タイトルに『邂逅』を用いたのは、結局、40年以上の記者人生を振り返ると邂逅、つまりは人と人との巡り合いであると痛感するからだ。

　1980年代前半まで、20代駆け出し期に北海道支所（札幌）で5年半、40代前半の中国四国支所（広島）に4年、50代前半の九州支所（福岡）

に3年。合わせれば12年半もの地方記者を経験した。12年半の月日は、何事にも代えがたい体験と経験をもたらし、新聞記者、特に農政記者としての貴重なキャリア、理論武装にも役立っている。「取材は現場にあり」である。政治と政策の矛盾の兆しは周辺地から現われる。取材のパラボラアンテナを高くし、その前兆に目を凝らし、軋む音に耳をすます。地方そのものが記者を鍛え、本物のジャーナリストにする。記者にとって、地方こそが精神を鍛錬し、報道感性を磨く〝道場〟なのだ。

・北から南まで経験

　振り返ると、細長い日本列島の北から南まで経験したことになる。土地勘のある出身地に一度も赴任しなかったことも幸いしたのかもしれない。地元はどうしても「昔から知っている」と先入観を持ちがちだ。出身地の杜の都・仙台をはじめ東北が赴任地とならなかったことは、日本全体を見る広角的視野を養うのに役立った。

　東北＝稲作だが、12年半の地方記者時代の北海道、中四国、九州は多様な農業を展開していたからだ。特に東日本出身者にとって西日本は未知の世界で、生活習慣、言葉はもちろん食事の味付けなどは全く異なる。地方勤務は多文化国家ニッポンを経験する道程でもあり、楽しく驚きの連続とも重なりあった。例えば、正月の雑煮の具の違い。特に西日本は丸餅が多い。これもいわくつきの歴史の織りなす技である。

　地方勤務では生産現場はもちろんだが、必ず町村の首長に会いに行った。地方行政のプロで練達な政治家でもあり、コメ生産調整をはじめ農地制度など農政の矛盾に何よりも精通していたからだ。上意下達の国と生産現場との狭間に立ち、具体的な不満の声や指摘も参考になった。そして地方新聞社の記者、デスク、編集幹部達との付き合いも心がけた。地方紙は独自のポリシーと歴史を持ち、地方発展にはなくてはならない情報発信機関で、政策の潤滑油の役割も果たす。

・地方紙との交わり

　後年、マスコミの論説責任者会議、いわゆる論説委員長会議に出ると全国紙、NHKの全国レベルの報道機関に加え、北海道から沖縄までの日本新聞協会加盟のさまざまな地方メディアの論説責任者と交流した。この時ほど地方記者12年半の経験が役立ったことはない。

　広島が拠点の中国新聞、岡山の山陽新聞や九州の熊本日日新聞、宮崎日日新聞、沖縄の琉球新報、沖縄タイムスなどと地域の話題でよく盛り上がった。懇親会の2次会はそれらの論説委員長らと酌み交わすのが恒例ともなった。いろいろなお国訛りも飛び出し楽しい。

　そんな酒宴に、テレビ朝日の川村晃司チーフ・コメンテーター（当時）から「楽しそうだな。俺も仲間に加えてくれないか」と請われ、一緒に飲み明かしたことも思い出す。川村は報道番組で活躍し、カイロ支局長時代にはイラン・イラク戦争を最前線で取材し続けた世界でも数少ないジャーナリストだ。青森出身で、上から目線の全国紙、テレビとは異なり農業・農協にはシンパシーを持つ。いまも時々、日本記者クラブで会うが、日本農業のことは気に懸けている。

・日農通信員との旧交

　日農の地方取材体制は、記者が在籍する支所・支局を核に各県ごとに基本的に中央会広報担当が兼務する県デスクを置く。都道府県下の主要JAの広報担当が通信員の形で地元を取材、記事化し県デスクを通し日農の地方版などに掲載される仕組みだ。

　地方記者時代の中央会県デスクやJA通信員は今でも連絡のやり取りをしているケースもある。こうした全国の広報ネットワーク、幅広い情報網が時には大きなニュースのきっかけともなる。農政講演などで地方に行くと、当時のメンバーが集まり昔話に花を咲かせる時は至福の時でもある。

・農業課題丸ごと

地方記者12年半は、カテゴリー別に分けられる。

振り出しの北海道は大規模農業を展開する専業農家地帯だ。コメ、畑作、畜酪と政策関連品目が多く、作目別の農政の仕組みを理解しなければ取材にならない。逆に言うと農政を学ぶのには絶好の地域である。

次の中四国は課題先進地でもあった。加速する高齢化と担い手不足、大半が中山間地と離島の条件不利で占める。今に続く日本農業の問題点が集約された地でもある。ここでどう難局を打開していくのか。それは国内農業の未来を開くヒントにも結びつく。最後の赴任地・九州は元気な若者が多い。歴史的にも独立心の強い気風があふれる。それぞれの特徴を踏まえれば、農業問題を丸ごと把握することにもつながるはずだ。

・度重なる災害取材

それにしても、三つの地方支所で共通する鮮烈な記憶は壮絶な災害取材だ。巨大台風などの気象変動や大地震、火山噴火などの取材は、災害列島ニッポンを改めて実感させる。

東日本大震災を含め災害列島の実相は、第10章で詳述する。

■〈原点〉北の大地

取材の原点は北海道だ。果てしなく広い空の下で、のんびりと新緑の草を食む牛たち。そんな牧歌的なイメージが広がる。日本最大の食料基地を抱え、大規模先進農業を進める。それだけに、需給調整に苦しみ大規模化に伴う負債も問題となってきた。そして何よりも貿易自由化の巨大な波が襲いかかる。

・「君の記事を待っている」

　札幌に赴任して間もなくJA北海道中央会の次長から「十勝の酪農家が君の名を知っていたよ。署名記事を楽しみに毎朝早く、郵便受けの前に立ち新聞配達人を待っていると言っていた」と聞いた。知り合いではない。何の話かなと思った。ただ、少し前に全国1面肩に毎週掲載する「列島リポート」に署名入りで北海道酪農の生々しい実態を書いた。それで、名前を知ったのかもしれない。当時、酪農は規模拡大競争で負債が膨らむ一方で、飲用牛乳の消費が伸び悩み生乳需給は急速に緩和していた。これが後に、道農業を揺るがす不良債権問題に発展する。

　酪農家の朝は早い。新聞配達の前には敷き料の交換と搾乳作業に入る。それにしても、日農を配るのを待っている農家がいる。駆け出しで見るもの聞くもの全てが勉強することばかりだが、励みとなり自信にもつながった。読者がいて反響がなければ新聞記事は成り立たない。書き手と読み手が運命の一筋の〈赤い糸〉でつながっているとの思いを強くしたのを覚えている。

・記事の向こうの読者を思う

　あれから40年が過ぎたが、やはり第一に浮かぶのは誰が記事を読むのか。記事の向こうにいる読者の表情だ。独りよがりになっていないか。予見を与える過剰な表現になっていないか。何よりも文章として読むのに耐え得るのか。

　40年前の記事のコピーを読み返す。割と新聞記事の水準に達している。ただそれ以降、進歩はないのかもしれない。気をつけるのはリードと言われる前文の書き方だ。シンプルに基本的には一課題一記事に。前文が長いのは考えがまとまっていない証だ。しかもほぼ前文の長い記事は拙稿が多い。わかりにくい。

　要するに詰め込みすぎで焦点がぼけているのだ。

カタカナ、漢字が多くないか。語尾を〈いる〉で終えるのは最も下手な典型だ。〈思う〉など語尾がア行で終えるのが印象を残す筆法でもある。同じ接続詞、形容詞を使っていないか。語彙が少ないのは本を読んでいない証拠でもある。基本はできるだけ短文にして、主語と述語の関係を分かりやすくする。新聞記事の基本だ。

・まずコメ取材から

北海道は地帯で作目は分かれているため、稲作、畑作、酪農の三つでそれぞれ記者が担当を持っていた。難易度も稲作→畑作→酪農の順で、当然、駆け出し記者はコメからスタートした。特に最後の酪農は、仕組みが複雑で政治や関係者の利害が絡み、自由化問題もあり理解している記者が今でもほとんどいないのが実態だ。何より、酪農問題を深く理解するのは北海道支所の経験が欠かせない。

乳製品が世界市況品目で、生産者、乳業メーカー、スーパーの販売業者が複雑に絡み指定生乳生産者団体ホクレンによる生乳一元集荷多元販売を実施していた。指定団体以外に、アウトサイダーと言われる酪農家から直接集荷販売する業者、組織もある。多元販売は乳価の建て値がそれぞれ用途で違う。今は改正畜産経営安定法に伴い、加工原料乳補給金等制度も同法に統合されたが、新たな課題も相次いでいるのが実態だ。

・朝ドラ「なつぞら」の農民画家

北海道の5年半の経験は今も血となり肉となり、記事としてよみがえる。そんな思いも込めて描いたのが昨夏に掲載した日農1面コラム「四季」だ。NHK朝ドラ「なつぞら」と絡めて書いた。

・・・・・・・・・・・・・・・・・・・・・・・・・・・・・・・・

〈農民である。画家である〉。夭折の絵描きはそう書き残す。以前放送したNHK朝ドラ「なつぞら」の天陽君が今、よみがえる▼入植地の北

海道十勝・鹿追町で、牛飼いの傍ら画業に励んだ神田日勝は没後半世紀を迎えた。明後日まで東京ステーションギャラリーで開催中の回顧展「神田日勝　大地への筆触」は画風の軌跡を肌で感じる。冒頭の言葉は農民と画家両方への覚悟と誇りからだろう▼「なつぞら」で主人公・なつがほのかに思いを寄せた幼なじみの天陽君のモデル。実際にベニヤ板で馬や牛の絵を多く描く。筆致は農村風景も画題としたゴッホとも似て絵の具が盛り上がり立体感を出す。だが、日勝が開拓農民だったことが決定的に違う。美しい景色ばかりでなく農民の悲哀も表す▼「なつぞら」では、菓子店雪月に天陽君の夕日に映える牧場の絵が掲げられていた。番組を手掛けた脚本家・大森寿美男さんは、30年前に日勝の絵に出会い心を揺さぶられたという。十勝を舞台に選んだ時、この画家が浮かぶ。日勝一家が東京大空襲を機に十勝に入植した実話も脚本に重ねた。回顧展は命みなぎる未完の絶筆「馬」で締めくくる。大阪万博の年に病で逝く。享年32▼〈ここで描く、ここで生きる〉。作品は北の大地の〝鼓動〟と共に人の心を打つ。

・・・・・・・・・・・・・・・・・・・・・・・・・・・・・・・・・・・・

　実は、不勉強ながら神田日勝のことは、東京での没後半世紀の大回顧展を見るまで知らなかった。

　十勝に入植し、大地にしっかりと根をはやし酪農の傍ら牧畜を題材に絵を描き続けた。副題の〈大地への筆触〉の通り、作品は生きていた。生活の身近にいた牛馬への愛と死への尊厳がこもる。何より自然への畏怖を感じる画風だ。

　1970年に夭折した。地元の十勝・鹿追町に1993年に記念美術館が建つ。だから知らないのも無理はない。だが「なつぞら」と日勝作品で、40年前の〈あのころ〉の果てしなく広い北海道の牧野がよみがえった。

・駆け出しは大転換期 1978 年

　駆け出しの 1978 年、元号だと昭和 53 年は国内外にとって大転換期に当たっていた。新聞記者が歴史の証人であるなら、こんな時期を現場で体験できるのは記者冥利に尽きたと言えよう。

　当時、農政も含めどんな出来事があったのか。

　日米牛肉・オレンジ交渉が大詰めを迎えていた。福田赳夫内閣で農相は中川一郎。後に父の後を継ぎ衆院議員となる中川昭一とは父子で農相を務めることになる。全中と日園連は数次にわたり自由化・枠拡大阻止緊急全国集会を構えた。さらには 7 月 3 日の日本武道館での全国米価大会には 1 万 1000 人を動員した。

　米過剰問題も深刻化した。この年、農林省は「農林水産省」と改名。省名変更は 1925（大正 14）年以来、実に半世紀ぶり。農相自ら揮毫し役所玄関入り口の看板を代えた。だから農水省に行くたびに、前途洋々だったあの頃の中川一郎を思い出す。農水省命名と記者人生スタートは、農政記者としても大いなる巡り合わせかとも思う。

　同年、日中平和友好条約を調印し鄧小平主席が来日。日中新時代が幕を開けた。一方で農協運動の中興の祖・宮脇朝男前全中会長逝く。享年 65。自民農林幹部は加藤紘一、羽田孜の若手が小委員長に抜擢され、後に一時代を築く加藤・羽田の農林コンビがそろう。

　12 月には大平正芳内閣発足。農相は渡辺美智雄に。時代は大きく揺れ動いていた。

　翌 1979 年も地殻変動は連鎖する。石油危機に伴う円高不況もあり農畜産産物の需要低迷、過剰問題が深刻となる。4 月、農水省が今後 5 年間で 480 万トンもの過剰米処理計画を発表。二重米価を支えてきた食糧管理法（食管）の在り方も問われる中で、全中は 6 月、日本武道館で 1 万人を動員し「農業長期展望・食管制度を守る全国大会」を開き、国の動きを牽制した。生乳過剰も表面化。中央酪農会議は子牛に生乳を飲ま

せる全乳哺育など自主生産調整を決定した。

・暑い夏は米価の季節

　同年は、米過剰の中で品質格差導入が大きな問題となった。売れる米は高く、売れない米は安く買い入れる仕組みだ。全体を5ランクに分け、青森は4類、北海道は5類に属した。これに対し自民農林幹部の中川一郎前農相が猛烈に反対した。桧垣徳太郎総合農政調査会会長ら農林三役一任に。知恵者の桧垣は「中川が反対する以上、一気に導入する訳にはいかない」と妥協案を考え、5年かけて品質格差を導入していく〝激変緩和措置〟を入れた。

　米価決定時は北海道から上京取材した。何日も米価審議会会場となった東京・九段の農水省三番町分庁舎周辺や自民党本部、党本部に近く米価運動前線基地となった東京・平河町の全共連ビルで取材したことを思い出す。全日農など農民組合の要求米価貫徹と書かれたむしろ旗も翻る。暑い夏は同じく熱い米価の季節でもあった。

　10月7日には衆院選投開票。自民248、社会107、公明57、共産39などで、自民低迷、共産倍増となった。同10月には全中が全国農協大会で「80年代農業課題と農協対策推進」を決議、国際交渉での対日自由化攻勢、財界の農業攻撃が強まる80年代の農業攻防へ入っていく。

・道産米の悲哀と反転

　北海道取材はコメ問題でスタートした。今の道産米快進撃からは想像も出来ないが、40年前は食味が悪く、北海道米をもじって「やっかいどう米」とも称された。新潟を筆頭とした「コシヒカリ」など良食味米に押され売り先に困り、水田面積全体の3割を超す大幅な生産調整を強いられていた。

　生産調整対応と米の販売強化、新たな良食味品種の開発。道産米生き

残りには、この３点セットを解決しなければならない。さてどうする。こんな中で米を巡る様々な動きが出て、ニュースには事欠かなかった。

・衝撃「きらら397」

　やがて道内関係者の品質向上努力が実り北海道の稲作にも〈追風〉が吹く。「きらら397」の登場だ。この米が道産米の評価を一変する。1980年から始まった優良米の早期開発試験の成果でもある。道立上川農業試験場で試験交配、育成されたため系統番号〈上育397号〉と呼ばれた。8年後に北海道の水稲奨励品種になる。

　値頃感があり、ロットもある。ホクレンのイメージ戦略も功を奏した。名前は一般公募で決まる。イメージキャラクター〈きららちゃん〉は絵本作家が手がけ米袋に印刷された。明るい斬新な名前。あえて系統番号を付け消費者に印象づけた。

　これまでの米の名前は大半が「コシヒカリ」「ササニシキ」など5文字。その暗黙の定則を秋田の代表的な品種「あきたこまち」が破る。そして期待の道産米良食味品種「きらら397」は根底から変えた。岩見沢など空知管内の米主産地に取材に行くと吉野家など外食産業との契約取引が大きな数量を占め、販売の安定化に貢献していた。それだけ品質が安定し、吉野家の牛丼の米を支えてきたことになる。

　その後も道産米の存在感は増す。計画的なマーケティングと試験場など研究機関の品種育成努力による。「ななつぼし」そして「ゆめぴりか」。長年にわたり「コシヒカリ」の王座は揺るがないが、新品種で高価格を維持するビッグ2は北海道「ゆめぴりか」と山形発祥の「つや姫」。「ゆめぴりか」の〈ぴりか〉は先住民アイヌの言葉で〈美しい〉。「きらら397」の血筋も継ぐ。いかにも北海道らしい名前と、タレントのマツコ・デラックスらを起用した逆張りテレビコマーシャルなども手伝い知名度を一挙に上げた。

　「農政記者四十年」の歩みは、「やっかいどう米」と揶揄された道産米が反転攻勢し、「おいしい米」として定着した道のりでもあるのか。そう思うと感慨ひとしおだ。

・立花隆描く「農協　巨大な挑戦」

　札幌に赴任して間もなくルポライター・立花隆の連載企画「農協　巨大な挑戦」が「週刊朝日」で始まった。「文藝春秋」連載記事で首相・田中角栄の「政治とカネ」を切り込んだ気鋭のルポで知られた立花は、農協の実態に迫るルポに着手したのだ。立花は農協、そして背景にある農業を探るにつれ「あまりに間口が広く、奥行きが深い」のに驚いたと書いた。マスコミで今も続く表層的な農業・農協批判、あるいは農政での成長産業化、強い農業のみを追い求める〈一面的農業論〉の限界に、ジャーナリストの嗅覚が直感的に悟ったのだろう。

　立花は編集チームを組み大量の関係資料を集めながら取材対象に当たり仕上げる手法だ。インベスティング・レポート、調査報道を得意とする。肝心なのは、最初に抱いた構想と実態の乖離を認めあいながら、事実に向かって着地していく筆力が問われる。記事はデータを含め毎回、重厚な仕上がりになった。連載は半年近く、全部で22回に及んだ。スキャンダル報道に終始する週刊誌が多い中で、日本最古の歴史を持つ新聞社系の週刊誌だったことが幸いしたのかもしれない。当時、朝日新聞が食料・農業に問題意識を持っていたことも影響しているだろう。

・太田寛一出身地の十勝・士幌に照準

　まず照準を北海道農業・農協に当てた。連載第1回のタイトルは「規模拡大と資本装備で農民の夢を実現した日本一豊かな北海道・士幌農協の馬鈴薯コンビナート」。冒頭に登場する安村志朗専務（当時）は〈日本一豊かな農村〉創生の立役者の一人だ。

十勝・士幌町にある農協記念館には中興の祖・太田寛一の業績展示と共に、そばで支えた安村志朗の記念室もある。組合長からホクレン会長、全農会長に上りつめた太田は農民自ら加工、販売する付加価値農業の先駆者で、農協界、特に経済事業では立志伝中の人物だ。先述した NHK 朝ドラ「なつぞら」でも、太田をモデルにした農民資本の「十勝協同乳業」設立を担う組合長として登場する。実際に太田は十勝をまとめ上げ農協乳業を設立する。現在の道内 4 大メーカーの一つ、よつ葉乳業の前身だ。

　40 年前の週刊誌連載当時、実際に安村専務に会いに行くと薄暗い農協役員室（当時）で待っていた。何を聞いても具体的な数字を交え即答するのには驚いた。〈カミソリ安村〉と呼ばれ、瞬間的に原価計算が出来る頭脳を持つとも言われた。なるほど、太田ほどの大物と二人三脚で、農協版巨大プロジェクトを成し遂げた人物だけはあると感心したのも覚えている。

・存在感増す道農協乳業

　「農協　巨大な挑戦」の 16 回目は「合理化によって実力を蓄えた酪農家が実現した自主的生産調整と加工・流通部門への進出」。この農民資本の農協乳業メーカーを描いた。ここで安村は「農民資本工場でも十分黒字が出ることが分かり驚いた。乳業メーカーは経営が火の車だからと乳価を叩いておったが、ほんとはぼろ儲けしていたわけだ。工場建設計画を表に出したら、すぐにメーカーの妨害活動が始まった」と述懐する。ここは NHK 朝ドラ「なつぞら」でも生々しく演出された。

　何とか難題を切り抜け十勝に農協系乳業工場が建つ。酪農不足払い制度発足の翌年、1967 年のことだ。2 年後には乳製品に加え、「農協牛乳」の原点となる飲用牛乳製造にも乗り出す。大手メーカーの乳脂肪 3.2% の成分調整牛乳ではなく、成分無調整の自然のままの味。使い捨ての紙

パック容器を使い、宅配は行わず店頭販売のみ。いわゆるワンウェー方式で販路を拡大していく。宅配ルートは雪印、明治など大手メーカーが系列化され扱ってもらえなかったのが実態だった。だが、今は主流のスーパーなど量販店販売がかえって消費者の支持を受けた。

　竣工時は北海道協同乳業と言った北海道農協乳業（現よつ葉乳業）は、最新鋭の機器を備えたアジア最大級の巨大工場で、低コスト大量生産という後発先進メーカーの強さを発揮していく。

・酪農乳業記者を拝命

　札幌勤務から2年後の1980年、社内人事異動に伴い、コメ担当からいきなり最難度の酪農畜産担当になった。本格的に酪農乳業記者としてスタート。当時の日農北海道支所デスクが、若さと馬力と記者としてのぼんやりとした将来性のカケラを見込んだのかもしれない。

　以来、40年にわたり、酪農乳業問題を継続的に最前線で取材し続けた記者は前代未聞だ。その後、酪農乳業記事でいくつもの特ダネを報じた。今も中央酪農会議、全酪連、指定生乳生産者団体をはじめ関連専門紙・誌で連載記事依頼や講演がある〝原点〟は、北海道で培った現場取材力のおかげだ。

・難関「三白」の代表格

　先に触れたように、酪農乳業問題は制度が複雑で業界用語が多い上、生産者から製造、流通まで複雑に利害が絡み合う。貿易自由化の脅威にさらされ続け、国際問題と背中合わせだ。政治介入も日常茶飯事で、農水省幹部人事でもコメ、牛乳、砂糖の白物三つは「三白」と称される難関部署とされた。逆にその試練を乗り越えた「三白」担当課長は、政治対応が認められ出世街道を進むケースが多い。

・主要登場人物は３人

　ここで主な登場人物は、後々まで示唆を受けることになるホクレン幹部・野村儀行、北海道農協乳業（現よつ葉乳業）社長の宮崎栄作、北海道庁幹部の向田孝志の３人だ。

　野村は当時、ホクレン酪農部長、後に参事になるが、生乳取引のプロだ。1994年まで農協系のくみあい乳業（北海道旭川市永山）社長を務め同社経営再建にも当たった。気性は激しく何度も叱責されたが、根は優しい愛情ある指導者だった。先の『農協　巨大な挑戦』の中でも酪農問題で談話が載る。毎年の年賀状には近況を触れ、「変わらずの健筆を願う」と添え励ましてくれた。

　宮崎は先の太田寛一の薫陶を受け、農民による農民のための新たな乳業メーカーを目指した。そして、農協系乳業の矜持を守り雪印をはじめ商系メーカーに抗し北海道酪農民への利益還元を実践していく。なぜか息子のようにかわいがられ、宮崎が上京するとよく東京・神田の小料理に招かれ懇親した。生産者の立場に重きを置いた日農論調に期待していた。当時を懐かしみ酒席は和んだ。

　向田は当時、道酪農草地課長。その後、農務部長、副知事まで上りつめ、退庁後は北海道農業開発公社理事長を務めた。北海道大農学部卒後、道庁で主流の農政畑を歩んだ。気さくな性格でよく道庁の部屋で取材に応じてくれた。農業公社理事長時代、北海道出張の際に理事長室を訪ねると、「いやあ、懐かしいね」と十数年ぶりの再会を大変喜んでくれた。

・立ちはだかる雪印

　酪農取材ですぐに大きなネタに遭遇する。当時、食品世界ランキング100位以内に入る巨大メーカーで乳業最大手・雪印乳業の動向だ。突然、雪印が指定生乳生産者団体ホクレンに対し新年度の取引乳量の大幅削減を通告したのだ。しかも1980年6月7日土曜日に。

　雪印は大量の乳製品在庫を抱え経営が苦しくなっていた。しかし、不足払い制度に基づいた補給金対象となる加工原料乳限度数量枠内のことで、前例のない異常事態だ。後に「雪印受乳削減事件」として酪農乳業史に名を刻むことになる。前年の生乳取引量約98万トン強から一挙15万トン近い削減だ。15万トンというと都府県の数県分に当たる量だ。このままでは、行き場を失った原料乳は委託加工となり、大きな乳価低下で酪農家の経営に跳ね返りかねない。

　いち早く異変をつかんだのは業界紙・酪農乳業速報の北海道支社長・門博明だ。正式通告の翌週に記事掲載し、業界内に大きな波紋が広がる。たまたま記事となる前日、門と札幌の歓楽街・ススキノで懇親することになっていた。年齢が一回り以上違う大先輩だが、酪農乳業の情勢をいつも親しく教えてくれていた。

　酪農問題で核心を突き、まともに書ける記者が極めて少なかったことも影響していたかもしれない。業界紙は競争が激しくあまり互いに情報を交わさない。だが、門は違った。大局観を備え、よく〈新聞三段ロケット論〉を説いた。

　業界紙は短距離ミサイル、大新聞は大陸間弾道弾、日農は中距離ミサイルだ。それぞれの役割分担が違う。「業界紙は第一報を撃ち、その次を日農ミサイル発射。それで大新聞がついてきて、全体は変わる破壊力を持つ」が持論だった。

　その日の夕方、「いや困った。困ったな」を連発した。そして乳業関係者やホクレン幹部らに「実は明日記事が出てしまう」といった連絡を何度かしていた。むろん雪印受乳削減の特報だが、筆者は、まだ何のことか分からない知識水準だった。中身のレクを受けるに従い事の重大性を認識した。

　実は門が事前に東京に内容を報告していたが、それを聞いた佐藤誠一編集長が重要ニュースだと判断し、一報を仕立て上げてしまった。極秘

の内容は表面化した。門は翌日、詳細を書く。日農は「雪印、対前年比15％受乳削減強硬」と打つと共に｜不足払い制度への反乱だ」と解説記事を添えた。これが割と評価を受けた。一企業が国の制度に反旗を翻し、このままでは酪農民に経済的な損害を与えかねない。それは商取引の常識を逸脱していないかと。

　地元の北海道新聞、日経なども続く。門の言う〈新聞三段ロケット〉が点火したのだ。

　雪印受乳削減問題は、やがて収拾に北海道知事まで登場し、大手乳業メーカーとホクレンの和解へのトップ会談である酪農乳業サミット開催に発展する。だがその後、雪印は道内乳製品工場の閉鎖を含む再編成を加速していく。自社の経営改善を最優先したのだ。最初に工場閉鎖を明らかにしたのは根室・計根別工場と宗谷・頓別工場の二つ。それぞれ酪農担当のホクレン専務・高橋節郎と道庁の向田酪草課長の出身地に当たる。たまたまだろうが、受乳削減問題でのホクレン、道の対応への意趣返しとの指摘も出た。

・角逐と和解と

　その日を境に、生産者の前に岩のように立ちつくす巨大資本・雪印との長い角逐と、やがて和解、協調の「農政記者四十年」の一大長編ドラマが幕を開けた。

　その後、雪印は2000年の集団食中毒事件など一連の不祥事が致命傷になり、グループは事実上、解体し農林中金、全農、伊藤忠商事などの支援を受け新会社となる。さまざまな要因があろうが、やはり創業当初の理念を忘れ利益偏重となり役職員の倫理規律が緩んだ企業体質が厄災を招く。

　当時、雪印社長だった西紘平に、札幌での最後の株主総会で会った。するとこう声を掛けられた。「気が済んだかね。君が望んだ農系乳業と

して再出発するよ」と。「いや気が済んだも何も。再スタートは酪農民と共に歩むのですね」と応じたが、西の表情は寂しというよりも、吹っ切れた晴れやかさすらまとっていた。さすが大企業トップであると敬服した。

西とは仙台の同郷ということもあり、できるだけ時間を割いて接してくれた。兄が東北大大学院出の宮城県庁幹部と言うと、「そうか。私より優秀だな」と冗談を飛ばした。

その西が一度だけ、語気を強めたことがある。都内での雪印の企業再編の会見。マスコミは内外から100人を超えた。筆者はこう質問した。「これで雪印は事実上の解体となる。悔いはないか。再出発で一番大切な思いは何か」。この時、普段温厚な西の声が一瞬、怒気をはらんだ。「解体という言葉は使わないでくれ。それぞれが次の道を歩む」。

振り返ると、確かに西の言うことが当たっていたかもしれない。この時の社長秘書が雪印メグミルク現社長の西尾啓治だった。当時、西尾に会ったのか覚えてないが、時々、当時の思い出話をする。西尾の入社は1981年4月。受乳削減問題の一年後というのも因縁めく。

西は東北大学農学部卒で主に営業畑を歩む。先取性に富み頭は切れる。単独インタビューで初めて社長室に入った。広い。大企業のトップが座す場所とはこういうものか。歴代トップの写真が壁上にずらりと飾られ、社是でもあり、創設者・黒沢酉蔵の箴言〈健土健民〉の揮毫もある。雪印は雌伏の時、この四字を何度もかみしめたに違いない。

いろいろな思いが駆け巡った。晩年に病室を訪ねた黒沢酉蔵の思い出も浮かんだ。1980年の受乳削減問題後、インタビューを申し込んだ。酪農家自ら作った酪連が前身の雪印の今回の行為を、創業者の一人としてどう思うのか。最初の「プロローグ」でも触れたが、会ったのは入院中の札幌医科大学病院の個室。子息の黒沢信次郎サツラク組合長が案内してくれた。

目はくぼみ白髪交じりあご髭が覆う。まさに仙人だ。カール・マルクスにも似ている。写真を撮りたいというと、「もう父はカメラフラッシュに耐えられない」と制された。記事は取り置きの顔写真を充てた。100歳近くまで生きた西蔵は、受乳削減事件の2年後に逝く。

足尾鉱毒事件の田中正造に師事し、波瀾万丈の人生を駆け抜け、北海道で酪農の可能性に懸けた。通称〈くろとり〉。北海道酪農の父で伝説的な人物だ。生前会った最後の記者となった。これも何かの縁だろう。

当時の社長・山本庸一は雪印を大企業に育て上げた。ワンマンで有名だった。受乳削減を決断した時、担当の西仁北海道支社長（雪印常務）らに「黒沢西蔵、佐藤貢、瀬尾俊三の各相談役によく事情を説明してくれ」と創業時の古参幹部の名を挙げたという。だが、既に雪印は酪農家重視のかつての農協系乳業の姿はなかった。

・〈雲印〉の誤報余話

受乳削減問題を巡り全国版に1面トップを含め20本ほどの記事を書いた。冷や汗をかいたこともある。

雪印が次々と工場を閉鎖していく中で、全国1面に載った記事の見出しが「雲印乳業、工場閉鎖を加速」。まさに目が点になった。当時の新聞は制作部門が活字を拾って見出しにした。〈雪〉と〈雲〉は隣にある。間違えて〈雲印〉としたまま印刷してしまったのだ。当然、訂正だが、逆の見方も出た。日農がわざと雪印に反省を促すため〈雲印〉と揶揄して載せたというものだ。全くの邪推だが、今も当時のことを知る関係者から「雲印の日農」とからかわれることもある。

ホクレンの野村には「お前は書きすぎる」と何度も怒られた。当時ホクレンは、記者によっては取材を受けない出入り禁止を課した。それを何度も食らう。特ダネはリスクと背中合わせだ。本塁打は安打の延長にはあり得ない。試合を一発で決めようと、狙わない限り打てない。

　野村にはこうも諭された。「お前は取材力、文才はある。だがもう少し落ち着け。我慢することも覚えろ」と。今も去来する戒めの一つだ。雪印、ホクレン対立の末の受乳削減事件だけでも一冊の本になるが、話は一旦ここで打ち切ろう。

　先の業界紙記者・門には名字から〈いもちゃん〉と愛称でかわいがられた。たまに〈水戸の右翼〉とも呼ばれたが、つい反発して〈水戸の左翼〉と言い返したりもした。出身が水戸の茨城大学で、幕末の元水戸藩士が中心となる桜田門外の変、戦前に水戸の右翼国粋主義者らによる血盟団事件、五・一五事件などをもじったものだ。前身の旧制水戸高校にも因む。水戸高校は後藤田正晴、大河原太一郎ら政治家、前衛歌人・金子兜太、戦後思想史に影響を及ぼす主体性論争の哲学者・梅本克己など著名人を輩出した名門旧制高校の一つだ。

　5年半の長い札幌勤務を経て20代後半で東京に帰任する。役人や農業団体幹部ら30人ほどに手厚い送別と餞別をもらった。門からも手渡された。

　普通、新聞記者は仲間内の異動でいちいち餞別など出さない。固辞すると「もらって困るものじゃない」と言って聞かない。どうせ1万円だろうと後で封を開けると額が多い。以来、裏に〈門博明〉と独特の丸みを帯びた文字で書かれた真っ白な祝儀袋を大切に保管している。〈智恵袋〉という言葉があるが、何か〈金運袋〉とでも言える御利益があるようでいまだに手放せないでいる。

・ススキノたまり場は梁山泊

　札幌時代の夜のたまり場の一つはススキノ入り口の近くにあったスナック「億」。カラオケはなくピアノが置いてあった。落ち着いたママときれいな女性が何人か。ホクレン幹部、経済人、地元紙・北海道新聞のデスクや政経部記者らが集い、さながら中国『水滸伝』の〈梁山泊〉

のようで、談論風発の場でもあった。

・武部元自民幹事長は道議会から旧知

　北海道回顧の最後に触れておく。北海道議会農務委員会は自社の激しい論争でも有名だった。その時の農務委員長は北海道・北見出身の武部勤で懇親したこともある。その後、衆院議員となり農相、小泉政権で「偉大なるイエスマン」と自称した自民党幹事長を務めた。いまは息子の武部新が若手農林族として頑張っている。武部新に以前、「お父さんとは道議時代から知り合いだ」と話すと目を丸くして驚いていた。

■〈三本の矢〉広島に参上

　2度目の地方勤務は広島だ。ちょうど1990年代前半から半ばの農政の〈疾風怒濤〉の時期は過ぎていた。2000年前後、40代前半の4年間を過ごした。広島カープファンだ。ちょうどいいとも思った。3兄弟の結束を諭した戦国時代の中国の覇者・毛利元就の〈三本の矢〉の逸話で知られる地だ。そして460年後、アベノミクス三本の矢は、毛利の長州藩につながる山口出身の安倍晋三が使った。

・原田全中会長の地元

　転勤あいさつでホクレン野村に知らせると「広島は平和・反戦の礎。貴兄にふさわしい。ご活躍を願う」と、愛情ある励ましの便りがあった。
　転勤前に、旧知の農水省統計情報部長・遠藤保雄（当時）に中国四国の実態を統計的に調べてもらった。すると結果はかんばしくない。さまざまな指標が黄色もしくは赤信号が灯っていた。難しい地域なのだと改めて思った。同郷の遠藤は東北大を出て牛乳乳製品課長や国際部長で通商交渉などを担当。その後、環境庁（当時）水質保全局長、国連FAO

日本事務所長を務め、今は体育系の地元私立大・仙台大学学長を務めている。

　当時の全中会長は広島中央会の原田睦民会長。1996 年から 2002 年の 6 年間、全中会長を務めた。

　ガット農業交渉妥結以降の WTO 農業交渉、住専問題後の信用事業強化、特に系統金融の一体的運営を目指した JA バンク制度発足、新基本法である食料・農業・農村基本法制定などを経る重大時期だ。原田との関係は第 4 章の〈全中会長との直接対話〉の項で紹介した。よく地元広島に戻ると会長室に呼ばれ意見交換した。

　日農中国四国支所の内情はちょっと変わっていて、瀬戸内海を挟んでいるため四国には別に松山に四国支局を置いていた。しかも中国地方は稲作が基幹作物だが、四国は愛媛の柑橘をはじめ営農形態、品目が全く違う。

　支所・支局の移動は広島市の宇品港から高速艇で松山港へ。船を往来の手段とする唯一の地方支所だ。農政局は岡山にある。中国、四国が大橋でつながり各県が集まりやすい地勢的な理由からだ。瀬戸内海は、かつて織田信長と対立した村上水軍が治めた歴史の地。そこで船旅ができる唯一のユニークな地方支所でもある。

・県・市政治クラブ加盟

　取材の拠点、足場が必要だ。転勤してすぐ広島県政クラブ、広島市政クラブの二つの記者クラブに加盟申請した。地元・中国新聞の県政キャップ、中四国農政局で旧知の岡山・山陽新聞キャップに推薦人を頼んだ。

　連載記事や最近のニュースなどの新聞を添えた。中国新聞からは「立派な新聞ですね。加盟は当然」との答え。当時、広島の地元大企業マツダは親会社・米フォードからの外国人トップが就き、グローバル化の下で大きな企業風土変革を迫られていた。中国新聞はこんな中で〈マツダ

の風〉という斬新な切り口で長期連載をしていた。さすがに中国地方の代表紙だけある。記者クラブ総会では若干の異議があったと言うが、加盟が決まり机と電話が配置された。県政、市政記者クラブの同時加盟は日農では初めてだ。

地元農協や農業改良普及センターばかりの取材では限界がある。地域経済を読み解く上で社会全般の広い視野を持つことも欠かせない。当然、知事、市長との定例会見、クラブ内では地元紙、大阪本社派遣の朝日、読売など全国紙記者と一緒になり刺激にもなる。事件、突発ニュースなどでの一般紙記者の機敏性と報道感覚は、専門紙や業界紙の比ではない。クラブ加盟にはそんな意味も込めた。

・長州藩へのわだかまり

西日本勤務は初めてだが、心のわだかまりがなかなか消えなかった。歴史的には毛利家、それにつながり幕末に活躍し明治維新を成就する長州藩の牙城だ。敗北史観の強い東北人にとって、明治維新以降の薩長政治支配に特別な感情を抱える。筆者自身も母親からよく「会津藩は恭順を貫きあっぱれだった」と聞かされ育った。仙台藩も会津藩も江戸時代の雄藩としてとどろいた。だが維新を機に一夜にして権威を失う。

原爆投下で被爆した広島はいまだに戦争の傷跡が癒えない。かつて軍都であり最高統帥機関・大本営が置かれた歴史もあり、規律を重んじる。市民球団・広島カープの快進撃は市民の心の支えとなった。広島ファンは多いが、政治と野球の話題は気をつけろとの格言を思い知った出来事がある。島根中央会の会長と話している時のこと。会長室には広島・リリーフの切り札・島根出身の大野豊投手と会長のツーショットが飾ってあった。「当然、今年も広島は優勝争い一番でしょう」と言うと、秘書から「会長は巨人ファンですよ」と耳打ちされた。人生いろいろ、政治も野球もいろいろ。不用意な一言は気をつけないといけない。ちなみに

現在の広島監督・佐々岡真司も島根出身である。

・「回天」高杉晋作の地

　さて問題の長州藩・山口へ。出身が仙台というと、どうしても話は戊辰戦争が絡む。しかし、山口を知れば知るほどに、長州藩が吉田松陰をはじめ近代日本を建設した多くの人材を輩出し、奇兵隊を組織し藩論を覆す〈回天〉をやってのけた高杉晋作が登場したのも頷けた。平等を貫き、上下であまり人を見ない。目下の人も含め〈さん〉付け。懇親は割り勘で済ます。身分に関係なく優秀な人材が登用され地域に生かす風土がある。文武両道を目指し実直、きまじめな山口県人の底力を見た思いだ。

　振り返れば、毛利の長州藩は歴史上一度も戦いに負けていない。今年2月までのNHK大河ドラマ「麒麟がくる」。日本史上最大のクーデター、1582（天正10）年6月の「本能寺の変」で、信長の無念を果たす秀吉による電光石火の光秀追討の「中国大返し」。この時、秀吉は毛利と対峙していた。あの時、毛利側が和睦に応ぜず信長討ち死を知り秀吉軍を追撃していれば歴史は大きく変わった。

・毛利 DNA が維新起こす

　それから18年後の関ヶ原の戦いで毛利輝元が総大将となった西軍が敗北したといっても、直接戦闘で敗れたわけではない。そして毛利DNAは脈々と生き残り、約270年の時空を超え1868年の明治維新で徳川幕府を崩壊させる。「本能寺の変」から286年後のことだ。維新後の薩長政治は、初代首相・伊藤博文を皮切りに圧倒的に長州・山口出身者が主要ポストを占める。憲政史上最長の政権となった安倍晋三しかりである。そう言えば、安倍は空前の市場開放を実施、幕末の黒船ならぬ〈平成の黒船〉TPPを日本に上陸させた首相である。

・課題先進地域に学ぶ

　中国5県の共通項は、県土の大半を中山間地が覆い高齢化、過疎化、担い手不足、鳥獣被害が深刻となっていた。いわば、少子高齢化が進む日本の中でも課題先進地区である。そこでみんなで助け合う互助精神、稲作を核とした中山間地の集落営農活性化をどうするのか。

　逆転の発想もある。後進地ほど先進事例が可能となる。ここでは〈連携〉がキーワードになる。共通課題の中山間振興を解決するため、島根など数県が連携した研究機関の設立の動きだ。中国地方知事会の提言を受け設立した島根県中山間地域研究センターは典型だ。5県の共同研究機関の位置づけ。日農日曜日オピニオンのページで「地元を創り直す時代」連載の藤山浩などは実践者の一人だろう。島根県益田市で「持続可能な地域社会総合研究所」を立ち上げ、中国山地横断の過疎を逆手に取った新しいネットワークづくりに力を入れる。地域内循環の経済や地産地消エネルギーなど、提案が実践に結びつく。今に続く農村問題を考える上で、中四国支所の取材経験は大きな糧になり、新たな問題意識として膨らむ。

・海の幸山の幸

　中四国は瀬戸内の白身魚、広島宮島のあなご飯、下関のふぐ、夏場にも味わえる日本海の岩がきなど海の幸に恵まれた。さらには山菜など山間地の山の幸も豊富だった。特に驚いたのは瀬戸内の〈鯛めし〉。半信半疑で口にしたが、今まで食べたことのない食味。鯛の持つ何とも豪勢な気分。完全にはまった。広島銘菓・もみじ饅頭に多くの種類があるのも知らなかった。ただし、具だくさんで有名な広島のお好み焼きはあまり食が進まなかった。今でも全中営農・くらし支援部次長で広島出身・元広雅樹とよく広島の思い出話をするが、やはり地元民はこのお好み焼きが欠かせないらしい。

・農業版「語り部運動」

　世界にも名が知られた被爆地ヒロシマ。戦争の犠牲となったこの地で農業問題をどう解決するのか。一つの答えはJAグループ広島が展開した農業版「語り部運動」だ。

　初め広島中央会参事でアイデアマン黒木義昭から発想を聞いた時、組織挙げ展開する価値があると言ったのを思い出す。黒木は鳥取大学大学院を出て広島県経済連に入る。元々は牛のプロで、農協運動を率いる論客でもあった。後に中央会専務となる。取り組みは写真を付け書いた。日農全国1面トップ扱いで、「語り部運動」は全国に知れ渡る。

　1999年の新基本法、食料・農業・農村基本法制定を前に、新たな食と農の結びつき、都市と農村の共生を目指す動きが問われていた。農業・農村の価値と消費者・地域住民理解が求められた。そこで広島中央会は、被爆地ヒロシマで戦後から続いた戦争の悲惨さを次代に語り続ける〈語り部〉運動を、農業分野で出来ないかと考えたのだ。

　一人一人が農業版「語り部」となり、いつでもどこにでも出かけ、農業・農村の大切さとJAの役割を語り、地域住民への理解を深め農業・農協ファンを増やしていく。実際の農業版「語り部」運動は夜になることも多かったが、黒木らが先頭になり精力的に回数をこなした。

　地域文化の見直し、日本型食生活も含めた地産地消運動の幅広いネットワークを作り、2001年9月には地産地消運動の推進母体となる「広島県地産地消推進会議」を設立、運動は着実に地域に根付いていく。黒木とは今も年賀状のやり取りで近況を語り合う。日農読書欄で署名入り書評を書くと「買って読んだよ。また良書をご紹介ください」の言葉を添えて。

・広島夜の流川・薬研堀

　広島市はコンパクト・シティーで、広島カープの市民球場、広島そご

う、福屋デパート、平和記念公園などがほぼ1カ所に集中している住みやすい街だ。筆者の出身地・仙台とほぼ同じ百数十万の都市で、プロ野球チーム、サッカーJ1を有し親しみを持つ。宮島と松島の日本三景があるのも共通点だ。デルタ地帯で川がいくつも流れ橋も多い。広島でまず多いのはお好み焼き屋。銘菓もみじ饅頭もクリーム入りなどいくつもの味が楽しめる。

　広大な穀倉地帯の世羅台地があり賀茂泉など〈賀茂〉を冠した銘酒シリーズをはじめ日本酒の宝庫でもある。日本画の巨匠で大酒のみでもあった横山大観がこよなく愛した「酔心」も広島の酒だ。

　夜の街は福屋デパート、広島三越の裏通り。流川、薬研堀にラウンジがひしめく。たまに、落ち込んで席に座ると「そんなのたいしたことじゃないよ」と励まされたのを思い出す。

■ 総仕上げ九州の契り

　広島から10年後、50代初めに福岡転勤になる。九州支所副支所長、編集責任者である。管轄は九州7県と沖縄。福岡と那覇は東シナ海を挟み距離にして860キロ。日農地方支所でも最も広域だ。地方勤務はいまだに北方領土問題を抱える北海道を皮切りに広島、長崎、沖縄と原爆投下や壮絶な地上戦など先の大戦の深い爪痕が残った歴史の地でもあった。

・コラム執筆時に威力
　振り返れば北海道の最果て礼文島から台湾近くの沖縄の島々まで、地方記者として南北、東西に長い日本列島を端から端まで　貴重な体験ができた。
　「農政記者四十年」は地方記者12年半の蓄積が肥沃な土壌をつくり、

取材のエネルギーの糧となる。今あるのは、地方勤務のおかげと言っても過言ではない。

　3年で九州から帰任し論説副委員長（副室長）。その5ヶ月後に54歳で論説委員長（室長）に。11年近い論説委員室勤務で論説、コラムを担う。地方記者の経験は特にコラム執筆時に威力を発揮する。各地の情景、四季折々の美しい風景が風土、出会った人々の笑顔や方言と一緒によみがえってくるのだ。そうすると、記事に起伏と彩りが加わり味わいを増す。その意味で、今も地方記者12年半の経験が生きている。

・歴史と先進性に富む

　全国に支所を持つ新聞記者も転勤族の典型だが、よく札幌と福岡は人気が高いとされる。都市設備が整い利便性がよく、人柄も社交的で暮しやすい。地場の食も豊富でおいしい。東京への航空便も多い。特に福岡は空港から中心部・天神まで地下鉄で15分足らず。便利この上ない。地方記者12年半の中で、この人気ランキング1、2位の札幌、福岡に勤務したのはありがたかった。大歓楽街もそば。この章で触れたが、転勤した三つの都市の夜の街、札幌ススキノ、広島流川・薬研堀、福岡中洲もそれぞれ語り尽くせぬほど思い出深い。

　福岡のマンション探しで驚いたのは、海に近くなると740年前の「弘安の役」など元寇襲来に備えた土塁跡などが残っていたことだ。元号は「平成」から「令和」に変わったが、新元号の由来となった大伴家持の父・大伴旅人の歌は、福岡・太宰府で詠まれたものだ。
秀吉朝鮮出兵の出城となった佐賀・唐津の名護屋城は1591年に築城。その名は今の愛知・名古屋に受け継がれる。

　温暖で作物もよく育ったのだろう。佐賀・吉野ヶ里遺跡、宮崎の特別史跡公園・西都原古墳群など古代からの史跡も残る。九州北部は卑弥呼の邪馬台国論争の有力地の一つ。地勢的には中国、朝鮮半島に近く大陸

の最新文化が入った。九州での日本地図は、九州を中心に中国、朝鮮半島を向けて描かれることがある。なるほど、九州はアジア交易の玄関口に位置する。

・九州なくして日本近代なし

日本近代史も九州なくして語れない。幕末から維新への過程は、坂の多い街・長崎市に行くとよく分かる。出島から長い坂を上り高台にある長崎県庁には奉行所があった。当時は湾の状況が一望できただろう。異国船の接近なども事前に発見できたはずだ。

坂本龍馬が日本最初の商社・海援隊などを通じ武器調達へ足繁く通ったグラバー邸。坂の上の一等地にあり、今も長崎観光の名所だ。同邸から見下ろす湾の景色は素晴らしい。土佐藩で龍馬の同郷の友・岩崎弥太郎は現在の三菱グループを興す。2020年で三菱創設150年。グラバー邸からは湾にそびえる三菱重工の造船ドックの巨大クレーンがよく見える。戦時中は軍艦建造を担う。こうした軍事拠点だったため、1945年8月9日に広島に次ぐ米軍による原爆投下となる。

九州は前任の中四国とは雰囲気が全く逆だった。同様に高齢化は進むが、若い担い手が多い。長い歴史の蓄積もあり、起業家精神に富み先進技術を積極的に取り組む進歩的な姿勢が強い。温暖な気候のせいもあるのか、何よりも性格がからっとして明るい。九州北部は日本酒、中部以南は焼酎、沖縄、鹿児島・奄美は泡盛と違いはあるが、酒をよく飲み、談論風発を好む。

・著名知事との対話

各県連会長とはもちろんだが、なるべく首長、特に知事と会うことを心がけた。九州農政局は九州の真ん中で交通の要所・熊本にあった。そこで、熊本にもよく通った。

　赴任中に熊本県知事は蒲島郁夫に代わった。蒲島は立志伝中の人物でもある。熊本・鹿本出身。高校卒業後、地元農協へ。その後、渡米しネブラスカ大学農学部、ハーバード大学に学ぶ。帰国後、東京大学法学部教授となる。専門は数式を使い政治分析する計量政治学。2008年、請われて地元の熊本県知事に当選。昨年4選を果たす。

　以前から日農との関わりも深い。政治学が専門なだけに国政選挙分析などでアドバイスを受けた。知事当選直後にインタビューを申し込んだ。「くまモン」を前面に出し県産農畜産物のPRにも力を入れた。取材時に「これは特別だからね」と特性のピンバッチ付き〈熊本県知事　蒲島郁夫〉と印刷した名刺をもらった。その名刺はくまモンバッジと共に、今も書斎の机の奥にしまってある。

　この間、熊本は大地震や水害など多くの自然災害に遭ったが、リーダーシップを発揮した。それにしても、5年前の2016年4月の最大震度6強の揺れが数回襲った熊本地震はすさまじい。数カ月後、講演で飛行機を使い佐賀に行く時、阿蘇山上空ではっきりと割れた断層が見えた。広範囲な断層のひずみが激しい揺れとなり、人々の生業を奪ったのだ。

　宮崎県知事の東国原英夫にも、九州支所在職中に何度かインタビューした。タレントから2007年1月に県知事に。その後、衆院議員へ転じた。テレビで知られた著名人だけに言動に注目が集まった。

　最初会った時に芸人出身だからどの程度、県政を話せるのかと心配したが、東国原はよく勉強していた。出身地は全国有数の畜産地帯である宮崎・都城だけに、販売力のあるJA宮崎経済連と連携し県産農畜産物の販路拡大に力を入れた。農業団体との会合にも熱心に顔を出した。地元と東京を常時往復する忙しい方で、あるインタビューは上京する際に宮崎空港の控え室で行ったこともある。条件は全国版掲載。自分をアピールするしたたかさもあった。

　第6章「農林族群像と農政」でも触れたが、一度、東国原と一緒に自

民党の地元宮崎のドン・江藤隆美と遭遇した。この手の迫力のある昔タイプの政治家は苦手らしく、和牛共進会会場で緊張して江藤と話を交わしていた東国原の姿を覚えている。

・先見据えた福岡・花元会長

九州赴任早々、JA福岡中央会・花元克巳会長に招かれた。会長室に入ると「よう来たな」と笑顔で迎えてくれた。花元はアイデアマンで固定概念にとらわれず、柔軟かつ縦横無尽に動く行動派でもあった。福岡は高倉健、タモリら数々の著名人、芸能人を生んできた明るく開放的な土地柄だ。「支店経済」とも称され、有名企業の支店が軒を連ね支店長ら単身赴任者を温かく包み込む包容力を備えた魅力的な街だ。

この福岡で地方勤務最後となる3年を過ごした。花元は行動の人であると共に雄弁家でもあった。全中副会長を務め、会長を目指した2005年6月の立候補所信表明を東京・大手町のJAビルで聞いた。分かりやすく迫力がある。全中会長は叶わなかったが、演説のうまさが光った。「今の農業には3つの力が必要だ。作る力、食べる力、売る力」など新たなスローガンを自ら発した。2010年5月、東京で記者発表した「JA博多ごはんうどん」も、花元の発想から出発して、実際の商品化にこぎ着けたアイデア商品だ。国産米100％で、炊きたてご飯の持つ本来の甘みを残した新食感の麺だ。なぜ、うどんかというと福岡はうどん文化だからだ。これも花元ならではのコメ消費拡大の新戦略だった。試作品が出来るたびに会長室に呼ばれ試食に付き合い、全国版向け記事にも仕立てた。

・コメ輸出へ中国・上海同行

先を見る感性が鋭かった。輸出もそうだ。十数年前に既にコメ輸出の可能性を求めていた。日本は少子高齢化が加速する。このままでは農畜産物の消費、特にコメ需要は右肩下がりになると早くから読んで突破口

**写真 8-1　中国への九州コメ輸出の動き
（中国・上海での調印式）**

を探そうとしていたのだ。九州・沖縄の農業団体で構成する組織が中国・
上海で中国への国産米輸出の具体的検討をすることになり、花元会長に
同行した。検疫など実際の輸出にはまだハードルは高かったが、中国政
府から熱烈歓迎を受け今後につながる前向きな話がまとまった。中国を
含めた花元の人脈の広さを見た思いだった。

　いにしえから筑前・福岡は、距離的にも近い中国との交流の玄関口の
役割を担ってきた。上海訪問はその歴史も踏まえたオール九州・沖縄の
対中戦略の一つ。日農全国
1面トップで掲載した。そ
れにしても、当時の中国の
丁重な対応は印象深い。ま
だ両国を巡る政治問題は険
悪化しておらず、ビジネス
交流が盛んだった。一方で
残留農薬など中国産食品へ
の安全性の懸念が高まって
いた。上海で中国当局は、

**写真 8-2　日本向け食品工場。平成の30年で中
国の存在感は増した（中国・上海で）**

いかに安全性に心がけているかを示すいくつかの工場、加工施設を案内した。いずれも衛生管理を徹底した日本向け専用の食品工場だった。

　現代中国の創始者・毛沢東と関係の深い大都市・上海は中国にとっても特別な地だ。1842年の南京条約で開港しフランスなど外国人租界ができ、国際都市としても華やいだ歴史を刻む。次々と建つ高層ビル、行き交う車の波。その後の経済発展を象徴する姿を垣間見た。

・熊本ブランド戦略

　九州の真ん中に位置する熊本は代表的農林族・松岡利勝らを育み政治に熱心で、農業もコメ、畜産酪農、園芸とバランスの取れた全国屈指の大農業地帯だ。代表する農協はいくつもあるが、中でも福岡に近く県北に位置するJA菊池は耕畜連携でブランド戦略を展開し元気な地域農業づくりを進める。

写真8-3　耕畜連携の堆肥でブランド戦略（熊本・JA菊池で）

　当時の組合長は、若い時から青年部活動を通じ農協運動に邁進した上村幸男で「日農は農協運動のバイブル」が口癖だった。筋を通す行動派で、協同組合運動に関する筆者の〈マイ・ティーチャー〉でもある。

・経済連統一マーク選定に関わる

　上村はJA熊本経済連会長に就くと、熊本一丸の販売戦略が欠かせないと統一ブランドづくりに取り組んだ。その上村から「全国を取材して

きただろうから知恵を貸してくれ」と請われ、「くまもと農畜産物統一ブランドマーク」の選考委員となり、貴重な経験をした。今もスーパーで熊本産園芸物が並びその時のブランドマークを見かけると、微力ながら自分も関わったとの愛着がわいてくる。

写真 8-4　販売強化へ「くまもと新ブランドマーク」制定

・長崎ジャパネット〈伝える力〉

　九州は若く筆力ある JA の日農通信員が多かった。少し取材法を教えれば、目に見えて力がつく。記者もそうだが、物事に興味を持ち「なぜなのか」と疑問を抱え、そして何よりも人と会うことをいとわない。つまり取材が好きでないと成長しない。嫌々で書いた記事、納得しないで書いた記事は、見る人が見ればすぐ分かる。記事に表情が投影される。

　そこで、できるだけ通信員の個人育成に力を入れた。長崎もその一つ。当時の長崎中央会の県デスクは朝長陽。きめ細やかな感性の持ち主で、県内の通信員間の調整などをよくやった。県通信員研修は、彼の発想で地元長崎のネット販売大手・ジャパネットたかたに行き情報交換することになった。

・まさに佐世保本社はテレビ局

　高台にある佐世保のジャパネット本社はテレビ局そのもの。「いま中継中です。お静かに」などと声がかかった。創業者の高田明はテレビで見る通り。あのかん高い声で迎えてくれた。放送終了後には何十台のあ

るテレフォンセンターの電話が鳴り放し。学んだのは高田の〈伝える力〉だ。「テレフォンショッピングで農畜産物は扱わないのですか」と訊くと、鮮度保持が難しいと慎重だった。だが今では大震災東北復興セールなどでも扱う。物流を改善した結果だ。ジャパネットの販売戦略は着実に進歩している。

　高田に会った衝撃は忘れがたい。たった90秒で商品特性を伝えるプロ。これは分かりやすく読者に伝わる記事とも重なる。その後、論説委員室勤務となり、高田と〈伝える力〉をテーマに1面コラムを何度か書くことになる。

・地方ニュースを全国に

　日農は、新聞部数拡張も兼ね定期的に地方拠点を選定し集中報道する「移動編集局」を設置してきた。大切なのは一瞬で消える〈花火〉にしないことである。

　「移動編集局」を構えることで地域の話題を振り起こし全国発信し、「移動編集局」後も継続的に取材し持続的な地域発展につなげていかねばならない。

・島原「一億人のいぶくろ」

　地元通信員の情報と取材力が成否を左右する。その点で、九州は成果が上がった典型例だろう。日本の食を支える大産地・JA島原雲仙では「一億人のいぶくろ」と書いた大型トラックを持つ。〈いぶくろ〉とは島原半島の形が胃袋に似ていることと、食料基地としての自負から名付けた。1億人とは国民全体を賄う意気込み。九州らしく発想が壮大だ。

　この地を知らない人はいないだろう。徳川幕府 vs 天草四郎率いるキリスト教徒との闘いである1637年の「島原の乱」は、日本史上最大の一揆で、内乱でさえあった。鎮圧へ幕府軍は12万人以上の兵士を派遣

しなければならなかった。その島原半島を舞台とした「移動編集局」はインパクトがあった。

　現地で名物の「具雑煮」を食した。具がたくさん入った豪華さが特色だ。地元の人から明日の命はない。そう覚悟した島原の人々が一時の贅沢と具をたくさん入

写真8-5　長崎・島原の１億人いぶくろトラック

れたと聞いた。何とも歴史のロマンあふれる。ただ諸説あり、実際は平定された半島への移民が考え出したともされる。

・沖縄通信員地上作戦

　九州勤務で忘れがたい筆頭は沖縄。九州地区は沖縄まで管轄する。沖縄で日農の新聞現地印刷する動きが具体化した。速報性を担保する現地印刷のためには一定程度の新聞部数が前提となる。

　ならば、沖縄発の地元記事が欠かせない。だが沖縄は、信用事業の不振から経営合理化へ県内1JAとなっていた。支所統廃合が進み、旧JAの日農通信員は皆無で、取材体制は脆弱だった。そこで、JAおきなわの日農県デスクと二人三脚で、沖縄の通信体制を抜本的に作り直すことにした。取材強化の拠点をいくつか決め、現地指導に努めた。日農九州支所始まって以来のいわば報道強化への〈沖縄地上作戦〉だ。

　沖縄には電車がない。当時の県デスクと車での移動の日々。徐々に成果が出て各地から原稿が出始めた。しかし沖縄を訪ねるほどに、エメラルドグリーンの美しい海と、県民の安全を脅かし続ける米軍基地の不釣り合いな存在を意識せざるを得なかった。

・随所に大戦の悲劇

　嘉手納基地に行くと、空を二つに切り裂くような爆音で離着陸する最新鋭戦闘機。不気味な暗色で覆われた爆撃機 B52 が待機する。極東、東南アジア有事にはすぐ発進する。

　先の大戦で激戦地となった読谷村。そこの残波岬で見た輝く海原と波頭の白さ。だが 1945 年春、一帯は米軍の艦船で埋め尽くされ海の青が消えたという。個人的には、戦火の悲劇を思う時、沖縄観光に行く気がしない理由の一つとなる。沖縄の戦禍はいまだに深く重く人々の心に沈む。それを直視したい。

・九州各地になじみの店

　夜の九州歓楽街はよく地元紙の記者達と出かけた。福岡・中洲は九州最大の歓楽街で 18 時以降は不夜城と化す。九州でも別格の楽天地だ。

　札幌、広島の地方勤務時代は支所のある場所に限られていたが、九州時代だけは福岡にとどまらず、長崎、熊本、鹿児島、宮崎などで必ず立ち寄るスナック、ラウンジ、小料理屋などが決まっていた。

　来る客も役人、政治家、地元記者、弁護士など多士済々。先日、地元紙記者から紹介され九州支所勤務時代に出張で訪れるたびによく通った宮崎市の歓楽街の「ナイトインナイト」のママと久しぶりに電話で話したら、コロナ禍で客足が遠のき大変だとこぼしていた。一方でビル管理人から家賃は求められる。苦吟する地方経済の一端を垣間見たような気がした。

記者のつぶやき

　第 8 章の主テーマは地方記者時代の思い出だ。懐かしい上に、今の記者人生の土台となった日々と重なる。

　札幌、広島、福岡は日本の端から端まで含む。極寒の地から亜熱帯まで。普通の人が体験できないさまざまな場面に遭遇した。

　一度、北海道の釧路・鶴居村でマイナス 20 度の冬に 30 分ほど外で迎えを待っていたことを思い出す。体が芯から冷えるとはこのことだと実感した。足を雪原、いや寒さで凍っている地にそのまま着いていては耐えられない。そこで絶えず足踏みした。迎えの農協の車で組合長室へ。今度は室温 25 度以上にストーブが部屋を暖め、湿度を保つためヤカンから白い蒸気を吐く。その差、一挙に 50 度近く。明らかに血管が一挙に膨脹、体が悲鳴を上げているのを感じた。

　北国の冬空は気まぐれだ。天気が一気に急変する。北海道・石狩の厚田村。開拓の苦悩は松山善三の同名小説でも知られる。取材で農家を訪ねた。鉛色の空が広がるが、雪の気配はない。2 時間後、外に出ようとしたら同行の農業改良普及員から「こりゃ危ないな。雪が降り止むまで中で待ちましょう」。2 時間後、外に出たら考えられない雪の山が出来ていた。あの吹雪なら 50 センチ先も見えない。無謀に外出すれば雪に埋まった可能性もあった。

　中国山地のふもと、島根西部の中山間地の集落営農組織を訪ねた時だ。鳥獣害がひどい。ここではイノシシなどの完全駆除は難しい。そこで棚田の一部は〈解放区〉にしていた。ここはイノシシ出入り自由に。ほかの水田に被害が出ないように、獣の遊び場を設けているのだ。〈ウイズ・鳥獣害〉の発想である。

　長崎・外海町は東シナ海に沈む夕日が美しい絶景スポット。真っ白な外観の遠藤周作記念館がある。周辺は隠れキリシタンの里で、自身もクリスチャンだった遠藤の渾身の一作『沈黙』を書いた地でもある。徳川幕府弾圧下でも信仰を守り通した人々の不屈の精神を思う。神父の名にちなんだ特産の地域興しが進んでいた。

　札幌時代の駆け出し記者の頃にかけられた「君の記事を待っている」。思えば、それを支えに農政記者 40 年を駆け抜けてきたのかもしれない。

　地方記者 12 年半に〈一陽来復〉の四字を思う。確かにディケンズの言う希望の春も絶望の冬にも遭遇した。大河小説家ロマン・ロランの〈魅せられたる魂〉のように記者魂はさまよう。そして空へ憧れ続けた万能の天才ダビンチの〈どこか遠くへ〉の思いが募る。

第 9 章　「平成 30 年農政史」考

【ことば】

「過去に目を閉ざす者は現在にも盲目となる」

　　　　　　———ドイツ大統領ワイツゼッカー

　　　　　　　「荒れ野の四十年」と題し議会演説

「僕ら人間について、大地が万巻の書より多くを教える。理由は、大地が人間に抵抗するがためだ」

　　　　　　　　———サン＝テグジュペリ『人間の土地』

■ 凝縮あるいは収斂の年月

　第9章は、平成30年の農政展開を振り返る。平成の30年は過去・現在・未来を貫く一本の矢の中枢に位置する。農政の全てが凝縮され、あるいは収斂された月日の歩みと重なるからだ。

　日本独自の天皇制に由来する元号と、西暦とは何の因果関係もないが、生前退位を経て終幕したこの「平成」だけは特別な意味を持つような気がしてならない。ならば、平成の30年、約1万1000日を振り返る試みは、農政そのものを検証し、明日の食と農をつなぐ架け橋にもならないか。

　合わせてこの時代を論評した関係本をいくつか読み解きたい。それぞれどう見て、どう方向付けしようとしたのか。30年農政史の理解の一助ともなるだろう。

・特別な意味持つ数字 〝30〟

　〈30〉とは不思議と気になる数字である。30年を一世代として代替わりの単位とされる。孔子の『論語』に〈而立〉の言葉あり。人は生まれて30年も経てば立派に自立を求められ会社員なら管理職が近い。それを折り返し、そして次の30年、60歳で定年など、その後の人生の選択も迫られる。

　30日を〈みそか〉と読み1か月を表わす。だから年末、最後の12月末は〈大みそか〉となる。天気では30度を超すと真夏日。政治の世界では内閣支持率が30％台だと黄信号、30％割れなら赤信号が灯る。やはり30は何か一つの区切りを示すのか。数学では三つの異質な素数の積で最小の数。$30 = 2 \times 3 \times 5$で表わされる。

　30を歴史で見ると、中世ヨーロッパで宗教戦争だった「三十年戦争」がある。1618年〜1648年まで。終結への締結地の名前から一般に〈ウェストファリア条約〉と称される。約370年前の同法律は近代国家の礎に

なる。近代国際法の端緒で、主権国家間の枠組みの基礎となるためだ。

・自由化と規制緩和加速

さて、そんな意味深な30年を念頭に平成農政史を読み解きたい。

平成の30年間は激動の歴史と重なる。農政面で見れば、空前の自由化と規制緩和で政策の軌道修正を余儀なくされた。生産基盤弱体化と食料自給率低下の同時進行が続き、今後の展望が見えない。平成30年の農政を反省した上で、成長最重視の農政から転換し、地域と家族農業支援にも軸足を置くべきだ。

・キーワードは三つ

2020年秋まで続いた安倍政権は、この時代の一角を占め史上最長となった。首相の安倍晋三は、保護主義の対語を自由貿易と読み替え、これまでにない市場開放を断行してきた。

だが、それは食料主権を失い、国民の胃袋と生存権をますます外国に委ねることにもつながる危うさを持ったと言わざるを得ない。福知山公立大の矢口芳生教授は平成30年間の農政キーワードとして貿易自由化、規制緩和、大規模化の三つを挙げる。この3元連立方程式は、農業の競争力や効率化ばかりが強調され中山間地や家族農業軽視の政策と重なる。

・元年は歴史の「特異年」

平成元年に当たる1989年は「特異年」というべき、あらゆる歴史の分岐点に立っていた。最大の出来事は、米ソ和解による東西冷戦の終結だ。だがそれは、唯一の超大国・米国の存在感が増したことを示す。

同年、農業分野の市場開放に焦点を当てたガット・ウルグアイラウンド（多角的貿易交渉）が本格化した。米国は500億ドルと史上空前の

規模に膨らんだ対日貿易赤字にいらだち、次々と理不尽な自由化要求を迫った。転機は前年の 1988 年の日米閣僚交渉を経た牛肉・オレンジ市場開放決定だ。

いま一つの転換期はコメ部分開放を受け入れた 93 年末のガット農業交渉合意だ。95 年に農水省は半世紀続いた食糧管理法廃止に踏み切り、食糧法を施行した。コメの流通自由化が始まり生産者米価は下落。やがて、行政の関与が大きく後退する現在の生産調整の抜本的な見直しにつながっていく。

日本の戦後農政は 1961 年の農業基本法を起点にする。その後、平成に入り 1992 年に担い手の育成・確保を前面に掲げた新農政、そして 21 世紀目前の 1999 年には新農基法と称された食料・農業・農村基本法が制定された。

・再考・三つの共生

再度注目すべきは、約 20 年前の新法制定にあたり JA 全中が消費者、次世代、アジアの三つの共生を掲げた「一億国民共生運動」を提起した点だ。旧 JC 総研を改組して日本協同組合連携機構（JCA）が 2018 年春に立ち上がった。いま一度、協同組合陣営の連携強化と JA の結集力を示す時期ではないか。

・平成最後に JA 全国大会

振り返れば、2019 年 3 月に平成最後の第 28 回 JA 全国大会を迎えた。JA 自己改革の完遂と共に、自由化の加速の中で農業再生への新たな国民運動の展開も欠かせない。中心は、国内農業生産拡大を大前提とした食料安全保障の確立だろう。自給率 38％という異常国家から一刻も早く抜け出さなければならない。

農政の最大課題は、高齢化を踏まえた担い手確保とコメ偏重からの脱

わが国の食料自給率は38%、先進国の中で最低水準

○ わが国の食料自給率は長期にわたり低迷。最新数値は2年連続の38%であり、これは過去2番目の低水準。

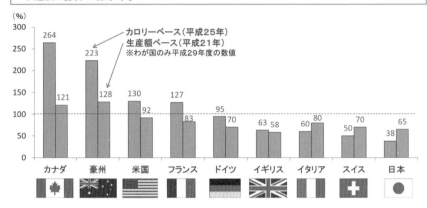

出典：農林水産省「食料需給表」、FAO「Food Balance Sheets」等を基に農林水産省が試算（アルコール類等は含まない）
注1 ：数値は暦年（日本のみ年度）。スイス及びイギリス（生産額ベース）については、各政府の公表値を掲載
注2 ：畜産物及び加工品については、輸入飼料及び輸入原料を考慮して計算

図 9-1　平成の 30 年は自給率低下の一途（全中資料より）

写真 9-1　平成は自由化の 30 年とも重なる

皮、水田農業の確立だ。TPP11、日 EU、日米貿易協定で、日本は前例のない農業の〝総自由化時代〟に突入した。アジアを中心に事実上の日中韓 FTA も内包した 15 カ国による RCEP 協定も動き出す。平成の 30 年間の課題を踏まえ、農を軸に持続可能な社会づくりを急がねばならない。

■ 農水省広報誌で平成の足跡

平成の 30 年間の農業・農村はどう変わったのか。農水省はまともな分析をしていない。どう見ても農業・農村の地盤沈下の軌跡だからだろう。この間、政府は何をやってきたのかと批判されかねない。後述するがそれでも令和元年度（2019 年度）の農業白書で 30 年間の一覧表を掲載した。しかも、なぜか末尾の〈巻末付録〉にである。

・楽観論で終始

それでも一定の総括はやらざるを得ない。農水省広報誌「aff」（あふ）2019 年 4 月号で特集「平成」の足跡～農林水産業を振り返る～を組んだ。aff は農林水産業の頭文字から取った。平成の 30 年間は、農林水産業は厳しい状況に直面したが、政策成果もあり、最近は盛り返している。楽観論が漂う。特集を一読すると、こうした感想を持つ。果たして本当か。

・農家半分となり法人は 4 倍に

農業構造の変化では、農家の減少、高齢化が進む一方、2009 年の農地法改正で農業法人が急増。2015 年の改正後はさらに多様な企業が農業参入を果たしているとした。この間に、ざっと基幹的農業従事者は約 300 万人から 150 万人弱と半分になり、平均年齢は 50 代から 67 歳へと高齢化が一段と進む。半面、法人経営体数は 4 倍以上の 2 万 2700 に増えた。

・農業産出額も盛り返す

　次に農業総産出額の推移は、平成の初め、1990 年に 11 兆 5000 億円あったものが 2010（平成 22）年には 8 兆 1000 億円と 8 兆円の大台割れ目前に。コメ消費減少などで右肩下がりが続く。だが特集は直近の 3 年間、2015（平成 27）年から 2017（平成 29）年に上昇に転じ 9 兆 3000 億円にまで回復したことを、〈3 年連続で増加〉と小タイトルを入れ訴えている。

・食品輸出は大幅増加

　農林水産物・食品輸出額の大幅増加も強調した。3536 億円から 2018（平成 30）年の 9068 億円に増えた。最新数字はわざわざ速報値を載せた。海外の日本食人気の定着を反映し、6 年連続で過去最高を記録した。輸出先は 1 位香港、2 位中国、3 位米国。東京五輪・パラリンピック開催予定などを踏まえ「さらなる国産食材人気の高まりが期待される」と結んだ。写真入りで主な輸出品を四つ紹介。内訳はホタテ貝 476 億円、真珠 346 億円、ブリ 157 億円、リンゴ 139 億円。当時の目標額 1 兆円を目前とした成果だ。

・肝心の自給率に触れず

　数字は事実であり、問題はない。だが農業は多面体であり、ある一面に光を当てても全体の姿形を見失う。多角的な視点が欠かせない。

　特集を見る限り何となくバラ色の未来色が見えてくる。だが、実態はこれまで見てきたように、農の基、生産基盤の弱体化に歯止めがかからない。なぜ肝心の食料自給率と自給力の実態に触れなかったのだろうか。自給率向上は「国是」でもある。それを達成できない政策プロセス、実現するための工程表こそ重要だ。ただ施策の羅列では意味がない。

・背景に官邸への配慮

　農政は政治経済学の総和でもある。特集をまとめた時期の政治情勢、農水省幹部メンバーなどを考えざるを得ない。「官邸農政」全面展開の当時、農業白書も含め「上からチェックされない数字は一つもない」とされた。都合のいい数字は表に出て、そうでない数字は出さない。あるいは目立たなく示す。そんな手法で世論誘導を図るのだ。

　こうした目でaff「特集」を読み解くと、別の狙いも見えてくる。農業構造の変化では、短いスペースの中でわざわざ法改正で農業への企業参入が増えたことも触れた。規制改革論議も踏まえ企業参入を是とする意向がにじむ。

・輸出は儲かるのか

　輸出は当時の安倍農政の錦の御旗だ。だが数字のマジックがある。確かに金額の伸び率は大きいが、元々も額自体が小さい。輸出、すなわち農畜産物との誤解もあるが、実際は水産物と加工品が大半だ。しかも、加工品の中身で素材、原材料にどれほど国産農畜産物が使われているのかも不透明だ。いま菅政権で農畜産物の品目別、国別の輸出計画を立てているのは、こうした実態を踏まえ、実際の農畜産物の輸出実績を増やそうとの意向からだ。

　さらに大きな問題は、農畜産物の輸出が伸びたとしても、生産した農業者の所得増加に結び付くのかという点だ。輸出チャレンジは産地の意欲向上からも注目されていい。需給のバランスを考え、オールジャパンでの取り組みが何より問われる。輸出によって儲かる。こんな仕組みが確立しないと、なかなか前には進まない。〈輸出専業農家〉の出現は夢の夢だろう。

・産出額と生産基盤

　農業総産出額が減少から増加に転じた。それ自体は歓迎すべき事だ。ではその要因は何か。農業の農地、担い手、技術力という自給力の3要素が機能して、産出額増加に結びついたのなら喜ばしい。農政の成果でもある。だが、いくつもの要因が複雑に組み合わさり産出額増加に転じたとみた方がいい。着実な大規模化の動きは強い。一方で、農地面積は縮小し優良農地確保と有効活用が喫緊の課題だ。農地という生産手段が少なくなれば、農業生産は先細りしかねない。

　やはりここで、生産基盤の弱体化に歯止めがかからない現状を見逃すべきではない。災害も連続して起きている。不作は販売金額の上昇となって産出額を底上げする。野菜地帯などでは被災後の産地の復元力も小さくなっている。

・民主政権時が〈底〉に

　「特集」の農業総産出額のグラフを見て感じたのは、数字の一番〈底〉の2010（平成22）年の政治情勢だ。政権交代で自民党が野に下り民主党政権が誕生した。

　政治と経済は2、3年遅れで結果が表れる。実際は自民党農政のつけが〈底〉となって出た。だが、表面上は民主党政権になり下がったとの指摘も成り立つ。そして、自由化、規制緩和、輸出重視に舵を切ったアベノミクス効果で直近3年間の産出額増加との論法だ。いつも数字は一人歩きし政治的に都合のいいように利用されがちだ。

　数字は印象操作の典型だ。平成の30年を考える上で、注視しなければならない視点でもある。

■ 農水省審議会は「形骸化」

　平成の 30 年間で、安倍長期政権と重なる最後の 5 年間は農業・農村・農協にとって大きな試練の年月でもあった。

・役所の施策説明の場に

　重大な農政転換が続く中で、平成 30 年農政史の後半 5 年は肝心の食料・農業・農村政策審議会が十分に機能していたのかとの疑問が募る。官邸農政による規制改革論議が先行し、審議会での専門家のやり取りが〈形骸化〉したのではないか。

　同審議会は、食料・農業・農村基本法第 39 条に基づき設置された農相の諮問機関だ。かつての農業基本法制下の農政審議会は、環境激変を踏まえたその後の日本の農政路線の在り方を議論し、指針を示してきた。だが、平成末期の審議会は農水省の施策説明の場になったきらいがあった。現在、大きく是正されつつあるが、審議会企画部会の談論風発は、現場実態に沿った機能する農政の大前提である。

・「官邸農政」が影響

　当時の一連の農政改革は、政府の規制改革推進会議が実態に基づかない急進的な見直しを提案。しかも、農政改革がいつの間にか農協改革、さらには全農改革にすり替わった。この高めのボールを受け、自民党が農業団体などとの調整を経て、収まりどころを探るケースが続いてきた。官邸農政を推進した奥原正明事務次官（当時）ら農水省幹部が、審議会よりも政府・与党調整を最重視した結果との見方が強い。その後、後任には調整型の末松広行事務次官となり、基本計画見直し論議で中小規模農家も位置づけるなど軌道修正が進んだ。

・基本計画と政策が乖離

　食料・農業・農村政策審議会会長として2015年の食料・農業・農村基本計画策定にかかわった福島大学の生源寺真一教授は、「基本計画と無関係に政策が進むのはおかしい」と、規制改革論議の行方に懸念を指摘した。まっとうな農政改革に向け、審議会の議論を通じ正常な軌道に乗せなければならない。

・混乱招く生乳改革

　こうした「基本計画と無関係な政策遂行」は生乳制度改革にも踏襲された。規制会議は、独占的な生乳集荷で競争を阻害しているとして現行指定生乳生産者団体制度の廃止を求めた。こうした中で、同省は半世紀続いた酪農不足払い制度を廃止し、畜産経営安定法に組み込んだ。これまでの暫定法から恒久法に位置付けた点は良いが、制度の根幹だった指定団体の生乳一元集荷を廃止し生乳流通自由化へ移行した。

　改正畜安法下の生乳流通は懸念されたように一部で混乱が出ている。政策価格、関連施策を論議する審議会畜産部会では生産者団体、乳業メーカー双方から「改正畜産法の検証」の声が相次いでいる。規制改革を大前提にした制度改正のひずみが、指定団体の一元集荷多元販売に穴を開け、実際の生乳生産、処理、販売に混乱を招いているためだ。さらに、あろうことか現在の規制改革論議で指定団体ホクレンの分割に言及した意見も出ている。生乳需給安定とは全く真逆の暴論が繰り返されているのは看過できない。

　「何のための改革だったのか」。根源的な問いが、いまだに酪農団体、乳業メーカー双方から絶えない。自由化と規制緩和。平成の30年の農政二大潮流の行き着く先は、生乳制度改革に象徴されると言っていい。

■ 農中総研の30年

農林中金総合研究所（農中総研）は2020年6月に創立30年を迎えた。その軌跡はほぼ平成の時期と重なるので、振り返ってみたい。

・平成を3分割に

農中総研は協同組合を基軸に、第1次産業と地域の課題分析、今後の発展方向を示す視座を与え続けてきた。30年の軌跡は、自由化と規制緩和を特徴とする平成の時代とをどう分析するのかが問われた。

平成は10年単位で3区分できる。この時代は、日米経済紛争を典型とする昭和末期の多くの課題を背負い、まずはその問題処理に追われた。最初の10年は金融大再編と農業自由化の加速化。次の10年はJAバンクシステム整備、リーマンショックと中国の台頭。三つ目の10年は東日本大震災と協同組合の国際的評価の一方で、厳しい農協改革が問われた。そして今、多様性も重視した新たな食料・農業・農村基本計画が動き始める。

・「答えは現場に」

課題山積の中で、農中総研はさまざまな研究成果を示してきた。

協同組合を基軸に据え、農林水産業、地域を対象とし、系統組織に役立つものを提供していく。創造的JA改革後押しへ経済事業の事例分析なども重きを置く。研究室にこもるのではなく現地調査重視が特徴だ。これらの成果は「農林金融」を柱に定期冊子で示し、内容も分かりやすさに心掛けてきた。当面の関心事、タイムリーな題材に向き合い、TPPの問題点、真の地方創生の在り方などをまとめた出版物なども随時出している。

新型コロナウイルス禍はいまだに「出口」が見えず、まさに「不確実

性の時代」。今後のキーワードは何か。まずは持続可能性だろう。5年前には食農リサーチ部を新設した。資源、人材など農林水産業の潜在能力を引き出し、地方の活力を循環経済の視点で持続的にどう構築していくか。持続可能性は現状維持とは違う。危機感を持ちながらも、課題に対応し適応していく。齋藤真一社長（当時）に今後の方針を聞くと「課題に対する答えは現場にあるはずだ」と強調した。的を射た指摘だ。

■ 農業白書の平成30年

農水省がまとめた2019年度（令和元年度）の食料・農業・農村白書は、「特集」に今後10年を見据えた食料・農業・農村基本計画と女性農業者の活躍を掲げた。この中で、今後の農政方向の力点が見て取れる。今年の白書を読み解く。

・自由化で農業地盤沈下

真理は細部に宿る。この格言通り、まずは白書末尾の項目に目を凝らしたい。364ページから「巻末付録　平成30年間の主な動きと指標」が掲載されている。実はこの部分が日本農政の内実と国内農業の実態を端的に示す。ではなぜ、白書本体で項目立てをして解説しなかったのか。相次ぐ自由化に伴う国内生産基盤の弱体化、その結果の食料自給率低下は「農政の失敗」と受け取られかねない。そうした配慮が農水官僚に働いた結果だろう。だが、一方で農水官僚の矜持として、白書で記録にしっかり残すというバランスも働いた。

結果から見ると、食料自給率（カロリーベース）は平成直前の1985年（昭和60年）の53%から2019年（平成31年）には37%に16ポイントも下がった。こんな国は他の先進国にはない。そこには、国民の胃袋を満たす食料を他国に委ねた「異常国家ニッポン」が浮き彫りとなる。

・「持続可能性」へ転機の農政

　農政は大きな転機を迎えている。元号が「平成」から「令和」に代わり、新たな世界の潮流のキーワードは、国連も唱えるように「持続可能性」の5文字だ。これまでの「いけいけどんどん」という成長至上主義とは明らかに局面が異なる。こうした中で、白書が今後10年間の各品目別の生産目標数量などを掲げた基本計画の見直しを特集で取り上げたのは当然だろう。

・酪肉近でも「食料国産率」議論に

　基本計画の建て付けは、食料自給率など農政全般は農水省の食料・農業・農村審議会企画部会で論議を行う。並行して品目別は専門部会で深掘りし、基本計画に束ねる仕組みだ。

　品目別で大きな焦点となったのは、後述するが畜産部会で具体的な議論を深めた酪農肉用牛近代化基本方針（酪肉近）のありようだった。食料自給率の新しい概念、飼料自給率を考慮しない「食料国産率」でも畜酪の振興と自給飼料基盤の確保が議論となった。

　まず「特集」を見てみよう。基本計画は、今後10年間の農政方向を示すものだ。農業白書は、1961（昭和36）年の農業施策の「憲法」とされた農業基本法制定時の発行から59冊目となる。この農基法に代わり、21世紀を見据え農業分野ばかりでなく食料や農村と幅広い視野で政策運営を行う食料・農業・農村基本法に基づく2000年の第1回基本計画策定から20年の節目とも重なる。

　先の農基法は、西ドイツの農業法を参考に、当時の農林官僚の小倉武一らを中心に作られた。コメ偏重からの脱皮、「選択的拡大品目」という名で需要増が見込まれる畜酪、果樹、野菜への生産シフト、大規模化へ構造改革推進などで農工間の所得均衡を目指した。いわば「日本農業改造計画」とも言え、今後の指針を示す一方で、毎年の農業予算確保の

大きな根拠ともなった。

　2021年は農基法制定から「60年」と、人に例えれば〝還暦〟を迎える。この間の農政の変遷、反省点、新たな展望などを取りまとめる時期でもあろう。当然、同年は有史に刻まれる大災害、東日本大震災から10年の区切りで、災害と地域、農業の役割を改めて問わなければならない。

・家族経営の振興明記

　2020年の基本計画の大きな特色は、これまでの大規模担い手を中心とした成長路線偏重から、多様な担い手の位置付けを明確にした事だろう。企画部会と併行した畜産部会でも中小規模農家、家族農業への配慮の要望が相次いだ。

　基本的な指針に「産業政策」と「地域政策」を車の両輪として推進し、食料自給率の向上と食料安全保障を確立すると明記した。問題は「車の両輪」の中身だ。大規模化の産業政策の車が大きく、中山間地、条件不利地の家族経営の車輪が小さければ、前に進まず同心円を回り続けるだけだ。いわば地域政策の「補助輪化」と指摘されるいびつな農政となる。二つの政策が同じ大きさでこそ、日本農業は前に向け進む事ができるはずだ。

　基本計画のポイントは5つ。農業の成長産業化に向けた農政改革を引き続き推進、農林水産物・食品の輸出額5兆円の目標設定、中小・家族経営等多様な経営体の生産基盤の強化を通じた農業経営の底上げ、地域政策の総合化、食と農に関する新たな国民運動を通じた国民的合意の形成──を掲げた。

　これら5重点に異論はない。問題は、掲げた目標をどう実現するか。計画づくりが目的ではない。目標の実現こそが問われる。生産現場、地域ごとの実情に応じた地道な努力の積み重ねしかない。今後、基本計画に沿い地域版計画が行政、農業団体など一体で議論される。特に地域版

酪肉近づくりは、10年後の生乳生産努力目標が780万トンと現状に比べ50万トン強増産となるだけに具体策が求められる。

全国生乳の6割近くは北海道で、増産の主力は道酪農としても、都府県酪農がこれ以上地盤沈下をせずにメガファームと家族酪農一丸で生産を維持する事が重要だ。さらに、生産した生乳が確実に販売できるのか。増産が生産者のリスクにならないか。

一定水準の乳価補償の仕組みも欠かせない。牛乳・乳製品は夏場の気候変動などで需給が大きく変動する。加えて、自由化が加速している。TPPや日EUのEPA、日米貿易協定などで、乳製品の関税率は年々下がり、需要の伸びが期待されるチーズの輸入圧力も高まる。国際化進展の中での日本酪農の生き残りの視点が重要だ。

・女性農業者と所得増加

白書の今一つの「特集」は輝きを増す女性農業者だ。男女共同参画社会基本法施行から20年の節目であり、時宜を得た企画だろう。59回を数える白書の中でも「女性」を特集したのは初めてだ。

さまざまな分析が成されており、参考になる貴重な試みだ。酪農家の中でも当然、女性の役割、経営を担う重要さは高い。改めて女性農業者に注目したい。

白書は女性農業者の軌跡を戦後から説き起こす。1948（昭和23）年から開始された生活改善普及事業から始まる。過重労働から徐々に解放され、やがて自らの意思で経営に参画できるようになってきた。

白書では、女性の経営参画で経営効果を主に4つ挙げた。顧客志向強化、従業員満足度の向上、意思決定の改善、企業イメージの向上である。女性視点で多様な販売アイデアは、酪農の生産現場では6次加工の乳製品加工などの事例もあろう。白書は女性活躍の先進事例として、大分県国東市の「ウーマンメイク」を挙げた。メンバー15人全員が女性の農

業法人で、水耕ハウスでのレタス栽培で、独自ブランドを全国展開している。

　女性の協力が欠かせないのは農業加工分野も同じ。新商品開発などでは女性社員の新発想で商品化となったケースも多い。いよいよ「農業女子」の出番でもある。

■ 現場記者の見た〈30年〉

　農政ジャーナリストの会編「日本農業の動き」は2018（平成30）年11月30日に200号を数えた。200号記念として〈目次総覧〉と元農政ジャーナリストの会の会長で日経OBの岸康彦が「私たちは何を学び、伝え、記録してきたか」を末尾に載せた。同会は1956年に発足。ほぼ著者の生誕と同じなのも何かの縁であろうか。

　〈目次総覧〉は新聞の見出しと同じだ。同会のレベル、取材水準と問題意識を映す。平成時代の30年のそれを見るだけでも、時の流れの一端が分かるはずだ。

・元年は農協変革とガット
　平成元年の1989年、「日本農業の動き」は3冊発刊して、〈求められる農協の構造変革〉〈ガットの徹底分析〉〈進む地球の温暖化と農業〉をテーマにした。時々の専門家が登場する。農協構造変革には農協大会をひかえ全中の山口巌専務、学者は農協論の三輪昌男と論客が登場している。ガット徹底分析には、交渉舞台裏を本著でも触れた〈ミスターガット〉塩飽二郎農水審議官が語った。

・どう視る農基法農政30年
　1991（平成3）年は、1961（昭和36）年制定の農政の憲法・農業基本

法 30 年の区切りに当たる。そこで同年 8 月発行の 96 号「どう視る農基法農政 30 年」を編んだ。〈見る〉ではなくあえて〈視る〉の字を使ったのは報道の視点という意味合いからだ。農地法の専門家・梶井功は「農基法 30 年を斬る」と題し理想と現実の乖離を突いた。何より当時農林省で農基法を作った歴史の証人・小倉武一の発言は注目を集めた。

　個人的には「日本農業の動き」に、実際の取材テーマに応じ何度も執筆してきた。本著に関連することでは、例えば 1994 年「激動する日本のコメ」で〈ジュネーブ取材最前線〉を書いた。前年の 93 年 12 月のガット農業交渉妥結の余韻が残る時期だ。

　交渉妥結後、コメ部分開放に伴い輸入義務が生じ、1942 年から半世紀以上続いた食管法廃止、流通自由化へ食糧法が動き出す。95 年 3 月の「新食糧法とコメ流通」では総括討論の問題提起を行った。法案に絡めた思い出は「計画流通米」「計画外流通米」をスクープしたことだ。だがやがて、流通自由化が進み計画内も計画外も曖昧になり、その名称は歴史から消えた。

　同年の「急増する輸入野菜と国内産地」では海外取材レポートでインドネシア農業を寄稿した。ガット合意後、輸入農産物の攻勢にどう立ち向かうのかが焦点となった。当時、日農では東南アジアなどに焦点を当てた大型年間企画「激動アジア」を連載中だった。その取材で 2 億人が住む東南アジアの人口大国・インドネシアに飛んだ。その生々しいレポートを書いた。

　時期は圧政のスハルト政権末期。人口急増の中で食料不足が起きていた。穀物増産への「緑の革命」も、同国では肥料不足で効果がそれほど上がらない。いろいろ取材する中で気象災害もありコメ不足がかなり深刻なことが分かってきた。日本の食糧庁に当たる同国の食糧調達庁での幹部取材が突然中止となった。1 面トップで「人口大国インドネシアがコメ輸入国に転落」の特報を書いた。同国のコメ輸入は国際需給に大き

な影響を及ぼしかねない。同日付で朝日新聞は、駐在記者が同国の食糧調達庁長官更迭の記事が夕刊1面に載る。

　まさに「激動アジア」。経済成長と人口爆発と食料不足。その後、国連はこうした問題に対応するため1996年のローマ食料サミット開催へつながるのは既に記述した通りだ。

・〝減反廃止〟後のコメ需給

　「日本農業の動き」200号記念での目次総覧をもとに話を進めた。

　同号の主テーマは「〝減反廃止〟後のコメ需給」。まさに今の農政の最大課題である2021年産米の需給問題にもつながる課題だ。

　実際は減反廃止などではなく、むしろ計画生産の強化こそ問われる。主食、業務用、加工用、飼料用、さらには備蓄、輸出向けと用途別に適正需要に応じ振り向けないと、米価水準は出来秋に大きく低下しかねない。その正念場は水稲苗植え付けの5月と、収穫時期の9月以降に来る。いずれにしろ、年間10万トンも減り続ける主食米の需要減退に歯止めをかけない限り、コメ需給の抜本解決は難しい。需要減はコロナ禍の業務用苦戦で拍車がかかる。そこで水田農業を生かし、コメと畜産酪農の結び付きをどう強めるかが、日本農業再生への大きなカギを握る。

■ 獺祭書屋主人

　「獺祭」とは、カワウソが捕らえた魚を岸辺に並べ、まるで祭りをするように見えることを指す。転じて、詩や文を練る時に資料を広げ散らかす様をいう。これに絡み、平成30年農政史を考える著書を探りたい。

・子規と現代の銘酒

　斬新な写実主義を通じ明治の日本文学を刷新した正岡子規は、これに

因み〈獺祭書屋主人〉と号した。山口県の日本酒人気銘柄「獺祭」も先の故事や子規の雅号を踏まえネーミングした。〈だっさい〉と読むが、いったい何と読むのかも含め話題となり、白ワインに近い口当たりで女性や海外にも販路を拡大している。

「獺祭」は山口・岩国の山深い里にある旭酒造がつくる。昔気質の杜氏の経験と勘に頼るのではなくまさにデータを活用した蔵元である。品質を最重視し、「山田錦」を原料とした純米大吟醸にこだわり抜く。〈酔う〉ための日本酒ではなく〈味わう〉日本酒を目指した。会長の桜井博志に何度か会った。日本記者クラブで会見をしたこともあるからだ。桜井はこう繰り返した。「コメの需要はやり方によっていくらでもある。水田を休ませている場合じゃない」と。

桜井は官邸で同郷の安倍首相（当時）に会い、コメ生産調整に異議を唱えた。用途別でコメ需要は大きく異なり、生産調整は酒米ではなく主食用と関連する。桜井の思い違いもあるが、安倍はその話をまともに受け止め、いわゆる減反廃止を国会所信表明でも何度か表明することになる。

酒造好適米の「山田錦」の誕生は1923（大正12）年の兵庫・明石で。この年は関東大震災があった。菊池寛が文藝春秋を興し12月には農林中央金庫の前身・産業組合中央金庫が創設した。

この辺のコメを巡る問題はあるが、桜井が言うようにコメ需要喚起、「出口」を考えないと水田農業の将来は暗いのは確かだ。

「獺祭」の二字を見るたびに子規と銘酒の二つが浮かぶ。

・資料散乱の書斎

小タイトルに〈獺祭〉を使ったのは、本著を書いている最中のわが書斎も同じだから。それに鋭い感性を持ち陸羯南が主宰した新聞「日本」の記者だった子規に、少しでもあやかりたい気持ちの表われでもある。

資料が散乱し足の踏み場にも困る有様だ。

　特に 100 冊を超す A7 版小ノートが積み重なる。それぞれに時々の資料コピーが挟んであるため、厚さは本来の 2 倍近い。それに、黒革の手帳「国会手帖」も 30 冊近く。加えて年に数冊編む「日本農業の動き」（農政ジャーナリストの会編）も数十冊。テーマが時々の焦点をとらえている。

・書評 300 冊の蓄積

　平成の 30 年をとらえる上で、いろいろな意味で参考となる農政関連本を 3 冊紹介したい。新聞記者は取材と共に、本を読むのも仕事、いや生活の一部だ。11 年近い論説委員室勤務時代に、日農日曜日の「書評」で合計 300 冊紹介した。そのうち、署名入りで詳述したのは 50 冊近く。印象に残ったものも数多いが、紙幅の関係で、3 冊に絞り込んだ。

■ 歴史の証言『自民党農政史』

　農政史の労作と言えば『自民党農政史　農林族の群像』（大成出版社）だ。わざわざタイトルに括弧付きで（1955 〜 2009）とある。

・途切れた〈通史〉

　2009（平成 21）年は政権交代で自民党農政が途切れた時だ。第 9 章の「平成 30 年農政史」考にとって、2009 年は平成の 3 分の 2 に当たる。残り 3 分の 1 は欠けたままだが、〈疾風怒濤〉の 1990 年代前半も含み十分参考になる。

　総ページ数にして 800 もの大部。書いたのは自民政調で長年農林担当を担った吉田修。実はこの本がなければ、本著『農政記者四十年』も書き進めることが難しかった。

　農政は政治そのものであり、農林族議員の談論風発による自民党農政史と表裏一体である。ガット農業交渉や農協改革、系統信用事業存続の危機の住専問題など部分的なテーマはともかく、全体を通じた克明な記録は世に存在しなかった。その意味では、農政ウオッチャー、特に農政論説記者にとっては必読書そのものであると言っていい。署名入りで日農書評のトップで取り上げた時は著者の吉田から感謝された。

・大物政治家を彷彿

　「農政記者四十年」の時を経る中で、筆者にとって旧知の吉田はかつての大物議員を彷彿させる欠かせない人材でもある。当時を知る数少ない生き証人だからだ。

　以前、吉田と本著でも取り上げた〝農政のドン〟大河原太一郎の昔話をした。すると腕組みして目をつぶりタバコをくゆらす大河原の姿を演じて見せてくれた。「そうそう、そんな感じ」と思わず笑ってしまった。

　同著の白眉は年次ごとの政治、農政一覧表と、実際に近くで接した人しか書けない「農政余話」。もっとも躍動しているのは最後の 2009 年かもしれない。政権交代が迫り自民党内の混乱ぶりが手に取るように分かる。末尾は「野党に回った自民党は、民主党農政の一枚看板となった農業戸別所得補償制度の矛盾追及に血眼を上げることになる。こうして農政はさらなる混迷をたどることになるのだった」で締めた。

・「続編」はいつなのか

　その後、3 年で自民党は政権復帰となる。だが吉田が危惧した〈混乱〉は収まっただろうか。農協改革、前例のない自由化路線と続く。書評で政権復帰後の「自民党農政史第 2 部を望む」と書いた。自民党農政史は 2009 年の民主党政権発足、自民野党転落で途切れた。それから 10 年以上の歳月が流れた。

今こそ安倍・菅農政の検証とあるべき農政の姿が問われている。

■ 農政改革「奥原本」の〝紙背〟

『農政改革』（日本経済新聞出版社）は元事務次官・奥原正明が書いた。農業関係者からは「特別目新しい事がない」との評価がもっぱらだ。だが、どこに注目するかでこの本の読み方が変わってくる。その意味では、興味をそそる本の一つではある。奥原が自ら関わった「平成農政史」とも重なる。

・農協改革に異常な執着

まず官邸農政の〝舞台裏〟がかい間見える。振り付けした農水官僚自身が政策決定の内実を描く。通称〝奥原本〟。農協改革への異常な執着心も分かる。

異能の官僚ではある。だが、時として当事者の理解と納得を得ない急進的な改革は摩擦と衝突を生んできた。同著で驚くことに、食管制度、中央会制度はもっと早く廃止すべきだったとさえ述べていることだ。

著者は本著を若手官僚の参考になればとも書く。しかし、当事者の協調と信頼を得ない制度改革は、結局、官邸の威を借りた〈独善農政〉との批判が出るのも分かる。これでは、生産現場で農政は機能不全に陥る。それにしても、本著で家族経営の表現はわずか、農政審議会や食料自給率、食料安保などは触れていない。農水事務方トップとして、どこを向いて農政を進めていたかの問題意識も透ける。

・日本農業を東独になぞらえ

問題意識は「農業成長産業化に必要なものは何か」の一点突破主義。本来の農業・農村の持つ多面的な性格はほとんどが眼中にない。冒頭は

1989年つまり平成元年のドイツ。東西ドイツ統一の最中の独大使館勤務。東西ドイツ農業の実態で日本は東ドイツに近いと見る。競争はなく規制が強く護送船団方式。なるほど、日本農業を駄目な東独になぞらえ改革に取り組んだのかと思う。

・報道苦情も一方通行

マスコミ対策も明かす。業界紙の中に「事実に反する記事や改革の目的を全く違ったものにすり替えた」「大きな障害となる。こうした姿勢は改めてもらう必要がある」と名指しこそ避けているが、感情的な批判をしている。日農は日本新聞協会加盟の唯一の日刊専門紙で業界紙ではない。日農のことではないと思うが、官僚が自分の意にそぐわない記事と絡めて批判しても意味はない。「いったい何のための、誰のための改革なのか」。その生産現場の問いに納得できる答えはなかった。同著でも多少触れる生乳制度改革などは、かえって流通混乱を招いている。まず〈改革ありき〉の拙速対応の結果だろう。「姿勢を改める」のはどちらなのかとなる。

・農協への警戒緩めず

近著『農政改革の原点』でも農協への警戒は相変わらずだ。人生いろいろ、農水官僚もいろいろだ。農水省官房長を務めた荒川隆著『農業・農村政策の光と影』（全国酪農協会）。荒川は畜産部長、総括審議官など務め酪農行政にも深く関わってきた。先の生乳制度改革にも違和感を持った農水官僚幹部の一人だ。いわゆる「奥原本」との併読もお勧めしたい。いかに2010年代半ばの農政改革、農協改革を巡り農水省内部が一枚岩でなかった事もよく分かる。

■『扼殺される日本の農業』

　最後の３冊目に、まっとうな本も紹介したい。柴田明夫著『扼殺される日本の農業』（FB出版）だ。

・著名で危機感示す

　著名に、筆者の思いと問題意識が潜む。「この道しかない」と進む安倍政権の危うさに抗して、〈「伝統の農業」を守り改革する〉と〝別の道〟を挙げる。改めて、官邸農政の間違いを指摘する一方で、家族農業と地域政策の大切さを説く。

・地域農業復活急げ

　菅政権で是正されつつあるとは言え、多様な担い手による農業路線をさらに強固に進める必要がある。〈地域農業の復活を急がねば、日本は死ぬ。私は確信した〉。歴史を踏まえ現代資本主義の病巣を読み解く経済学者・水野和夫氏が本著に寄せた一文だ。ここに、日本農業の課題と行方が凝縮されているかもしれない。

　「農業の成長産業化」「攻めの農業」「輸出拡大」。政権が叫ぶ声は、生産現場とは受け止め方が違う。政策の優先順位の一番目は、まずは足元、地域の再生とそれを支える生産基盤の維持・強化である。

・「誰のための改革か」問う

　著名の〈扼殺（やくさつ）される〉にたじろぐが、真綿で首を絞められるような農業の実態を憂い、危機感を持ち、今の農政への怒りも込めた表現だ。

　結局は、〈こんな日本農業に誰がした〉である。この間の農政改革、農協改革は既得権打破を掲げたが、実質は関係者の理解と納得を得ない

ままの見切り発車改革だったとの見方もある。一連の動きを柴田氏は
「いったい誰のための改革か」と問い、これらは「農協排除の強い意志
があった」と強調する。的を射た指摘だ。一方で、当時、農水省内部に
もさまざまな意見があった。成長産業一辺倒ではなく、JAの役割も含
め産業政策と地域政策のバランスを重視する考えだ。

・今こそ天才・熊楠「まるごと」論

　柴田氏は結語で、夏目漱石と同時代の天才的博物学者、南方熊楠が唱
えた「まるごと」論こそ有効と言う。〝地域丸ごと創生論〟は今後の農
政指針ともなり得る。

　柴田は東大で農業経済学を収めた後、丸紅へ。商社マンらしいグロー
バルな視点で世界の原材料の需給を見通す。個人的には『資源インフレ』
『食糧争奪』『水資源』を柴田三部作と呼んでいる。エネルギー、鉄鉱石
など資源、穀物に代表される食料、そして生存に欠かせぬ水の三つの〈生
命資源〉の現状と行方を読み解いた。今後の参考になる三部作である。

平成 30 年間の主な動きと指標

※令和元年度（2019 年度）農業白書から

平成30年間の主な動きと指標

平成30年間の主な動き

	社会・経済	食料・農業・農村の動向と主な施策
平成元年 (1989)	消費税スタート	農業協同組合合併助成法改正 (農協の合併による事業の能率化や近代化の促進) 農用地利用増進法改正 (農用地の利用調整のための仕組みの追加) 特定農産加工業経営改善臨時措置法制定 (かんきつ類や馬鈴しょ等輸入により著しい影響を受ける加工業種等の支援)
平成2年 (1990)	東西ドイツ統一	市民農園整備促進法制定 (市民農園の整備の円滑化) 自主流通米価格形成機構における米の入札取引開始
平成3年 (1991)	湾岸戦争 ソ連崩壊 バブル経済崩壊	イネゲノム解析プロジェクトの開始 食品流通構造改善促進法制定 (食品の流通機構の合理化と流通機能の高度化の支援)
平成4年 (1992)	地球環境サミット	「新しい食料・農業・農村政策の方向」の決定 ・食料のもつ意味や農業・農村の役割の明確化、地球環境 　問題への配慮 ・効率的かつ安定的な経営体が生産の大宗を担う農業構造 　の実現 ・自主性と創意工夫を活かした地域づくり
平成5年 (1993)	戦後最悪の米の不作 (作況指数74) EU（欧州連合）誕生	農用地利用増進法改正 (認定農業者制度の創設等) 特定農山村法制定 (特定農山村地域の特性に即した農林業の振興) 米の緊急輸入 ガット・ウルグアイ・ラウンド農業合意 (米以外の輸入数量制限等を行っているすべての農産物の関税化や米のミニ マム・アクセス設定等)
平成6年 (1994)		農山漁村余暇法制定 (農林漁業体験民宿業の登録制度等) 食糧法制定 (食糧管理法廃止、備蓄のための政府買入れに限定、計画流通制度への移行 等)
平成7年 (1995)	WTO発足 阪神・淡路大震災	青年就農促進法制定 (就農準備資金等の貸付け) 農業経営基盤強化促進法改正 (農地保有合理化法人に対する支援の強化) ミニマム・アクセス米輸入開始
平成8年 (1996)	病原性大腸菌O157に よる集団食中毒発生	植物防疫法改正 (有害動植物の危険度に応じた検疫措置の実施) 農業協同組合法等改正 (農協系統の業務執行・監査体制の強化、経営合理化等)

	社会・経済	食料・農業・農村の動向と主な施策
平成 9 年 (1997)	財政構造改革法制定 地球温暖化防止京都会議	家畜伝染病予防法改正 (BSE等の家畜伝染病への認定、国内防疫体制の整備等) 新たな米政策大綱決定 (生産調整推進対策、稲作経営安定対策、計画流通制度の運営改善)
平成 10 年 (1998)	「21世紀の国土のグランドデザイン（多軸型国土構造)」策定	農地法改正 (2 ha超 4 ha以下の農地転用の権限を都道府県知事に移譲) HACCP手法支援法制定 (食品の製造過程の管理の高度化計画の認定等) 種苗法制定 (品種登録制度の整備等)
平成 11 年 (1999)	男女共同参画社会基本法制定	米の関税化 食料・農業・農村基本法制定 (食料の安定供給確保、多面的機能の発揮、農業の持続的な発展、農村地域の振興という4つの理念の提示、食料自給率目標の設定) JAS法改正 (飲食料品に関して横断的な品質表示基準の制定等) 持続農業法制定 (土づくり及び化学肥料・農薬低減技術の導入の促進等) 肥料取締法改正 (堆肥等の品質表示の義務化等) 家畜排せつ物法制定 (野積みや素掘りの解消による管理の適正化等)
平成 12 年 (2000)	循環型社会形成推進基本法制定 加工乳等による食中毒事故発生	食料・農業・農村基本計画策定 ・食料自給率目標の設定（供給熱量ベース) ・不測時における食料安全保障マニュアルの策定 ・価格政策から所得政策への転換 ・中山間地域等の振興 中山間地域等直接支払制度導入 (農業生産条件の不利性を補正) 加工原料乳生産者補給金等暫定措置法等改正 (不足払いを廃止し固定払いに変更) 食品リサイクル法制定 (再生利用量に関する数値目標の設定等) 農地法改正 (農業生産法人の一形態として（株）会社を位置付け)
平成 13 年 (2001)	中央省庁再編 米国同時多発テロ発生 BSE感染牛発生 WTOドーハ・ラウンド交渉開始	農業協同組合法等改正 (農協系統信用事業の確立) 土地改良法改正 (環境との調和への配慮、国県営施設更新事業の拡充等) 農業及び森林の多面的機能の評価について日本学術会議答申

	社会・経済	食料・農業・農村の動向と主な施策
平成14年 (2002)	食品偽装表示事件の多 発 新型肺炎SARS発生	「食」と「農」の再生プラン (消費者に軸足をおいた農政展開) JAS法改正 (違反業者名公表の迅速化、罰則の強化等) 米政策改革大綱決定 (需要に応じた米生産の推進等) 農薬取締法改正 (無登録農薬の使用規制の創設等) 構造改革特別区域法制定 (リース方式での一般法人の農業参入)
平成15年 (2003)	カルタヘナ議定書発効	食品安全基本法制定 (農林水産省に「消費・安全局」を設置) 牛トレーサビリティ法制定 (牛の個体識別情報の伝達の義務化) カルタヘナ法制定 (未承認の遺伝子組換え生物等の使用を規制等) 食糧法改正 (計画流通制度の廃止、生産調整等の見直し等)
平成16年 (2004)	鳥インフルエンザ発生 (79年ぶり) 新潟県中越地震	青年就農促進法改正 (就農支援資金の貸付対象を拡大等) 家畜伝染病予防法改正 (届出義務違反に関する制裁措置の強化、助成措置の制度化) 農業協同組合法等改正 (合併及び信用事業譲渡の手続きの簡素化等)
平成17年 (2005)	京都議定書発効 愛知万博	食料・農業・農村基本計画策定 ・食料自給率目標の設定 (生産額ベースを追加) ・食の安全と消費者の信頼の確保 ・品目横断的政策への転換 ・農地・水・環境保全向上対策の導入 農業経営基盤強化促進法改正 (リース方式による農業参入の全国展開) 食育基本法制定 (国民運動として食育を推進)
平成18年 (2006)		食育推進基本計画作成 (食育の推進の目標設定) バイオマス・ニッポン総合戦略策定 (バイオマスの利活用の推進等) 食糧法改正 (国産麦の政府無制限買入制度の廃止等)

	社会・経済	食料・農業・農村の動向と主な施策
平成19年 (2007)	新潟県中越沖地震	農政改革三対策の導入 ・品目横断的経営安定対策 　（地域農業の担い手の確保、土地利用型農業の体質強化） ・米政策改革推進対策 　（消費者ニーズに応じた米生産の推進等） ・農地・水・環境保全向上対策 　（農地・農業用水等を適切に保全管理する取組を支援） 農山漁村活性化法制定 (地方公共団体の活性化計画への交付金の交付)
平成20年 (2008)	北海道洞爺湖サミット 開催 リーマンショック 事故米穀の不正規流通 問題	子ども農山漁村交流プロジェクト (子どもが農山漁村に宿泊して行う体験活動を推進) 農商工等連携促進法制定 (農林漁業者と食品産業等の中小企業者の連携による新事業の展開を支援)
平成21年 (2009)	新型インフルエンザの 世界的流行 消費者庁設立	米粉・エサ米法制定 (米・出荷販売業者が守るべきルールの整備等) 米トレーサビリティ法制定 (米の産地情報の伝達の義務化等) 食糧法改正 (加工用、飼料用等の用途以外の使用の禁止等) 農地法改正 (農地の許可基準の見直し等による農地の有効利用)
平成22年 (2010)	口蹄疫発生 2010年日本APEC首 脳会談開催	食料・農業・農村基本計画策定 ・食料自給率目標を50％に引上げ ・食の安全と消費者の信頼の確保 ・戸別所得補償制度の創設等 ・農業・農村の6次産業化 戸別所得補償モデル対策 (米の生産費と販売価格の差額を交付) APEC食料安全保障担当大臣会合開催 六次産業化・地産地消法制定 (地域資源を活用した新事業の創出や地域の農林水産物の利用の促進)
平成23年 (2011)	東日本大震災 東日本大震災復興特別 区域法制定	第2次食育推進基本計画作成 (重点課題の設定、食育の推進の目標見直し) 農業者戸別所得補償制度 (対象作物の生産費と販売価格の差額を交付) 農業・農村の復興マスタープラン策定 (農地の復旧のスケジュールの明確化等)
平成24年 (2012)		株式会社農林漁業成長産業化支援機構法制定 (農林漁業者が主体となって新たな事業分野を開拓する事業活動等に対する 出融資や経営支援)

	社会・経済	食料・農業・農村の動向と主な施策
平成25年 (2013)		農林水産業・地域の活力創造本部設置 食品表示法制定 (食品表示に関して、食品衛生法、JAS法及び健康増進法の一元化) 農山漁村再生可能エネルギー法制定 (農林漁業の健全な発展と調和のとれた再生可能エネルギー電気の発電の促進) 「和食」ユネスコ無形文化遺産登録 農林水産業・地域の活力創造プラン決定 (農地中間管理機構の創設、経営所得安定対策の見直し、日本型直接支払制度の創設、米政策の見直し) 農地中間管理事業の推進に関する法律制定 (農地中間管理機構の創設)
平成26年 (2014)		農業の有する多面的機能の発揮の促進に関する法律制定 (農業の多面的機能の維持・発揮のための地域活動や営農活動を支援) 農林水産業・地域の活力創造プラン改訂 (農協・農業委員会・農業生産法人改革の推進) 地理的表示法制定 (地域ならではの特徴的な産品の名称を知的財産として保護)
平成27年 (2015)	ミラノ国際博覧会 SDGs採択 TPP大筋合意	食料・農業・農村基本計画策定 ・食料自給力指標の公表 ・国産農産物の消費拡大や「和食」の保護・継承 ・農地中間管理機構のフル活用 ・米政策改革の着実な推進 ・多面的機能支払制度の着実な実施 ・東日本大震災からの復旧・復興 都市農業振興基本法制定 (国・地方公共団体の責務の明確化、都市農業振興基本計画の策定) 農業協同組合法改正 (株式会社等への組織変更の可能化、農協中央会の廃止等) 総合的なTPP関連政策大綱決定 (体質強化対策と経営安定対策)
平成28年 (2016)	熊本地震 伊勢志摩サミット開催 パリ協定発効	第3次食育推進基本計画作成 (重点課題の見直し、食育の推進の目標見直し) G7新潟農業大臣会合開催 農林水産業・地域の活力創造プラン改訂 (農業競争力強化プログラム、農林水産物輸出インフラ整備プログラムの策定)

	社会・経済	食料・農業・農村の動向と主な施策
平成29年 (2017)	日EU・EPA大枠合意 TPP11大筋合意	**農業競争力強化支援法制定** (農業生産に関連する事業の再編等) **土地改良法改正** (農地中間管理機構と連携した都道府県営事業の創設等) **畜産経営安定法等改正** (生産者補給金制度の恒久化、集送乳調整金の交付等) **農業災害補償法改正** (収入保険の創設、農業共済の見直し等) **総合的なTPP等関連政策大綱決定** (チーズ等の乳製品の競争力強化、小麦のマークアップの実質的撤廃等) **農林水産業・地域の活力創造プラン改訂** (卸売市場を含めた食品流通構造改革、新たなニーズに対応した農地制度の見直し)
平成30年 (2018)	CSF発生(26年ぶり) 築地市場閉場 TPP11発効	**米政策改革** (生産調整の数量目標配分を廃止) **農業経営基盤強化促進法改正** (所有者不明農地等の利用の促進等) **農薬取締法改正** (再評価制度の導入、農薬の登録審査の見直し等) **都市農地の貸借の円滑化に関する法律制定** (生産緑地の貸借をしやすくする仕組みを整備) **農林水産業・地域の活力創造プラン改訂** (農地中間管理機構法施行後5年見直し、スマート農業の現場実装の推進、農林水産業の輸出力の強化) **食品衛生法・食品表示法改正** (HACCP義務化、食品リコール制度の導入等)
平成31年 (2019)	日EU・EPA発効	**収入保険開始**(青色申告者を対象)

平成30年間の主な指標（全体）

		（単位）	昭和60年 (1985)	平成2年 (1990)	平成12年 (2000)	平成22年 (2010)	平成31年 (2019)
全体	人口	百万人	121	124	127	128	126*
	国内総生産（名目）[1]（年度）	10億円	338,999	462,964	528,447	499,429	550,308*
	1人当たりのGDP（名目）[2]（年度）	千円	2,731	3,655	4,165	3,901	4,337*
	貿易収支	億円	108,707	76,017	107,158	66,347	-16,678
	為替レート（1ドル）[3]	円	238.5	144.8	107.7	87.8	109.0
	国の一般歳出予算[4]（年度）	億円	325,854	366,731	480,914	534,542	599,359
	農林水産関係予算（年度）	億円	33,008	31,221	34,279	24,517	23,108
	国の一般歳出予算額に占める農林水産関係予算の割合（年度）	%	10.1	8.5	7.1	4.6	3.9

資料：総務省「人口推計」、内閣府「国民経済計算」、財務省「貿易統計」、日本銀行「主要時系列統計データ表」を基に農林水産省作成
注：＊マークがあるものについては、平成30（度）の数値である。
　　1）国内総生産は、昭和60年度と平成2年度は「支出側GDP系列簡易遡及（2011年基準・08SNA）」、平成12年度以降は「2019年1－3月期四半期別GDP速報（2次速報値）」による。
　　2）1人当たりGDPは、昭和60年度と平成2年度は「平成21年度国民経済計算（2000年基準・93SNA）」、平成12年度以降は「平成29年度国民経済計算（2011年基準・08SNA）」による。
　　3）為替レートは、東京市場　ドル・円　スポット17時時点／月中平均より1年間の平均値を計算し算出
　　4）国の一般歳出予算は、国の一般会計歳出予算から国債費、地方交付税交付金等を除いたもの。

平成30年間の主な指標（食料・農業・農村関係）

		（単位）	昭和60年 (1985)	平成2年 (1990)	平成12年 (2000)	平成22年 (2010)	平成31年 (2019)
自給率	食料自給率[1]（年度）　供給熱量ベース	%	53	48	40	39	37*
	食料自給率[1]（年度）　生産額ベース	%	82	75	71	70	66*
	飼料自給率[1]（年度）	%	27	26	26	25	25*
国際	農林水産物輸入額	億円	62,884	72,806	69,140	71,194	95,198
	農林水産物輸出額	億円	4,895	3,536	3,149	4,920	9,121
食料消費・食生活等	1人1年当たり供給純食料[2]（年度）　米	kg	74.6	70.0	64.6	59.5	53.8*
	小麦	kg	31.7	31.7	32.6	32.7	32.4*
	野菜	kg	111.7	108.4	102.4	88.1	89.9*
	果実	kg	38.2	38.8	41.5	36.6	35.6*
	肉類	kg	22.9	26.0	28.8	29.1	33.5*
	牛乳・乳製品	kg	70.6	83.2	94.2	86.4	95.7*
	魚介類	kg	35.3	37.5	37.2	29.4	23.9*
	油脂類	kg	14.0	14.2	15.1	13.5	14.2*
	消費者物価指数（食料）	2015年=100	81.4	86.5	92.3	93.9	104.3
生産額	農業総産出額	億円	116,295	114,927	91,295	81,214	90,558*
	生産農業所得	億円	43,800	48,172	35,562	28,395	34,873*
	農林漁業の国内総生産	兆円	9.4	9.7	7.0	5.3	6.0*
	食品産業の国内総生産	兆円	30.8	38.4	46.5	40.2	47.2*

		（単位）	昭和60年 (1985)	平成2年 (1990)	平成12年 (2000)	平成22年 (2010)	平成31年 (2019)
生産額	農産物価格指数³	2015年=100	105.2	108.0	91.4	92.9	111.8*
	農業生産資材価格指数³	2015年=100	80.8	78.7	80.1	90.4	100.7*
農家	販売農家数	万戸	331	297	234	163	113
	主業農家数	万戸	–	82	50	36	24
農業労働力	基幹的農業従事者数	万人	346	293	240	205	140
	平均年齢 歳		–	–	62.2	66.1	66.8
	65歳以上の割合 %		19.5	26.8	51.2	61.1	69.7
	新規就農者数⁴	万人	–	1.6	7.7	5.5	5.6*
	うち49歳以下	万人	–	0.5	1.8	1.8	1.9*
	認定農業者数⁵（年度）	万経営体	–	–	15.0	24.6	23.9*
	集落営農数	千組織	–	–	–	13.6	14.9
	農地所有適格法人数	法人	3,168	3,816	5,889	11,829	19,213
	水稲（10a当たり）の直接労働時間	時間	54.5	43.8	33.0	25.1	22.4*
農地	耕地面積	万ha	538	524	483	459	440
	荒廃農地⁶	万ha	–	–	–	29.2	28.0*
	作付延べ面積⁷	万ha	566	535	456	423	405*
	耕地利用率⁸	%	105.1	102.0	94.5	92.2	91.6*
	販売農家1戸当たりの経営耕地面積⁹ 全国	ha	1.33	1.41	1.60	1.96	2.50
	北海道	ha	10.11	11.88	15.98	21.48	25.36
	都府県	ha	1.05	1.10	1.21	1.42	1.77
農村	農村人口¹⁰	万人	4,770	4,546	4,412	4,194	–
	対総人口比 %		39	37	35	33	–
	65歳以上の割合 %		13	15	21	27	–
	農業集落数	万集落	–	14.0	13.5	13.9	–
	農業集落排水施設の整備率¹¹（年度）	%	–	–	27.5	73.2	94.5*

資料：農林水産省「農林業センサス」、「農業構造動態調査」、「農業、食料関連産業の経済計算」、「食料需給表」、「生産農業所得統計」、「農家就業動向調査」、「新規就農者調査」、「集落営農実態調査」、「農業物価統計」、「耕地及び作付面積統計」、「荒廃農地の発生・解消状況に関する調査」、「農業経営統計調査農産物生産費統計」、総務省「国勢調査」、「消費者物価指数」、財務省「貿易統計」を基に農林水産省作成
注：＊マークがあるものについては、平成30年（度）の数値である。
1）平成30年度の数値は概算値である。
2）1人1年当たり供給純食料については、平成30年度の数値は概算値である。また、米については、国内生産と国産米在庫の取崩しで国内需要に対応している実態を踏まえ、平成10年度から国内生産量に国産米在庫取崩し量を加えた数量を用いて算出している。
3）平成7年基準改定時に年度指数から暦年指数に変更した。
4）平成12年以前の新規就農者数は新規自営農業就農者のみ、平成22年以降は新規雇用就農者と新規参入者を含んだ値である。
5）認定農業者数は、年度末時点の数値である。平成22年以降は特定農業法人で認定農業者とみなされている法人を含んだ値である。
6）平成22年の荒廃農地面積は、推計値（「実績値」と調査できなかった区域内の「推計値」の合計）である。
7）農作物作付（栽培）延べ面積とは、農林水産省統計部で収穫量調査を行わない作物を含む全作物の作付（栽培）面積の合計である。平成29年から、一部品目（陸稲、かんしょ、小豆、いんげん、らっかせい、野菜、果樹、茶、飼料作物）において、調査の範囲を全国から主産県に変更したことから、算出方法を変更している。
8）耕地利用率とは、耕地面積を「100」とした作付（栽培）延べ面積の割合である。
9）販売農家1戸当たりの経営耕地面積について、平成2年以前については、経営耕地のない販売農家を含んだ販売農家全体の数値を基に、平成12年以降は、経営耕地のない販売農家を控除した数値を基に算出した値である。
10）国勢調査における人口集中都市を都市、それ以外を農村とした。
11）農業集落の排水施設の整備率は、年度末時点の数値であり、当該年度の都道府県構想人口を分母としている。なお、東日本大震災の影響により調査不能な市町村があったため、平成22年度は岩手県、宮城県及び福島県を除いた数値である。

　平成元年に当たる 1989 年は世界史でも分水嶺に当たる。その後の 30 年間は〈平らかに成る〉と元号に込めた思いとは真逆の激変が日本農業を待つ。

　平成は今につながる農政の決定が相次いだ。自由化と規制緩和と大規模化の〈農政 3 点セット〉の帰結は、生産基盤の弱体化となって日本農業の体力を奪った。

　この 30 年は、個人的には農政記者 40 年の中核を占める。政治が動き政策が変転し農業者は翻弄された。農業白書はなぜか、平成 30 年農政史を総括することはなかった。白書は歴史を記録し分析する役割を果たすべきだろう。いくら表面上の楽観論を振りまいても、総括すれば先の〈農政 3 点セット〉に行き着かざるを得ない。

　2019（令和元）年度の白書末尾にある巻末付録は数字で平成の 30 年を俯瞰できる。なぜそれを分析しなかったのか釈然としない。「平成 30 年間の主な動きと指標」を見よう。食料自給率（カロリーベース）は 1985（昭和 60）年 53％と 5 割を超えていた。よく東京大学農業経済学の鈴木宣弘教授が強調する「日本人の体は半分以上が国産で成り立っていた」時代だ。

　だが、1990（平成 2）年には 48％と 5 割の大台割れ。10 年後の 2000（平成 12）年に 40％。2010（平成 22）年 39％と 4 割ラインを割り込む。2019（平成 31）年は 37％。食料・農業・農村基本計画で自給率目標 45％と 1990 年当時に近い水準を目指すが、その後も 30％台から脱せない。これについて農水官僚から明確な反省の弁はない。

　一方で第 1 次産品の輸出入の動き。農林水産物輸入額は 1985 年に 6 兆 3000 億円近く。平成初め 1990 年には 7 兆 2806 億円と 7 兆円を超え、平成の末 2019 年には 9 兆 5198 億円と国内農業の衰退を尻目に〈右肩上がり〉に。国内農業の供給力不足を外国産が補う構図が強まっていく。

　もう国内農業はレッドラインまで来た。このままでは、農業が基幹の多くの地域経済の衰退に結びつく。地方創生など掛け声倒れのスローガンに過ぎなくなる。そこで反転攻勢が始まる。例えば業務用野菜の国産比率を高める試み。全農はフードバリューチェーン構築を目指し、メーカー、販売業者との連携で〝国産食連合〟の体制整備を急ぐ。

　ドイツ・ワイツゼッカーの歴史的な議会演説「過去に目を閉ざす者は現在にも盲目となる」。まずこれまでの農政の率直な反省。その上で、担い手に家族経営も加わった農業総力戦の体制立て直しが急がれる。

第10章　大災・コロナ・Rの時代

【ことば】

「地震や津浪は新思想の流行などには委細かまわず、頑固に、保守的に執念深くやって来るのである。科学の方則とは畢竟『自然の記憶の覚え書き』である」

―――寺田寅彦『津浪と人間』

「私たちはいま、岐路に立っている。一方の道の果てにはよりよい世界がある。より寛容で、より公平で、母なる自然に対してより畏敬の念を抱くような世界だ。もう一つの道は、ついこの前よりももっとひどい、不快な驚きが次から次に襲ってくるような世界だ。だからこそ、われわれは正しい道を選択しなければならない」

―――クラウス・シュワヴ他『グレート・リセット』

「既に起こった未来は、体系的に見つけられる出来事と、そのもたらす変化との間にはタイムラグがある」

―――P・F・ドラッカー『創造する経営者』

「食料安全保障と言うだけでは不十分だ。一方、食料主権は国家だけでなく人々の主権を意味し、民主主義と、そして食料という人間存在の基礎材を自らの手で支配することを表す。食料主権はカネで他国から買うことではない。出来る限り地元で生産し規模の経済とも両立し、地元の種子を使って生物多様性を保つ。持続可能な農業技術を使い、土壌と水源を尊重する」

―――スーザン・ジョージ『これは誰の危機か、未来は誰のものか』

「われわれはどこから来たのか　われわれは何者か　われわれはどこへ行くのか」

―――ポール・ゴーギャン

　本著『農政記者四十年』も、そろそろ一つの〈終着駅〉が近づく。40年を超す取材と思索の日々は、国内外の激動の日々と連なる。日本農業の食と農の激変とも共振してきた。その大きな起伏の様相が一記者の目を通し、少しでも読者に再現され、「明日」へと進む一助になれば幸いである。

■ 大災の時代

　気候変動も加わり〝大災の時代〟である。相次ぐ大災害、2020年初春からのコロナ禍で、これまでの政治、経済は一変した。今後の食と農はどうなるのか。どこへ行くのか。いや、どこへ向かうべきなのか。それを考えたい。

・中国〈全球化〉の網袋
　疫病も含め大災害の時代だ。ギリシャ神話の「パンドラの箱」には多くの厄災が詰まっている。これを開けたために、人間社会に多くの災難が広がる。
　〈パンドラ〉は元々女性の名だ。箱の最後には「エルピス」と書かれた一欠片が残されていた。古代ギリシャ語で「期待」「希望」とも訳す。物語は多分に寓話的だが暗示的でもある。厄災の最後には「希望」が残されていたからだ。
　パンドラの箱が開き、新型ウイルスが、これまたギリシャ語に由来する「パンデミック」となって猛威を振るう。パンは全て、デモスは人々。つまり全ての人々に厄災が降りかかる大流行となる。デモスはデモクラシーの語源ともなる。最後の欠片の「希望」を未来へとつなぐのはわれわれ自身である。
　強権国家の中国・武漢発の新型コロナがデモクラシーの意を含むパン

デミックの引き金になるとは、何とも歴史の皮肉だ。そしてコロナ抑制を巡り独裁 vs デモクラシー（民主主義）の構図が出来上がる。

世界的流行はグローバル化が拍車をかけた。グローバル化は中国語で〈全球化〉という。地球は、中国という網袋に収まったサッカーボールのように絡み取られてしまうのか、懸念も募る。

・コロナ救国国民会議

日本の政権はコロナ禍対応で右往左往し、対応に苦慮した。感染抑制と経済発展はブレーキとアクセルを同時に踏むものだ。これでは車はどこに進むのか。国民の安寧という目的地にはなかなかたどり着かないのは自明の理だ。

赤信号では止まり、青信号で安全確認の上で進む。この交通ルールをどう作るのか。救国国民会議を設置し、あらゆる知見を集め難局を乗り越える必要がある

一国の安全保障とも絡む。1年半前のマスク騒動を想起したい。中国の〈全球化〉が〈全球禍〉となり、マスク外交を展開した。マスク不足が食料に置き換えられたらどうなるのか。マスクは代替品があるが、食料にはない。しかも命の糧である。コロナ禍と食料安保を関連づけて論じる所以でもある。

■「あの日」から 3650 日

こんなに月日が経ったのか。そんな感慨に浸りながら東日本大震災から10年の節目、2021年3月11日の日を迎えた。同著「農政記者四十年」は、この〈節目〉を踏まえジャーナリストとしての一つの区切りで筆を進めてきた面も強い。歴史の証人として後世にわずかでも記録を残す。この項はそう心がけて書いた。

・記号「3・11」と「あの日」

　まずは大震災表記「3・11」の無神経さを恥じなければならい。10 年前、筆者も何気なく使っていた。短く一言で分かる。だがそれは〈他者の論理〉なのだと、現地取材を重ねて気づいた。被災地で、「3・11」は記号化されたみたいでいやだとも指摘された。無意識に使うにつれ、他人事となり本質を見失しかねない。

　そう言えばと思い当たった。現地では「3・11」ではなく、「あの日」としか言わない。それで十分なのだ。あの日のあの時の恐怖と悲劇と涙と汗を集約した三文字なのだ。

・経験ないトリレンマ

　東日本大震災の本質とは自他一体ではないか。災害列島ニッポンでいつ誰にでもどこにでも起こりうる。だからこそ、全国等しく驚き嘆き応援した。四半世紀前の阪神・淡路大震災とも性格が大きく違う。阪神は大都市型集中被害と言ってよい。犠牲者の多くは建物崩壊による圧死だ。あの時はボランティア活動が定着した。

　10 年前の「あの日」は日本、いや世界が経験したことのないトリレンマ、〈三重苦〉が一挙に襲った。巨大地震、波頭が数十メートルにも達する大津波、原発事故に伴う放射能汚染の恐れ。被害は東北・三陸にとどまらず、太平洋沿岸部の広範囲に及んだ。だから名称に「東日本」が付いた。犠牲者の多さはもちろんだが、その後の生存者を覆ったのは癒えぬ心の傷跡だ。行方不明者の多さだ。3 月 1 日現在で死者 1 万 5899 人、不明なお 2526 人に達する。被災地では死亡が確認されない以上、死亡届は出さないという声も何人からか聞いた。原発事故の風評被害はいまだに消えない。

・脱原発を加速

エネルギー政策の抜本見直しも迫った。安全、安価、便利などの原発神話は津波と共に完全に吹き飛んだ。世界は今、気候変動、コロナ禍もあり持続可能性、地球に優しい環境重視政策へ大きくカーブを切る。脱原発、自然再生エネルギーへの転換だ。福島原発事故が、先進国を中心に世界のエネルギ〜政策に転換を迫ったとみていい。

・過疎の現実を直視

また、2011 年 3 月 11 日の「あの日」は少子高齢化という日本の課題先進国ぶりを改めて思い知った災害だ。被災地の大半は過疎が進む地方。高齢化は被災者が現地にとどまり、再建、復興することを難しくした。

震災を境に被災地の人口は大きく減少していく。被災が過疎化に拍車をかけ、自治体として経済が成り立たないほど体力を弱体化させる。日本全国の地方が将来覚悟しなければならない過疎化の現実は、東北沿岸部の実態が体現して見せた。

■ 大震災取材ノートから

書斎の資料の山から探し出した〈大震災ノート〉。2011・4・19 の印がある。2011 年 3 月 11 日東日本大震災から 5 週間後に実際に被災地に入った時の A7 版ノートにメモ、取材の走り書きが載る。普通、1 カ月ほどで書き終えるノートが、この時はたった 2 日間の現地取材で埋まった。

・被災者の生々しい証言

大半が情景描写と人の談話だ。名前、住所を聞き間違えないように、取材した本人にノートに書いてもらう。それぞれの筆跡が、当時の被災

者の表情とともによみがえる。関連の新聞切り抜きも 20 枚ほど挟んで
あり、厚さは通常の倍ほどある。今、読み返すと判読しがたい文字も多い。
急いで書いている。被災地現場で心が高ぶり空回りして筆が滑っている
のだろう。

　ページの冒頭、〈被災地にて。朝から雨。視界の向こうは霧がかかる。
新幹線は福島止まり。ここから仙台へは各駅しかない。車内は復興支援
の関係者、取材に向かう在京マスコミら〉〈仙南、白石経由で仙台へ。
田起こしを待つ農地。畦があり小川が流れる。しかし人の気配はない。
まだまだ余震が続く。静寂さが村々を包む〉〈桜がきれいだ。これが白
石川沿いの『一目千本桜』か。満開の実物を初めて見た。春の使者は悲
しみに暮れる北国にもいつものように訪れているのか〉。

　こんな、とめどもない散文が続く。だがこれこそが貴重な証言でもあ
る。感性の言葉は何事にも代えがたい。

写真 10-1　東日本大震災直後、津波は線路を寸断した
（宮城・東松島市の JR 仙石線で、アグリードなるせ提供）

・〈手弱女〉ぶりの強さ

〈大震災ノート〉に、たまたま当時の日農１面コラム「四季」で書いた４回分のコピーが挟んであった。ちょっと感情があらわだが、再読の価値はある。一部を紹介しよう。

・・・・・・・・・・・・・・・・・・・・・・・・・

〔2011 年３月 16 日付の後半部分〕

〈▼高校まで過ごした故郷。仲の良かった友ら。教師や公務員、新聞記者、そして農業を継いだ者も。厳粛な「事実」の前に、まぶたを閉じると屈託ない笑顔が走馬灯のように巡る▼言葉を紡ぐ職業を選んだ者の宿命は、どんなことがあっても事実を活字に刻むことに違いない。しかしあまりに目頭が熱くなる。書きたい言葉が次々と頭に浮かぶのに、パソコンを打つ指が進まぬ。緑豊かな杜の都は大丈夫なのか。友らは無事なのか〉

〔同年３月 21 日「春分の日」の同コラム末尾〕

〈▼人気グループ「いきものがかり」の「なくもんか」にこんな歌詞がある。〈悲しい出来事も　嬉しい出来事も　そう　つながれたらいいのに〉そう、笑顔がまた戻るように。きょうは「春分の日」。「暗」が「明」に切り替わる節目に。そして、被災地にも温かい春が舞い降りるように〉

〔シンガーソングライター竹内まりやのヒット曲「返信」を聴きながら
　書いた同年４月４日付同コラム後半部分〕

〈▼目を閉じながら寺山修司のこんな詩が浮かんだ。「時計の針は前に進むと時間になるが、後ろに進むと思い出になる」。今はまだ「時間」と「思い出」の波間を揺れるばかりだろう▼「返信」は〈夢なかば燃え尽きたあなたの分まで　生きていく約束を　守るから見ていてね〉と続く。生かされた人々は心の中で「返信」を書き続けている。そんな思いを少しでも伝えたい〉

〔同年 5 月 11 日付同コラム後半〕

〈▼悲劇からきょうで 2 カ月。被災地に佇んだ宗教学者の山折哲雄さんは、悲しみに耐え気丈に振る舞う現地の人々を「手弱女ぶりの強さ」と評した。優しい女性のようなしなやかさとの例え。復興に向け東北人の「底力」に期待したい〉。

・・

〈手弱女〉は〈たおやめ〉と読む古語だ。〈益荒男〉（ますらお）と対置する。哲学者でもある山折は母の故郷・岩手の花巻に疎開した経験を持ち、東北大文学部を出た。常に身近な存在だった東北の悲劇は大きな衝撃だった。そして復興へ向き合う強さは、しなやかさにこそあると読み解いた。花巻時代に感化された一人に、「雨ニモマケズ」と詠んだ地元出身の詩人・宮沢賢治。賢治の生死は東北の大地震と重なり合う。生まれた 1896（明治 29）年は明治三陸地震の 2 カ月後。亡くなる半年前の 1933（昭和 8）年には昭和三陸地震が起きた。山折は賢治の震災の記憶にも精通していた。

こんな大震災当時のコラムを読み直すと、荒削りだが状況が人の息づかいを伴う。言霊がこもった心境が書かせた文なのかもしれない。

・知事はヘリ中継で惨事見る

午前中から宮城県庁の案内で巨大津波が直撃した県南の沿岸部を回り、翌朝には宮城県知事の村井嘉浩とのインタビューを予定していた。道路は大地震で亀裂が走り相当時間がかかるだろうと思った。実は現地取材に行くべきか最後まで迷った。ふるさとの惨状を見るのが怖かったのだ。だが、この眼で見るまでは生々しい言葉は封印すべきだと思った。そして、やはり現地取材へと踏み切った。

マスコミにもよく登場した村井は、発信力に長けた知事だ。変わった経歴を持つ。防衛大学校卒。幹部候補生を経てヘリコプターパイロット

に。仙台市にある東北方面航空隊に配属された。退官後、松下政経塾を経て宮城県議に。2005年の宮城県知事選で知事に当選した。その経験も影響しているのか、鳥瞰的に問題を見る大局観を持つ。発災当日、すぐに特別仕様の県の災害特別室に入る。設置されたスクリーンには、自衛隊ヘリからの中継で津波が押し寄せる仙南地区の様子が映し出されていた。「警告して助けられないか」と思わず声を出したというが、次の瞬間、巨大波が沿岸の農地、家々を次々とのみ込んだ。自分でもヘリ搭乗を想定していたのかもしれない。

　人を待たせる方でもある。あまり遅いので、民主党政権の大臣が面会で立腹したことでも有名だ。インタビューもやはり待った。兄で県農林水産部次長（当時）の広一が同席した。村井は開口一番、「なに、伊本君の弟は新聞記者だったのか」と笑った。村井に「今後の復旧、復興のスローガンは何か」と問うと「ピンチをチャンスへ」と即答した。未曾有の危機に直面し、そんな軽い言葉で済むのかと思った。

　だが後で考えると、現状に立ちすくんでいられない。5年後、10年後の地域を考えねばとの思いから発したのかもしれない。村井は依存体質を嫌い、仮設住宅の期限を限定するなど被災者に一刻も早い自立を促した。インタビュー記事は翌日、全国版に載った。

■ 10年、100人インタビュー

　被災地には宮城県などの協力も得て毎春訪ねた。大震災10年で取材、インタビューは100人を超す。被災者の営農変化が分かるように同じ生産組合の定点観測も続けた。

・地域先導アグリードなるせ
　その一人、宮城県東松島市野蒜地区で農業生産法人「アグリードなる

写真 10-2　大震災復興に向け、スマート農業活用し田植え自動走行
（宮城・東松島市で。アグリードなるせ提供）

せ」を運営する安部俊郎。震災時の秋には除塩しながら土地利用型の農
業を再開した。周辺の農地約 100 ヘクタールを集積し米麦、大豆などを
生産。米粉、小麦粉などの農産加工施設も備え、バウムクーヘンなどを
商品化、販売する。

　毎年、年賀状で近況報告、出来秋の 11 月末の「福幸祭」の案内状な
ども送ってくれる。なぜ〈復興祭〉ではなく〈福幸祭〉なのか。単なる
復興から一歩踏み出し、地域全体が農業再興を通じ幸福になるようにと
の意を込めた。法人名の〈アグリード〉は地域農業を牽引する姿勢を表
わす。スマート農業も実践し、超省力化稲作の実践で輸出も狙う。

・若手主導イグナルファーム
　もう一人、同じ東松島市の若手農業者でつくる「イグナルファーム」
を率いる阿部聡。近隣の大郷町にも農場を拡大した。阿部は大震災で妻
と子 3 人を失った。最初の揺れで妻子を車で迎えに行き避難場所に預け、
自分のハウスの被害状況を確認に戻った。その避難所が想定外の巨大な

津波にのみ込まれたのだ。

　震災後に会った時、阿部の目はあまりの不条理に直面し怒りに燃えていた。悲しみを忘れるためにも、被災した周囲の若手に呼びかけ担い手会社を立ち上げたのだ。何回か会う内に白い歯を出して笑う柔和の顔に変わっていく。今は新しい家庭を持ち、営農拡大の次のステップに進む。しかしまた悲劇が襲う。2019年10月の台風19号が、拡大した大郷町のハウスを直撃し大きな被害を出す。その半年後に再会した。さすがの阿部も困っていたが、「大震災を乗り越えたノウハウがある。また必ず復興しますよ」と前を向いていた。

　「イグナルファーム」の意味は、〈よくなる〉の方言で〈いぐなる〉をもじった。自分たち若手の力で、地域が少しでも良くなればとの思いが伝わる。

・JA グループ応援隊

　阪神・淡路大震災で本格化したボランティア。これらの教訓を生かし東日本大震災では全国から広範囲な支援活動が厚みを増した。人と人との互助が基本であるJAグループも、ネットワークの広さを生かし全国的支援の輪を強めた。支援・互助の取り組みでは募金約15億円、支援隊は1万5673人（単位・人日）。その後の九州、東北、北海道などの一連の災害にもJA支援事業として引き継がれていく。

■ 〈頑張れ〉 が 〈顔晴れ〉 になる日はいつか

　「あの日」から10年。大きな区切りを迎えた。確かに営農再開はある程度進み、新しい農業の姿も見える。だが〈復興格差〉は広がるばかり。東日本大震災の復興と残された課題を見たい。

写真 10-3　〈頑張れ〉が〈顔晴れ〉になる日はいつか
大震災 10 年を迎え復興をアピールするフーデックス 2021
宮城県ブース（2021 年 3 月、千葉・幕張メッセ）

・「あいたくて」

　戦後、花森安治が創刊した「暮しの手帖」。年明けの 2・3 月号は、「生きる」を題材とした数編の詩を挙げた。その中の工藤直子「あいたくて」は心に届く。

　〈だれかにあいたくて　なにかにあいたくて　生まれてきた──　そんな気がするのだけれど〉〈それでも　手のなかにみえないことづけをにぎりしめているような気がするから　それを手わたさなくちゃ　だから　あいたくて〉

　大震災は多くの犠牲の上に、今の復興がある。生かされた人々はそのことを誰よりも感じている。「あの日」を境に天国に昇った愛しい人たちに〈あいたくて〉、見えない言付けをいつか必ず〈手渡す〉ために生き続ける。被災地で〈頑張れ〉という言葉に何度か違和感を覚えた。「これ以上何を頑張るのか」という訳だ。同じ〈がんばれ〉でも、頑なに張

り詰める〈頑張れ〉ではなく、顔がハレバレする〈顔晴れ〉こそ欠かせない。

・津波は真っ黒な顔で屹立した

　歴史小説、ノンフィクション作家・吉村昭の『三陸海岸大津波』に〈のっこ、のっことやって来た〉との表現がある。震災常襲地帯の東北・三陸では津波を〈ヨダ〉、命を守るため一家ばらばらで逃げることを〈てんでんこ〉という。それらが、一連の大震災の取材ですーっと胸に入ってきた。

　大地震は建物倒壊などをもたらしたものの、それほどの多くの人命を奪うものではなかった。問題は津波だ。それも地震から約１時間後に起きた。一旦避難した人々は、自宅の被害、様子が心配で戻ったりした。そこに巨大波が襲いかかった。

　それも確かに〈のっこのっことやって来た〉。一度帰宅し、津波警報で急いで高台に逃げた約10人に当時の様子を聞いた。それはゆっくり、しかも獲物を狙う獣のように着実に迫ってきたという。真っ黒で煙を出し、バキバキと音も伴っていた。ある人は隣家の年老いた女性に「津波だ。早く逃げなさい」と促したが、「まだ大丈夫だ。もう少し後片付けしてから」と言って帰らぬ人となった。ある人は車の運転中に津波に巻き込まれた。車が小舟のように浮き流された。ドアが水圧で開かない。窓を開け外にようやく出た途端、車は沈み九死に一生を得た。流された大量の車は、鉄の塊に代わり凶器となって家々を壊した。

　実は誰が死に、誰が生きるかはほんのわずかの差だった。幹線道路は海岸沿いに延びる。地震と津波は人々をパニックに陥れた。車は渋滞し、そこを一挙に津波が襲った。横に逃げるのではなく、山に向かい縦に逃げなければ駄目だったのだ。

　ばらばらになって逃げる〈てんでんこ〉は今に生きる。

・人口減少期初の大災害

　元復興庁事務次官の岡本全勝は「日本の人口減少が本格化して初めての大災害だった」と強調する。そして「インフラと公共施設、住宅が復旧したら復興すると思っていたが違った」と振り返る。

　確かに被災地に行くたびに街の様相は変わり、地域は穏やかさをも取り戻しつつある。だがそれは表面上だ。人々の賑やかさが戻らない。先行き不透明のなかで、人口の流失は進む。2008 年から日本は人口減少期に転じた。2011 年の大震災はその中で起きた。巨額の税金を投入したハード投資だけが突出し、立派な箱物ができたがそこで活動する人が不在なのだ。

・新しい芽を育てる

　被災地の農業地帯はどうか。若手を中心に〈新しい芽〉が出て大きく育ちつつある。例えば宮城県南部の亘理町、山元町周辺。震災前は水田に加え、イチゴを中心とした園芸地帯でもあった。そこが津波の直撃を受けた。

　その後、地域の若手が動き出す。これまでの経営形態を切り替え、生産性が飛躍的に上がる立ちながら収穫作業が可能となるイチゴ高設栽培を相次いで導入した。普通は多額の投資が必要だが、震災交付金などを有効活用すれば相当負担は軽減できた。販売もインターネットなど IT を駆使する。関係者は宮城県南部一帯のイチゴ生産の高設栽培比率は全国一の水準に達したとみる。

　土地利用型の水田は、大震災を機に大区画の圃場整備が進んだ。ドローンや ICT を積んだ自動走行農機などスマート農業の実用化が成果を上げつつある。

・大震災とパンデミック

「あの日」から 10 年。問題は震災後の〈光と影〉、埋めようのない復興格差だ。特定地域のあるところに多額のカネが落ちる。まるで過剰投資ではないかと思えるくらいに。一方で個人レベルでは、大震災で担い手を失った農家は次の展望が見えない。やはり問題は〈ヒト〉なのだ。

大震災の課題は人が支え合い関わり合う〈つながり〉の大切さと、地域コミュニティづくりの大事さを提起した。

そして 2011 年と昨年 2020 年。同じ 3 月 11 日の二つの歴史的出来事を思う。世界初の複合災害と新型コロナ禍に伴う世界保健機関（WHO）による世界的大流行を意味するパンデミック宣言。気候変動とウイルス禍は、人間の行き過ぎた経済行為に警鐘を鳴らしていないか。

■ 令和農政の課題

第 9 章では、一つの塊として平成 30 年間の農政を解析した。それらの課題を踏まえ、第 10 章は次の令和の農政はどうあるべきなのかを考えたい。

・キーワード「持続可能性」

新元号「令和」の下での農政はどうあるべきか。

平成 30 年間の農政史は自由化と規制緩和で揺れ続けた。令和のキーワードは「持続可能性」だろう。それには、食料自給率と自給力を底上げする施策が欠かせない。まずは、大前提となる生産基盤の維持と強化に向け、地域視点で支援に総力を挙げるべきだ。

・三つの「R」

新元号の頭文字から「R の時代」と言われる。今こそ自由化と規制緩

和を2大特徴とした平成農政から軌道修正しなければならない。Rで始まる「農政3R」を考えたい。まずは「リセット」。地域実態に応じ、担い手とともに家族農業も含め政策支援の在り方を組み替える。一般に産業政策と地域政策と切り分けるが、二つは密接不可分の関係にある現実を直視すべきだ。

家族農業を地域政策の枠に押し込めず、むしろ環境保全、水源涵養を含め中山間地域維持への〝緑の守り手〟、条件不利地の生産基盤を保つ多様な担い手として積極的に農政に位置付けるべきだ。

次に防災用語としても定着してきた「レジリエンス」。復元力や強靭の意味合いで幾多の災害などにも立ち直る底力を表す。持続可能な社会づくりにも欠かせない要素だ。持続可能とは柔軟性とも通じ、地域住民や農業者のより強固な結びつきの中で育つ。協同組合や地域おこし協力隊など多様な組織の育成こそが地域力を復元させる道筋でもある。

三つ目のRは「リサイクル」。循環経済を通じ、地域や農業者が新たな付加価値を享受し、身の丈の経済成長をしていく姿を描くことが重要だ。農業は以前から耕畜連携を基礎にした循環農業を柱に、持続可能な地域づくりを実践してきた。

国連の持続可能な開発目標「SDGs」を国内外で進める中で、改めてリサイクルの意味と実践が問われている。リサイクルは単なる循環にとどまらず、連携や助け合いにも行き着く。生産者と消費者は食物残さの再利用で結び付く。身近な食料安全保障ともつながらないか。そして、共同販売と共同購入が重なれば、作る側の所得は安定し食べる側は「顔の見える農産物」を手にすることで安全・安心も得る。地域での食料安保の確かな一歩でもある。

・協同組合軽視「リセット」を

「令和農政」の方向をどうするのか。中家徹JA全中会長は会見で「平

成の30年は農業の右肩下がりの時代だった。令和は農業・農村が見直されるよう努力していきたい」と強調した。令和元年度は食料・農業・農村基本法制定から20年の区切り。5年に一度の基本計画見直しの時期とも重なった。

　平成30年間の農政を総括し、新たな一歩を踏み出す土台を固め直さなければなるまい。それには、自給率と自給力の大前提となる生産基盤確立は急務の課題だ。協同組合を政策上もきちっと位置付ける仕組みが重要である。平成農政時の協同組合軽視を「リセット」することは当然だ。

・JA全国大会30年と新共生運動

　先の平成30年と絡めれば、2019年3月（平成31年）に開いた第28回JA全国大会は「平成最後」の区切りとなった。

　この30年間を振り返ると協同組合の真価発揮を試みた苦闘の歴史と重なる。だが農業の地盤沈下は進み食料自給率は低迷したままだ。創造的JA自己改革実践で、新たな共生を実現し地域の明日を切り開きたい。

　2019年は大きな節目を迎えていた。改元、政府による農協改革集中期間の期限、食料・農業・農村基本計画の見直し論議、参院選、貿易自由化が加速し日米協議も迫まっていた。

　そして、今年2021年10月末には第29回全国大会をひかえる。国内外の課題が山積する中で、全国大会の位置付けは、これまでにも増して重い。

　全国大会を切り口に、時代背景と大会決議の特徴を振り返りたい。各時代の農業の抱える課題と難局突破の入り口が見えてくる。この30年間は、試練が次々とわが国の農村、地域を襲い続けた。

・4大会続け「21世紀」展望

　平成のJA全国大会を振り返ろう。まず、1988年12月の第18回大会

は「21 世紀を展望する農協の基本戦略」を決議した。同年には牛肉・オレンジ輸入自由化が決まる。国際化に対応した農業確立とともに、経営基盤強化へ 21 世紀までに 1000 農協構想を掲げた。現在、合併は 500 台まで進み、県域 JA 構想も相次ぐなど様変わりした。2021 年 1 月で JA 数は 580 となった。

　18 回から 21 回まで 4 大会続けて〝21 世紀〟を冠に、新世紀に向けた組織の対応と方向性を提起し続けた。この間には、コメの部分市場開放を含むガット・ウルグアイラウンド農業交渉が妥結。日本は「農業総自由化」に追い込まれ、国内農業の一層の縮小の懸念が広がる。97 年の 21 回大会では単協―県連―全国組織の三段階の JA グループの仕組みを見直し、事業二段・組織二段への転換を決めた。合わせて、農業と地域に根ざし社会的役割を担う組織運営の羅針盤・JA 綱領も定めた。

　98 年には JA グループ挙げ次世代・消費者・アジアとの「3 つの共生」実現を国民運動として進めた。運動の成果もあり、99 年には食料・農業・農村基本法が制定された。2000 年の 22 回から 06 年の 24 回までは「農と共生の世紀」を掲げた。キーワードは協同組合の基本理念である相互扶助を実現する〝共生〟。助け合い、補い合いながら共に生きていく。人間らしく尊厳を持ち、精神的、経済的な豊かさを享受できる社会を目指した。

　だがその後に情勢は暗転。JA 攻撃が表面化し、実態軽視の規制改革論議が横行する。農政改革がいつの間にか農協改革にすり替わり、農協法改正に伴い JA グループは組織・事業運営の抜本的な改革を迫られた。

・今秋には令和初の全国大会

　JA グループは、2015 年 10 月の第 27 回大会からスローガンに「創造的自己改革」を明記し、次の平成最後の 28 回大会に至る。自主・自立の組織を前面に出し、結集力で難関を突破し、時代環境の変化に応じた

農業者、地域になくてはならない新たな JA の姿を目指すためだ。「創造的」と「自己」の二つには、政府主導の農協改革と一線を画す決意を込めた。

今秋の第29回全国大会は令和初となる。自己改革に終わりはない。一層の創造的自己改革が問われる。前述した「3つの共生」の運動方向は正道だ。いま、組合員と共に自己改革の旗を掲げ、新たな共生へ国民運動を展開する時でもある。

■ コロナ禍と食料安保

コロナ禍は、効率最優先の世界のありようを変えた。行き過ぎたグローバル化が感染を拡大させた。21世紀に入り起きた世界史的な二つの悲劇。世界初の複合災害の東日本大震災と全地球規模で猛威を振るう新型コロナ感染。相次ぐ厄災にどう立ち向かえばいいのか。人間生存に欠かせない食と農の在り方も激変せざるを得ない。

・2大惨事共通「3・11」

2大惨事の決定的な違いは協調と排他、あるいは求心力と遠心力だ。大震災は全国、全世界から支援の輪が広がった。被災地に復興へとみんなが一つの方向へ進んだ。哀れみ助け合った。いつどこで起きるかもしれない災害。明日は我が身との思いが人類の共通基盤にあった。

半面でコロナは排他的で人を遠ざける。人が集まるのを許さない。弱い人、国力のない国ほど被害を大きくした。重症化を防ぐ予防ワクチンにしてもそうだ。先進国はワクチン確保に走り、途上国への供給が先細りした。

しかし、この二つに悲劇があり一点で交差する。「3・11」という忌まわしい数字と重なり共振するのだ。10年前の「あの日」に東北の太平洋

側沿岸部を中心に複合災害が襲い、海が突然せり上がり巨大な白い牙を
むいた。まるで宮沢賢治が生死間際に 2 度経験した三陸大地震の再来だ。
一方で、1 年前の 2020 年 3 月 11 日に WHO が新型コロナ感染の世界的
大流行を指すパンデミックを宣言した。

　大震災から 10 年となる今年 2021 年 3 月 11 日には、日本では〈仏滅〉
に当たる。コロナ禍パンデミックから 1 年。ワクチン接種で新たな局面
を迎えつつあるとは言え、今後の状況は全く予断を許さない。

・白鳥か黒象〈ブラックエレファント〉か

　精度の高い巨大地震の予測はまだまだ難しい。ただ、震災に備えるこ
と、減災は可能だ。一方で今回のコロナ感染拡大の背景は今日的な意味
合いが強い。グローバル化の進展が感染拡大を加速した。しかも初めて
感染確認されたのが中国・武漢だったことに象徴的なように、異質の大
国・中国の存在感が増す。

　中国は 2021 年 3 月の国会に当たる全人代でも「コロナ封じ込めに成
功し経済成長に転じた」と国内外に発した。来年には中国初の北京冬季
五輪の国際的なイベントもひかえる。

　テロや金融危機などを示す想定外の危機を示す黒鳥である〈ブラック
スワン〉。米国での「9・11」自爆テロは典型だ。これに対し、今回のコ
ロナ禍は〈ホワイトスワン〉。普通の白鳥だったとの指摘がある。想定
されていたにも関わらず、必要な対応をせずに、結果的に地球規模の爆
発的な感染拡大を招く。

　〈ブラックスワン〉〈ホワイトスワン〉に続き、このところ指摘されて
いるのは〈ブラックエレファント〉、つまり黒い象だ。いつかは起きる
のが明白な問題を放置し、大きな被害が起こってしまう事態を指す。エ
レファント（象）は、大きく見逃しようがないリスクを意味する。この〈ブ
ラックエレファント〉は気候変動から気候危機となって動き出した。米

国内での死者50万人を超えたトランプ政権時の対応の遅れが招いた新型コロナ感染爆発も同じだ。死者50万人超は米国の歴史上、南北戦争以外はない。

・復活「多様な経営体」と食料自給

　まっとうでリベラルな論調を貫く岩波書店のオピニオン誌『世界』。吉野源三郎が初代編集長を務めた。吉野は今も読み継がれる名著『君たちはどう生きるか』で瑞々しい正義感を説いた昭和を代表する進歩的知識人でもあった。終戦直後の1946年1月創刊で今年75年を迎えた。いわば戦後の思想史そのものでもある。

　2020年7月号は特集「転換点としてのコロナ危機」。この中で鈴木宣弘東大教授は〈食料自給という政治責任の再確認〉と出した論文を載せた。輸出規制に耐えられる自給率を目指すべきと強調。さらに、農政展開で昨春2020年に示した食料・農業・農村基本計画と2015年基本計画を比較し〈多様な経営体〉の〝復活〟に注目した。的を射た指摘だ。

　今後10年を見据えた基本計画は、情勢変化を踏まえ5年に一度作成する。鈴木は民主党政権下の2010年時の食料・農業・農村政策審議会企画部会長。この時に大規模担い手ばかりでなく、多様な経営体にも注目した。それが5年後に消え、再び10年後に復活した。

　担い手に絞った。いったい2015年に何があったのか。効率的かつ安定的な農業経営を目指す経営体が前面に出て、農地集積8割目標の「望ましい農業構造の姿」がセットで示された。

　自由化、規制緩和、大規模化を目指す農業版アベノミクスが深化し、農水省内も大規模合理化路線が強まった時期とも重なる。TPP参加に加え、第4章「農協ショック・ドクトリン」、第5章「全農半世紀　試練と挑戦」でも内幕の一端を明かした理不尽な農協改革の過程でもあった。

2015年基本計画の「望ましい農業構造」の姿

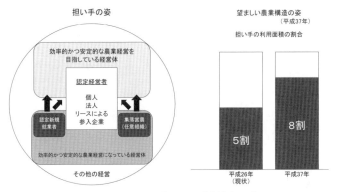

2020年基本計画の「望ましい農業構造」の姿

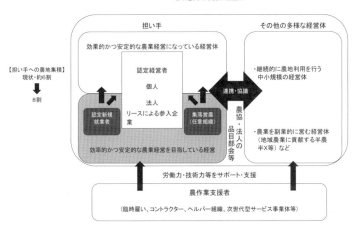

図 10-1　「望ましい農業構造」の姿（農水省資料から作成）

■ コロナ戦略

・全農 4 つの事業戦略

　コロナ禍で食と農の関係も変容を迫られる。全農は 2020 年 12 月のオンラインによる全国メディア懇談会で野口栄専務が「With コロナ時代と全農」をテーマに今後の対応を説明した。コロナ後の環境激変を踏ま

えた。

　生産段階は飲食店、学校給食など休止に伴う在庫過多。外国人技能実習生の来日制限、農業規模の縮小の一方で他産業での失業。流通段階は、包装、小分け作業の増加、移動制限による工場等での人手不足も顕在化する。

　中でも様変わりするのが消費段階だ。まず小売り。国産への需要回帰の動き。家庭調理の拡大。冷凍食品やレトルト食品など保存性需要の高まり。衛生・健康・安全意識の強まり。一方でギフト商品需要は減る。中・外食は持ち帰り、宅配需要の拡大。外食機会の減少。インバウンド需要減。輸出は世界的な経済減退や人の移動制限の影響が出る。

　こうした中で四つの事業戦略を示した。まず消費行動の変化に対応した物流機能構築だ。増加するインターネットを使ったｅコマース事業への集中投資。他メーカーとの連携を深めた商品開発、販売機能の強化。さらに生産現場への対応強化だ。全農が旗振り役を担い労働力支援の全国展開を加速する。最新技術を駆使したスマート農業や省力化技術の展開だ。

・ニュー〝農〟マル

　コロナ禍は人々の日常も変えた。以前の当たり前が当たり前でなくなる。新常態、いわゆるニューノーマル。こんな時こそ農村の出番ではないか。広い土地があり空気も澄む。過密、過疎を是正する機会でもある。過疎＝農村という構図を抜本的に見直して全国の均衡発展につなげる。

　コロナ禍の逆転的発想は〈農ある地方生活〉、すなわち〈ニュー〝農〟マル〉である。あなた食べる人、私作る人といった食と農の距離も縮めたい。地域で第１次産業が元気になれば、まさに地方創生にもつながる。都会人を迎え入れる農村側の覚悟も欠かせない。よそ者は新たな血を入れる活性化策との前向きな発想も必要となる。

・農業ジェロントロジー

　最近よく聞くジェロントロジーは、人生 100 年時代の新たな暮し方を示す。〈ジェロン〉はギリシャ語で老人を指す。ジェロントロジーは直訳すれば「老年学」となるが、経済評論家の寺島実郎は「むしろ前向きな言葉でとらえるべき。人間らしく、社会のためになる」と食と農の力に注目する。農業ジェロントロジーで都市と田舎の交流を通じた充実人生の薦めだ。

■ 米と牛乳の経済学

　冒頭の「プロローグ」でも紹介した農業経済学者・大島清の『米と牛乳の経済学』（岩波新書）。1970 年刊で、半世紀過ぎても色あせない内容だ。タイトルに日本農業の針路を指す本質が宿る。要するに〈米と牛乳〉が連携する農業への提案である。

・循環型複合経営急げ

　刊行時は米の生産調整が始まる一方で、畜安法から独立した酪農不足払い制度が本格化し生乳拡大が進む時期だ。消費減で縮小する米と、需要増大の牛乳・乳製品の相反する 2 大品目の中で、日本農業の行く末をどう考えるかの問題提起でもあった。地域循環型複合経営こそが進むべき道と見た。

　大島は前著の 10 年後、今から 40 年前の 1981 年に『食糧と農業を考える』（岩波新書）を著わした。10 年間の状況変化を踏まえ、米（耕種農業）と牛乳（畜酪農業）との結合の方向をさらに具体的に述べたものだ。その問題意識は、残念ながら今の農業・農村でも解決されるどころか、さらに問題を複雑、深刻にしている。

　大島はまず「わが国の実質食料自給率 33％が何を意味するか」と問う。

〈実質〉とは自給飼料を含めた穀物自給率を指す。飼料を輸入して畜酪の自給率を上げても〈加工型畜産〉と見たためだ。穀物自給率はさらに下がり続け、現在は20％台前半にまで落ち込んでいる。世界173の国・地域で120番台という肌寒さ。輸入穀物が止まれば、国内畜産は成り立たない。

2020年の新基本計画からは飼料自給率を反映しない「食料国産率」を新たに設定した。農水省は、畜酪農家の生産努力を反映するためとしている。食料国産率を用いるとカロリーベースの食料自給率は見かけ上大きく引き上る。一方で、飼料用米の畜産への有効活用をはじめ、飼料自給率の段階的引き上げは、長期的な畜酪経営安定化のためにも欠かせない。

・JA菊池「えこめ牛」の試み

西日本有数の畜産地帯を持つ熊本・JA菊池は耕畜連携の地域複合を展開しブランド戦略を進める。家畜から大量に出る糞尿を堆肥として商品化し、耕種地帯へ販売も行う。まさに〈黄金資源〉として循環していく。地域複合実践の一つが、飼料用米を有効活用し畜産と結びつけた赤身中心のヘルシーな「えこめ牛」だ。

管内は九州最大の酪農主産地で、去勢した乳牛の肥育牛に地元生産米を破砕して飼料に混合して与えている。ブランド名は一般公募しエコ（環境に優しい）コメ（コメを食べて育っ

写真10-4　JA菊地「えこめ牛」
（JA菊池提供）

た）牛という意味で「えこめ牛」とした。

・子実用コーン転作

　耕畜連携のカギは水田をどう活用するか。飼料用米は、需要が減り続ける主食用米からの転換という意味合いが強い。あくまで、稲作からの発想で畜産、特に酪農など大家畜からはなかなか利用しにくいとの問題もある。

　そこで、水田活用と家畜の嗜好を踏まえた転作物として北海道で増えているのが子実用トウモロコシだ。水田農業の在り方を話し合う農業再生協議会（再生協）が産地交付金の地域枠で助成を手厚く設定して作付け増を後押しする。生産者らで構成する北海道子実コーン組合では2021年の作付面積が前年から1割増えると見込む。省力化が期待でき、根が深く張るため透水性が改善し連作障害にも効果があるという。

　農水省は水田活用の直接支払交付金で、飼料用には10アール当たり計4万5000円を助成。また国産濃厚飼料生産のモデル産地づくりに向け全国で実証を進める。国産自給飼料率引き上げは、畜産酪農の長期的経営安定を図る上でも喫緊の課題だ。

・SDGsと資源循環

　今後のキーワードの一つは資源循環だ。国連の持続可能な開発目標（SDGs）とも表裏一体の関係にある。歴史ある和牛産地を持つ全農ひろしまは耕畜連携資源循環ブランド〈3−R〉（さんあーる）を立ち上げ、地域の環境保全と農業振興に取り組む。第10章のテーマの一つ〈Rの時代〉との共振する動きだ。

　広島の三つのRはリサイクル（再利用）、リソース（資源）、リピート（繰り返す）から名付けた。家畜の糞尿を堆肥として再利用するなど資源の有効活用で土づくり。資源循環で生産された農畜産物と、それらを原料

写真 10-5　中山間地生き残りへ和牛放牧の試み

とした加工品を〈3-R〉に設定し、推進している。

　2020年8月には、〈3-R〉ブランド推進から1周年のフェアを行い、多くの人でにぎわった。間もなくブランド発足から2年。関連加工品の拡大を進める。

■ 酪農・乳業の未来

　「農政記者四十年」は、駆け出しの北海道支所時代に培った取材から酪農乳業記者としての40年とも重なる。学校給食を通じ子供達の成長にも欠かせない牛乳は100％国産だ。中央酪農会議が旗を振る酪農教育ファームは食農教育の先駆となった。一方で乳製品は、国際交渉の重要品目として、牛肉と並び常に関税削減・撤廃、市場開放が争点となってきた。水田農業の将来とも密接に絡む酪農乳業の未来はどうなるのか。

写真 10-6　食農教育の先駆、酪農教育ファームは大きな
成果を挙げる（中央酪農会議提供）

・生産者・メーカー一体で提言

　生産者・処理業者・販売業者、いわゆる生処販でつくる J ミルクは
2019 年 10 月、未来に向けた戦略ビジョン「提言」を発表した。生産者
とメーカーが具体的数字を含め一つの方向で将来方向を示した。

　「提言」の会見は、川村和夫 J ミルク会長（明治 HD 社長）と同副会
長の砂金甚太郎（全酪連会長）が行い、まさに酪農乳業一体での取り組
みを裏付けた。川村は「生産者と製造メーカーが同じ方向を向き提言を
出した例は他の業界にはない」と強調。砂金は「国産需要、生乳買い入
れでメーカーが意欲的な数字を示した。われわれ酪農家も精いっぱい応
じていきたい」と増産への決意を述べた。

　酪農乳業界を巡る情勢は、自由化ドミノの向かい風と国産需要増の追
い風が同時に吹き、上空で乱気流を巻く。それだけ、業界一体の危機感
が将来の生乳生産目標も含め、生産者とメーカーが地域と共生の道を内
外に示したことは画期的だった。

　ポイントは「提言」具体化への行動計画だ。〈成長を続けるために〉

写真 10-7　教育関係者ら多くの参加者による酪農教育ファーム 20 周年シンポ
（中央酪農会議提供）

として一丁目一番地に挙げたのが国内酪農に生産基盤強化。次代につな
げる経営継承、自立的な酪農家ネットワーク支援など。アジア市場への
展望も掲げた。酪農の持つ多面的機能、社会性では設立 20 年を経過し
内容が一段と充実してきた酪農教育ファームの大切さも強調した。

・指定団体弱体化も懸念

　また強靱な産業となるためとして、経済変動や災害など牛乳・乳製品
の需給変動に対応した弾力的な需給調整へ業界の協調的な取り組みの必
要性も示した。強靱はレジリエンスとも訳され〈Ｒの時代〉の認識を示
した。ここで業界協調とは別の方向である改正畜安法に伴う一元集荷を
担ってきた指定生乳生産者団体機能の弱体化懸念が問題となる。

　「提言」の肝は、10 年後の生乳生産目標を生処販で共有したことだ。
2030 年度生乳生産目標を現行 730 万トンから拡大し、775 万トンから最
大 800 万トンに設定した。つまり、酪農家が増産努力を続ければ、明治、
雪メグ、森永の 3 大メーカーをはじめ乳業が買い取る責任を表明したこ
とでもある。最終的には、農水省の酪農肉用牛近代化基本方針で、10 年

後の生乳生産目標を現行より 50 万トン増の 780 万トンとなった。

・コロナ禍で乳製品過剰も

　一方で自由化は進展し、安価な輸入乳製品拡大の余地が広がる。生乳需給緩和を招かないかとの疑念も出る。現状はどうか。コロナ禍でバター、生クリームなどの業務需要の減退が続き、脱脂粉乳、バター在庫が記録的に積み上がる。国内酪農家の生産意欲をそぐことなく、乳製品過剰在庫の適切な処理が必要だ。半面で、9 月をピークに首都圏、関西圏中心の都府県の生乳需給は逼迫が深刻となる。酪農政策は、過剰と不足、ブレーキとアクセルを同時に踏む高度な運転技術を問う。加えて指定団体以外の新たなプレーヤーの参入で生乳流通の乱れも懸念される。〈R の時代〉は酪農政策の〝リセット〟も欠かせない。

・乳価引き上げスクープ

　2019 年度飲用向け生産者乳価は、4 年ぶりキロ 4 円の引き上げとなった。牛乳 1 リットルの末端小売りで約 10 円の値上げだ。ここで日農は二つのスクープを放つ。若干、舞台裏を明かしたい。

　飲用乳価は各指定団体と乳業メーカーとの交渉で決まる。時々の生乳需給に加え、政治情勢なども影響する。国と与党で調整する加工原料乳補給金は政策価格だが、飲用乳価は相対価格だ。加工向けは生産の大半を占める北海道が中心となる。一方で飲用向けは全国で生産しているため、いわば酪農家の基本給と同じだ。

　飲用乳価上げは即、全国の酪農家の所得底上げにつながる。かつては難航する場合に政治が介入したこともあった。大手スーパーのバイングパワーが強大で、牛乳の安売りが恒常化し乳価交渉に影響した時には、流通業者へ適正価格販売を求め行政指導が議論された。

・明治社長は「上げてもいいが条件がある」

　19年度乳価交渉は、前年18年の初冬から本格化する。当時、今以上に都府県の生乳不足が深刻化していた。北海道から移出するにしても限界がある。大手メーカーはどう出るのか。まずは最大手・明治がどうするのか。いずれにしても3大メーカーのトップの考え方次第だ。乳価交渉はメーカーの酪農部長、酪農担当役員のラインで具体的に詰める。だが社長の意向は絶大だ。

　大手トップと接触するには、まともに広報を通していては何カ月もかかる。何らかの機会でつかまえるしかない。明治HD社長の川村和夫に話を聞く機会は関係団体の懇談の席で得た。川村とは同郷で旧知の関係だ。従来の〈酪農乳業　車の両輪〉から一歩踏み出し、〈酪農乳業一体論〉を唱えるなど、理論家で分かりやすい言動でも知られていた。「乳価交渉はどうしますか。4年ぶり引き上げとならないと酪農団体は収まりませんよ」。川村は当然慎重な態度を取ると思ったが違った。「原料がなければ乳業は成り立たない。上げることもやぶさかでないが、条件がある。増産を担保できるのか」と胸の内を明かしたのだ。業界トップの話に手応えを感じた。数日後、日農1面サブで「大手乳業が乳価上げ固める、増産前提に」と書いた。この記事を後に中酪・迫田潔専務は「大手の乳価上げの流れが決定的になった報道」と評した。

・森永社長に直接「4円値上げですね」

　では、いくらの引き上げなのか。米紙ワシントン・ポストのウォーターゲート事件報道ではないが、間もなくある特定の情報源・ディープ・スロートから「森永が4円値上げを指定団体に通告した。ただ書くには確認が必要だ」との重要な動きを得た。なぜ森永なのか。原料手当をいち早くしたいとの事情があったのだろう。具体的な数字をぶつけ、3大メーカーのトップに当たるしかない。

　森永乳業社長（現会長）の宮原道夫は、大企業トップには珍しく技術系で、早稲田大理工学部大学院を出た。実直な人柄で、技術重視で森永の商品力向上に尽力していた。何度か単独インタビューをして顔見知りでもある。ちょうど国の審議会メンバーを務めていた。ここでつかまえるしかない。しかも時間は席に着いた 3 分程度しかない。東京・九段の農水省三番町分庁舎の審議会会場の入り口で待っていると、会議開催時間ぎりぎりに入ってきた。時間がない。単刀直入に行こう。ここで逃すと、もう確認のチャンスは訪れない。

　「宮原社長どうも」「おう、どうした」「乳価交渉は大詰めですね。森永の 4 円上げは変わりませんか。酪農団体は 5 円以上上げを固執しています」「あり得ん。もう決めたことだ」。これで森永の 4 円値上げの言質が取れた。

　もう一つの大手、雪印メグミルクの西尾啓治社長にもある会合で確認した。「森永が 4 円上げの有額回答ですが、雪メグはどうしますか」「そうですか。わが社に主導権はありません」。つまり森永に従うと言うことだ。これで大手のキロ 4 円引き上げは決定的となった。

　4 年ぶりの乳価上げだ。大手トップが決めた以上、数字は動かない。ただ九州は強硬論が出ているほか、指定団体は 5 円以上の引き上げを求めている。決定と書いては酪農団体の面目もある。配慮が欠かせない。「大手乳業 4 円の有額回答、4 年ぶり乳価上げへ」と 1 面に載せた。この特ダネは紙面の都合で実際の掲載は多少遅れ、業界紙とほぼ同じになった。

・トップへの確認不可欠

　取材の原則は、知っている人に聞く、確認する、言質を取る。だからトップと会うことは欠かせない。信頼関係を日頃から築いていないと、相手にされない。電話取材などは論外だし、メールのやり取りはなるべく控えた方がいい。報道は結局、取材対象との真剣勝負、斬り合いなのだ。

そこができないと、特ダネなどは難しい。

　結果、2019年度は、飲用向け生産者乳価はキロ4円値上げとなる。

　数字で表わすと分かりやすい。牛乳向けは約400万トン。4円引き上げだと160億円に達する。学校給食向け牛乳は据え置きとなったが、100億円以上は酪農家の所得アップに貢献する計算だ。これを補助金ではなく、民間のメーカーが負担する。こんな仕組みは他の品目にはない。

　全国の酪農家戸数は年率約4%のマイナスで、現在は1万4400戸足らず。うち生乳シェア6割近い主力の北海道は5840戸。これらの酪農家が全国生乳生産730万トンを担う。全て専業農家だ。稲作農家に比べて、いかに生産性が高く少数精鋭化が分かる。年々、メガファームと言われる企業的酪農と家族経営の二極化が進む。

　新酪肉近は今後10年間で50万トン増の780万トンを目標に据えた。メガも家族も含め多様な酪農経営を維持しながら、生産全体を底上げしていく。だからこそ、メーカーもコスト増加となる飲用乳価引き上げを認めたのだ。

■ 食と農のララバイ

　本著「農政記者四十年」の副題でもある〈食と農のララバイ〉を考えたい。農を考えることは食を思うこと。農と食は一つにつながり、生産者と消費者、農村と都市の垣根を越える双方向の通話回線がつながる。〈ララバイ〉の子守歌は、明日の朝に目覚めるための眠りを誘う。輪廻転生、生々流転の歌声でもあろう。

・幻の特別展「和食」

　本来ならちょうど1年前に、「和食」の素晴らしさを多角的に展示し考える絶好の機会だった。

　2013 年には「和食・日本人の伝統的な食文化」がユネスコ無形文化遺産登録も受け、世界的にも注目が集まっていた。それがコロナ禍で〝幻〟に終わってしまった。初の試みである東京・上野の国立科学博物館での特別展「和食」。2020 年 3 月から 6 月 14 日までの開催は、コロナ禍で中止に追い込まれた。

　「和食」に焦点を当て、食材や歴史など他分野の文系、理系の研究者が一堂に会して分析を試みる〈文理融合〉の手法で、多彩な展示が予定されていた。これだけ大規模な「和食」展は前例がない。国立科博にしかできない特別展だった。個人的には科博館長らにもインタビューを考えていただけに、中止は極めて残念で心残りな出来事となった。内外マスコミも注目していた。

　2020 年 3 月初め。コロナ禍で開催直前に中止が決まった。展示準備が終わり、数週間後にはマスコミへの内覧会も予定されていた。科博特別展事務局に「せっかく準備したのに日の目を見ないのは忍びない。わずかの時間でも展示物を見せてもらえないか」と交渉した。だが、スポンサーとの関係で許可は下りなかった。

　未完の特別展「和食」では、〈未来の和食〉も重要なテーマだった。和食は変化し進化し続け未来へと残り続ける。

　例えば小惑星探査機「はやぶさ」「はやぶさ 2」で有名な宇宙航空研究開発機構（JAXA）が参画するプロジェクト「スペース・フード X」では、月や火星で長期滞在するための食料生産システムの研究・開発が進む。彩りや味わいを日本の食文化「和食」は重要なキーワードだ。

・「和食」ユネスコ登録 10 年

　あと 2 年、2023 年で「和食」ユネスコ登録から 10 周年となる。こうした中で農水省は、和食文化の継承や発信の強化に向けた政策方針案をまとめた。10 周年や 2025 年の大阪・関西万博を好機ととらえ、今後 5

年程度の施策の方針を食料・農業・農村政策審議会企画部会の食文化振興小委で議論してきた。

　地域内で和食文化に関わる人を増やし次世代の人材を育成する。「和食は調理が面倒」との印象の解消も狙う。海外向けには、簡単に作れるセット食材の開発や、〈クールジャパン〉の象徴で日本が得意なアニメなどを活用した分かりやすい情報発信にも努める方針だ。

・フードテック革命

　食の世界でもITなど先端技術を駆使した新たな展開が進む。金融IT革命のフィンテック、スマート農業などのアグテックなどに続き、いわば〈フードテック〉だ。

　『フードテック革命』（田中宏隆他、日経BP社）に詳しい。フードテックの市場規模は2025年までに世界で700兆円にまで膨らむ。だが同著は日本の取り組みの遅さを憂い「iPhone前夜かもしれない」と見る。確かにまだぴんと来ない。

　だが、徐々に身近になりつつあるのも事実だ。「農政記者四十年」の何章かは自宅近くの喫茶店「ドトール」などで1日3時間以上缶詰めになりながら執筆を続けた。そこで見かけたのは、まさに〈フードテック〉だ。2年前の秋から販売を始めた〈全粒粉サンド大豆ミート〉。大豆を主原料としたハンバーグが挟んである。ヘルシーさが受け女性客からの注文が多いという。

・コロナ禍　食5つの潮流

　コロナ禍で見えてきた食の課題は多い。まずは食料自給率の再認識だ。だが、フードテックは先端技術で食料問題の解決を目指す。今後の食を巡る五つの潮流がある。

　まず医食同源。健康と食の結びつきの再認識だ。コロナ禍で安全性は

写真 10-8　コロナ禍食 5 つの潮流　機能性で乳酸
菌を活用し記憶力アピールのキリン、
雪印メグミルクなどの乳飲料・乳製品

より重きが置かれる。次にエンタメとしての料理の存在。外出自粛に伴
う巣ごもりで家庭料理を楽しく行う傾向が強まる。

　三つ目は、食品ロス対策の徹底。食品残渣を極力減らす。ここで威力
を発揮するのは急速冷凍技術を使った農畜産物の保存性の飛躍的な高ま
り。巣ごもりは、冷凍食品需要を押し上げる。うまみを閉じ込めたフー
ドテックは、冷凍食品の品質を大きく高める。冷食が安かろう、まずか
ろうの時代は終わる。鮮度そのままの冷凍フルーツやスムージーなども
普及してきた。四つ目は最前線ワーカー支援。フードロボットが人に代
わりに働く領域が大きく広がる。

　最後が代替プロテイン（タンパク質）の拡大だ。一例は先の「ドトール」
で紹介した。代替肉は今後の畜産振興の行方とも大きく絡む。

・〝両刃〟の代替肉・培養肉

　コロナ禍で雑誌、情報誌の食料問題特集が相次ぐ。「日経ビジネス」
2020 年 11 月 23 日号特集「食糧危機という勝機　ニッポンが救う人口

100億人時代」は、フードテックの視点から食料を巡る最新事情を読み解く。

　ここで言う〈危機〉が〈勝機〉とは何か。危機の中で日本の先端技術力が新たな展望を切り開くということだ。フードテックが進めば、陸上養殖サーモンや培養ステーキ肉など、枯れた大地も候補地に食物はどこでも作れる可能性がある。

　照準が当たるのは食肉、特に牛肉の扱い。畜産は飼料として膨大な穀物を使い、家畜が輩出するメタンガスは地球温暖化の原因の一つ。一方で、消費面ではベジタリアンや肉食を一切しない完全菜食主義者・ビーガンも欧州を中心に増えている。

　同特集で取り上げた一例がカップ麺の日清食品HDの動き。目指すのは、牛の細胞を培養したステーキ肉だ。既に小さな肉塊の開発には成功している。数年後にはこれを大きくしステーキ肉生産までこぎ着ける計画だ。

・ニュー和食の〈乳和食〉

　Jミルクが進める〈乳和食〉は、全く新しい発想の牛乳・乳製品需要拡大の手法だ。乳すなわち洋食のイメージだが、それを日本伝統の和食の世界に持ち込んだのだ。これでいくと、コメと牛乳の両方の消費底上げもできる。先に挙げた〈米と牛乳の経済学〉の一つの答えと言える。

　〈乳和食〉は、従来の和食の最大ネックである塩分過多の解消に、生乳利用で対応するものだ。こく、うまみを牛乳・乳製品で代替する。同時に日本人に不足なカルシウム摂取もできる。個人的には、例えば冷や麦のたれに牛乳を加えることで味が濃厚になり、栄養バランスも良くなる。カレーやシチューにヨーグルトを加えると、風味が増す。

　牛乳・乳製品を使った〈乳和食〉はニュー〝和食〟、新たな和食としてメニューを増やし、コメと国産牛乳・乳製品両方の需要拡大を後押し

する。今、全国の管理栄養士らが乳和食の調理法を広げ、家庭や給食などに活用の場を広げつつある。

・畜産逆風と健土健民

　ただ、植物性由来の代替肉や牛の細胞から培養する培養肉は、畜産振興から見ると〝両刃の剣〟と言っていい。肉牛飼養農家ばかりでなく、牛肉の多くを提供している酪農家にも影響してくる。畜産、酪農はSDGs の観点からも、今後飼養法の見直しを含め、これまで以上に安全性や環境保全を大前提に、耕畜連携による循環農業の確立が問われる。まさに、冒頭「プロローグ」でも紹介した雪印創始者・黒沢酉蔵が掲げた〝健土健民〟への回帰が必要だ。

・四国電力と農中食農ビジネス

　食と農の架け橋を担う農林中金の食農ビジネス。一つの成果が注目を集めている。シシトウ生産日本一の高知県で、地元大手企業・四国電力と共同で農業法人を立ち上げたのだ。JA 高知県、地元行政と連携した〈オール高知〉でシシトウ産地の発展を期す。

　高知県南国市の農業法人・Aitosa（アイトサ）は、2 月に第 1 号棟の栽培ハウス建設を着工。8 月にはシシトウの栽培開始を予定している。農中は、スマート農業推進に向けて 2019 年に全国 8 連で設立した食農、地域活性化へスタートアップ企業を支援する「アグベンチャーラボ」なども紹介し、後押しをする。四国電力も電力自由化という厳しい事業環境の中で、地域貢献、四国の基幹産業である農業を応援する。

写真 10-9　四国電力と組み大産地維持へ農中食農ビジネス
（高知県南国市で、農林中金提供）

・耕作放棄地と国産茶振興

　循環型リサイクル社会へ「Rの時代」が来ている。コロナ禍で注目企業の一つが伊藤園だ。茶カテキンの効能を活用した〈緑茶カテキンマスク〉販売など「健康創造企業」の役割を担う。

　産地育成と地域貢献にも力を入れる。地元建設業などと協力し耕作放棄地を茶畑に代える茶産地育成事業の拡大だ。20年前の2001年に宮崎・都城からスタート。規模拡大の余力がある九州を中心に、2020年には静岡・袋井地区でも茶園育成に乗り出した。産地育成事業は合計で約2000ヘクタールに達している。

　同社は、主力商品「お〜いお茶」を中心に国産緑茶（荒茶）生産の4分の1を占める。安定的な国産茶葉の原料確保のため産地育成を進める。筆者は九州支所勤務時代に、都城をはじめ、大分、長崎など何度か伊藤園関係者に同行して茶産地育成の現場の取材を重ねた。耕作放棄地解消と国産茶振興は、〈健康〉をキーワードに食と農を結びつけ、今後の地域農業安定にも重要な方策の一つだ。

写真 10-10　九州などで茶産地育成

・新しいカタチ農福連携

　令和農政の展開では〈持続可能性〉が大きなテーマ。「R の時代」で
はレジリエンス。ここで 10 年ほど前からマスコミでも取り上げられて
きた「農福連携」に注目したい。食と農を結ぶ新たな可能性、新しいカ
タチを生み出すかもしれない。誰一人取り残さない SDGs の共生社会と
も親和性が高い。

　先日、旧知の農林中金総研・皆川芳嗣理事長から、「ちょっと、読ん
でみて」と対談などをまとめた小冊子『農福連携を考える』（兵庫ジャー
ナル社）を手渡された。皆川は日本農福連携協会会長も務める。

　農福連携とは、障害者などが農業分野で活躍することを通じて社会参
画を実現していく取り組み。国の 2020 年度予算でも農福連携推進の事
業が大幅に拡充された。農業の社会貢献という側面ばかりでなく、生産
現場で障害者と力を合わせることで農業活性化へさまざまな好影響が実
証されてきた。

　まさに「R の時代」令和元年には、農福連携に付加価値を付ける「ノ
ウフク JAS」も制定した。コロナ禍とノウフクはどんな関係なのか。先

写真 10-11　新しい農のカタチ農福連携の推進
（JA 全農提供））

の著作ではグローバルよりもローカル、地元の食と農の大切さが見直され、かえって追い風になるとの見方を示す。

■ 二つの道

　先の大島の『食糧と農業を考える』終章は〈農業発展の二つの道〉。それは、「近代化論者が構想する少数の個別農家の創設による生産力向上の道であり、他は現存する各種の農家を社会的複合経営体に組織し、地域農業を全体として発展させる道である」と提起する。

・総力戦　担い手と家族農業

　食料・農業・農村基本法制定から今春で 22 年。2020 年春には同法に基づく 5 年に一度の新基本計画も動き出した。この間、農政はいくつかの変遷を経ながら今に至る。現在は一言で言うと〈総力戦〉の時だ。むろん担い手中心だが、地方創生、中山間地など条件不利地域維持も射程

に集落営農、家族農業も加えた〈農力〉が問われる。政府が旗を振る農業の成長産業化、輸出拡大と地域政策を〝両輪〟に、同じ大きさの車輪で進む以外にない。

2020 年 7 月発行の「日本農業の動き」206 号（農政ジャーナリストの会編）は、こうした今日的な農業と農村の課題を多面的に読み解く試みだ。テーマは「基本法 20 年と令和の農政」。改めて基本法第 3 条にある「農林水産業の多面的機能」に注目したい。国土や景観、環境保全機能を挙げた。だからこそ、食と農は全国民的な課題なのだ。第 34 条 2 項には国の責務として「地域の特性に応じた農業生産の基盤の整備と交通、情報通信、衛生、教育、文化等の生活環境の整備その他の福祉の向上とを総合的に推進する」。

今回の新基本計画では農業版 DX（デジタルトランスフォーメーショ

図 10-2　国内農業振興へスマート農業推進（農水省資料から抜粋）

ン）がポイントの一つ。単なるインターネットを駆使したIT化とは次元が異なり、生産、販売の抜本的な革新を伴うが、既に基本法34条に萌芽が示されている。しかも大事なことは、これら農村、地方が有する多面的機能を国家の財産として維持、発展するためには、単に農水省など縦割り行政の枠を越え、国全体で取り組み姿勢を示す。

・新基本計画と国消国産

　中家徹全中会長の掲げる「国消国産」は、コロナ禍でこそ役割を発揮するメッセージだ。今こそ国内で消費する食料は国内で生産することが基本である。一般に地域内を範囲とした「地産地消」とは異なる、コロナ禍の食料安保の構築を踏まえた世界的視点を持つ。〈消〉と〈産〉の順番が逆になっていることに注視したい。つまり、消費するものは生産するという、〈国産宣言〉となっているのだ。

　足りなければ買う。世界的な人口急増の中で、こうした食料依存は安全依存と同じだ。さらに、食料安保を一歩前に進め、食料主権まで持っていかなければ、一国の安全保障など保たれる保証がないのは自明の理だ。

・みどりの食料戦略構想

　農水省はコロナ禍や気候変動も踏まえ、生産力向上と持続可能な農林水産業の両立を目指す。「みどりの食料システム戦略」だ。3月に中間取りまとめ、5月に戦略を策定した。

　今後の食料生産には環境、持続可能性がキーワードになる。だが今の生産様式を変えるには時間もかかる。肥料、農薬、家畜排出物などの規制は、関係機関の総合的な議論と理解が欠かせない。〈脱炭素〉は急務だ。しかし、理念ばかりが先行し生産現場の実態と乖離すれば、「仏作って魂入れず」になりかねない。政策支援を伴う着実な進展が欠かせない。

　「みどりの食料戦略」実践には　まずは農業団体も含めたモデル団地で検証し、一歩一歩進めることが重要だ。

図 10-3　みどりの食料戦略概略図（農水省資料から抜粋）

　令和の頭文字から「Rの時代」である。本章では英文字Rで始まる三つを挙げた。この中で最も時代に沿ったのはレジリエンス。強靭や回復力を指す。ただ鋼のように堅く強いのではない。しなやかさも備えた。いわば「柔よく剛を制す」のそれである。

　コロナ禍のRの最終形はルネサンス、つまりは復興ではないか。ただ単に昔を懐かしむのではない。温故知新である。〈むらルネサンス〉、略して〈むらルネ〉。新常態のニューノーマルは〈ニュー〝農〟マル〉、農ある風景と暮しこそがふさわしい。それをコロナ禍はわれわれに教えてくれた。

　大震災から10年。〈あの日〉とコロナ禍パンデミック宣言の日が3月11日と同じなのは、人間の行き過ぎた行為、過度の自由化、資源略奪、傲慢さへの警告ではないか。未来への選択を暗示する符号でもあろう。〈R〉の持つ意味は深い。

　次に「二つの道」。

　政治も経済も人の意識も地殻変動を起こす。ダボス会議主宰・シュワヴがあえて著書表題を「グレート・リセット」とした認識は、危機を直視したためだろう。あるいは地球規模で〈Rの時代〉の大リセットを考えざるを得ないためか。岐路に立つ。「二つの道」で挙げた、寛容さ、公平さ、自然への畏敬の念へ〈道〉を進むことに異論はない。ただ、異形国家・中国が台頭し、コロナ禍が独裁vs民主主義の分断を招く中で、それが可能なのか。

　20世紀の知性P・F・ドラッカーの箴言「既に起こった未来」は示唆に富む。やがて来る未来は、もう小さな痕跡を残している。人はそれを見落としているだけなのだ。

　食と農を巡る〈既に起こった未来〉を見つけ出し対処方針を探る必要がある。高名な左派の社会活動家でもあるスーザン・ジョージ。食料主権を「国家だけではなく人々の主権なのだ」と説き、民主主義と人間存在の基礎材を確保する権利だという。JA全中が掲げる「国消国産」はこの文脈で読み解く必要がある。

　ゴーギャンによる人間への根源の問い。パリを離れ南国で画業を大成した。「われわれは何者か。これからどこへ行くのか」は食と農と農政の行方にも通じるだろう。その意味で第10章は〈何者で、どこへ行くのか〉の序章の一文でもある。

エピローグ

あるいは最後のつぶやき　進め日本農業「宙船」

【ことば】

「ここがロドス島だ。ここで跳べ」

―――― カール・マルクス『資本論』

「一粒の麦、もし地に落ちて死なずば、ただ一つにあらん。死なば多くの実を結ぶべし」

―――― アンドレ・ジイド『一粒の麦もし死なずば』

「あるいは進みあるいは退き、自分の意のままに光と影を分けることは、すばらしかった」

―――― シュテファン・ツヴァイク回想録『昨日の世界』

「人生はすべて人なのだ。いまの私があるのは、人生で出会った多くの人々のおかげなのだ」

―――― コリン・パウエル『リーダーを目指す人の心得』

■ 邂逅あるいは「鉄網珊瑚」の日々

　ようやく「エピローグ」までたどり着いた。なにがしかの〈結詞〉が必要だろう。

　この40年余を振り返ると、巡り会いを求め、大切な何かを探し続けた、いわば〈鉄網珊瑚〉の月日だったのかもしれない。そして知の巨人が比喩的に使った、ここが〈ロドス島〉なら、実際に跳んで見せなければならない。記者にとって〈さあ跳べ、ここがロドス島〉の意味は、語り継ぐことだ。

　本著の副題〈食と農のララバイ〉で、子守歌と絡めれば、奄美の歌姫・元ちとせ「語り継ぐこと」の歌詞がふさわしいかもしれない。シェークスピアの『テンペスト』の嵐を思わせる壮大な情景を奏でる歌だ。

　〈願いがある　いとしい笑顔に心動かして　嵐に揺らいで立ち止まる時も　守りたいすべてを捧げても　思いは力に姿を変えるから〉

　〈語り継いで伝えてゆくこと　時代のうねりを渡って行く船　風光る今日の日の空を　受け継いでそれを明日に手渡して〉

　「エピローグ」は〈時代のうねりを渡って行く船〉も、ここで一つの港に立ち寄り碇を下ろそう。

　本著をこの4カ月にわたり書き進めてみて驚いたのは四つ。まず筆が止まらない第8章「地方記者十二年半」。やはり理不尽さに筆が震えた第4章「農協ショック・ドクトリン」。さまざまな人間模様が動き出し語りかけてきた第6章「農林族群像と農政」。そして書き切れずに苦慮した第10章「大災・コロナ・Rの時代」。特に8章と10章は、それぞれが1冊の本になる思いを、とりあえず今回は断ち切った。

■ ガット交渉取材が源に

　日々の過酷な取材が記者を鍛え、鋼のような強靭な心と体に変える。

　1993年のガット農業交渉前後。日本農業は戦後最大の重大局面に。連日、朝6時過ぎに自宅を出て早朝の自民党本部へ。夜は議員宿舎の関係議員夜回りを経て帰宅が午前1時前後。日農報道記者はそうした過酷な時を過ごし、着実に力を増した。

　今の自分があるのも、そうした喜怒哀楽の時を仲間の記者達と共に過ごしたからだ。今も早朝から苦もなく取材、執筆できるのも体に記者魂が染みつき、肉体の一部になっているからに違いない。

■ 深淵で深遠な「農業問題」

　冒頭「プロローグ」で触れた農業経済学の碩学・大内力が著した『農業問題』（岩波全書）を再び。資本主義がその本来の発展傾向を失う帝国主義段階に入ると「農業の資本家的発展も行われ得なくなり、かえって小農民の存在が強化されるようになることが注目されなければならない。けだし、そこにこそ資本主義にとって解決し得ない問題としての農業問題の本質があるからである」

　農業問題の本質とは何か。単に規模を拡大し成長産業化すればいいのか。そもそもそんなことは可能なのか。いや行く道を間違えていないか。

　第10章で考察した〈二つの道〉があるのではないか。引き返すなら今だ。農村の持つ多面的機能を再評価し、担い手、集落営農、家族農業が〈総力戦〉で、自給力を保ち自給率を引き上げる〈道〉を探らねばならない。地域と結びつく〈小さくてもキラリと光る〉日本型農業があっていいはずだ。ニュー〝農〟マルは「既に起きた未来」ともつながる。

■「豊饒の海」に漕ぎ出す

　昨年、没後50年となった三島由紀夫。悲劇の最期の直前、最後となる長編小説を書き終えた。『豊饒の海』4部作だ。構想と筆力はノーベル文学賞の有力候補ともなっただけはある。作品は夢と転生の物語だ。

・〈奔馬〉と〈暴流〉の二つ

　同著第2部のタイトルは「奔馬」。奔馬は勢いの激しい例え。三島は燃えさかる文才と激しい思想性から「暴流の人」とも称される。仏教用語で〈ぼる〉と読む。暴流は氾濫した川のような激流を指す。

　本著『農政記者四十年』を書き進めながら、なぜか三島のこの長編小説の生々流転の情景を垣間見て、1万5500日余に出会った多士済々な顔が浮かぶ。さあ、言の葉の舟で豊饒の海に漕ぎ出そう。そう感じた時に〈奔馬〉〈暴流〉の二つの漢字を思う。

■ 丑年に想う

　本著では第10章の〈米と牛乳の経済学〉で日本農業の今後の行く末を、水田農業を核とした畜産と酪農の連携で見てきた。

　ちょうど今年は丑年。何か因縁めき、意味合いの奥行きも漂う。〈エピローグ〉でも丑年に因み牛を巡る話題を想う。

・〈モー進〉と〈反芻〉の狭間に

　今年は「辛丑」の年である。〈かのとうし〉と読む。疫病に注意しながら〈モー進〉する反転攻勢の年へ。一方で牛の〈反芻〉の意味も想う。

・「帰馬放牛」を望む

　丑年に因む四字熟語で何がふさわしいのか思案投げ首の末、たどりついたのが小タイトルの四つの漢字。〈きばほうぎゅう〉と読む。戦場の牛馬を野に放ち平和に戻るほどの意だ。〈分断〉〈紛争〉〈対立〉ばかりが目立ったここ数年の状況からの大転換は可能なのか。今年こそ「帰馬放牛」を望みたい。

・60年前「辛丑」ベルリンの壁

　干支の「辛丑」は意味深である。辛は痛みを伴う幕引きを、丑は殻を破ろうとする生命の息吹を意味するという。

　60年前の「辛丑」はどうだったろうか。筆者は幼子で記憶はほとんどないが、一言でいえば「貧しくもあり豊かでもあった」。つぎはぎのズボン姿だったが、明日は今日よりも生活が良くなると、子供心にも感じた。3年後にはアジア初の東京五輪も控えていた。

　当時の国内外を見渡せば、米国には若き大統領ケネディが希望の星に。日本は経済重視を掲げた池田勇人首相。社会党は現実路線の江田三郎が委員長代行に。だがその後、社会党は国民不在の左右対立に終始し、後継の社民党は今、消滅の危機を迎えている。
もう一つ、米ソ対立激化の中で、ベルリンの壁構築へ動く。

　あれから60年。同じ米大統領だったケネディとトランプを見比べ、その知性の格差はあまりにも大きい。ソ連は消えたが米中対立は激しさを増し、〈壁〉は分断と姿を変え、人々の前に高くそびえ立つ。

・厄除け「会津赤べこ」

　次に歴史や文学的話題を。

　郷土玩具として有名な福島・会津若松の「赤べこ」。起源は410年前の大地震時に同地を救った赤毛の牛、つまり赤べこの言い伝えから。赤

は病魔を払う。側面に描かれる黒い斑点は、当時最も恐れられた天然痘ウイルス除けの印だという。丑年とコロナと赤べこは因縁がある。

・左千夫の〈新しい風〉

牛を題材にした詩歌で、いつも新鮮で前を向く気持ちになるのは、『野菊の墓』の作者・伊藤左千夫が詠んだ〈牛飼が歌よむ時に世のなかの新しき歌大いにおこる〉。〈新しき〉は〈あらたしき〉と読む。

左千夫は今の東京・JR錦糸町駅前で牛を飼い牛乳販売で生計を立てていた。揚句は錦糸町そばの亀戸天神の名物・藤棚を鑑賞した時の句とされる。斬新で未来志向の着想を師・正岡子規は激賞し、左千夫は短歌の詠み人として歩むことになる。

丑年にこんな新しい風が大いに吹くだろうか。

・「鶏口牛後」と北の歌人

もう一つ、牛絡みで浮かぶ四字に「鶏口牛後」。中国の古典『史記』にある。〈鶏口〉とは鳥のくちばしで、小さな組織の例え。〈牛後〉は牛の最末尾、尻のこと。大組織の末端にいるよりも、小さな組織でもトップに立った方がいいほどの意だ。

だが、果たしてそうか。ちょっとマイナスイメージのあるこの二文字をあえてペンネームにするのは令和の牛飼い歌人・鈴木牛後。本名は鈴木和夫で北海道下川町において放牧主体の酪農を営む。秀句に〈牛生まる月光響くやうな夜に〉や〈牛死せり片眼は蒲公英に触れて〉〈牛が飲む水をクローバまはるまはる〉。いずれも句集『にれかめる』から。句集名は牛の〈反芻〉を意味するという。

鈴木は、効率重視の多頭飼いとは真逆の放牧にこだわる。〈牛後〉の名にはそんな思いがあるのか。それにしても〈にれかめる〉とは、なんとも優しい響き。よく物事をかみしめ沈思熟考する〈反芻〉こそがコロ

ナ禍で欠かせぬ姿勢かもしれない。

・「牛は超然と押す」

　夏目漱石の言葉に「牛は超然と押して行く」。コロナの厄災を振り払い〈超然〉と進む日本と日本農業でありたい。

　この〈超然〉の言葉は、文豪・漱石からまだ20代の若き小説家であった芥川龍之介に宛てた手紙の中で触れた。漱石ほどの作家でもあっても煌めく芥川の文才に驚きまぶしさを覚えた。芥川を励まし、期待を述べ、さらにはいさめてもいる。この中で例えに牛を引き合いに出した。

　1916年（大正5年）8月、漱石は芥川龍之介と久米正雄へ連名宛の手紙を何度か出す。そこでのキーワードが〈牛〉だ。手紙で期待を述べた後に「むやみにあせってはいけません。ただ牛のように図々しく進んで行くのが大事です」と説く。

　さらに3日後に追伸。「牛になることはどうしても必要です。われわれはとかく馬になりたがるが、牛にはなかなかなり切れないのです。あせってはいけません。頭を悪くしてはいけません。根気づくでお出でなさい。うんうん死ぬまで押すのです」とも諭す。

　早く進む馬は効率が良いが必ずしも持続しない。ゆっくりだが、ずんずん進んでいく牛は確実に成果を積み上げていく。漱石は、黙々と荷車を引く牛を〈真面目〉の象徴としてとらえた。

　牛は畜産・酪農そのもの。米中対立、新型コロナウイルス禍で大揺れの時代だが、こんな時こそこの〈超然〉さが求められる

■ 全てに時季あり

　「全てに時季（とき）あり」。古来からの伝えが今届く。青春は短く、老後は長し。清少納言「枕草子」に「ただ過ぎに過ぐるもの　帆のかけ

たる舟。人の齢（よわい）。春、夏、秋、冬」とある。季節は巡り月日
は歩を止めない。

・新たな旅立ち

　40年余の日農記者から、一つの区切りの時季を迎えた。やはり、新た
な歩み、旅立ちには芭蕉の「おくのほそ道」の序文がふさわしい。「月
日は百代の過客にして、行き交ふ年も又旅人なり」そして「片雲の風に
さそはれて、漂泊の思ひやまず」に共感する。「片雲の風」に誘われ、
農政ジャーナリストとして引き続き人生の〈ほそ道〉を歩み続けている。

・〈汽車〉と〈記者〉は烈風突く

　今も忘れがたい詩がある。先鋭の詠み人・萩原朔太郎の「帰郷」だ。
　〈わが故郷に帰れる日　汽車は烈風の中を突き行けり。ひとり車窓に
目醒むれば　汽笛は闇に吠え叫び　火焔は平野を明るくせり。まだ上州
の山は見えずや。〉
　いつも「汽車」を同音異義の「記者」に置き換えながらそらんじてみる。
　先日、自宅本棚から『新聞記者で死にたい』を取り出し再び読む。著
者は牧太郎。社会部記者、週刊誌編集長として社会の巨悪に挑み続けた。
病に倒れてもなお抵抗のペンを離さなかったブンヤである。「新聞記者
で死にたい」。この言葉を胸に刻んできた。もう一つ。社会と自分を見
つめてきた詩人である茨木のり子。彼女の「自分の感性ぐらい　自分で
守れ　ばかものよ」もいつも心に浮かぶ。感性は自らの汗と涙で磨くし
かない。

・逆風に吼える獅子

　さだまさしの名曲「風に立つライオン」。〈空を切り裂いて落下する
滝のように　僕はよどみない生命を生きたい　キリマンジャロの白い雪

それを支える紺碧の空 僕は風に向かってたつライオンでありたい〉。こんなロマンあふれる歌詞になぞらえ、逆風でも吼える獅子でありたい。

　終戦直後、白洲次郎はマッカーサーから「従順ならざる唯一の日本人」と称されたが、社会の理不尽に抗する「従順ならざる新聞記者」として凛と在りたいとも思ってきた。地方と農村に明かりを灯し続け紙齢92年を刻む「日本農業新聞」に1978年に入社してから42年7カ月、約1万5500日余の記者人生。その一端を今回の「農政記者四十年」にしたため振り返った。

　ふと井上陽水の散文詩的な曲「結詞」が浮かぶ。〈迷い雲 白き夏 ひとり旅 永き冬 春を想い出すも 忘れるも 遠き遠き 道の途中での事 浅き夢 淡き恋 遠き道 青き空〉。タイトル通り、言葉の結びにはふさわしいかもしれない。そう、むしろ清々しい。〈むすびことば〉と読む、タイトル「結詞」は一つの区切り、締めくくりにふさわしい。陽水の〈遠き道 青き空〉は本著『農政記者四十年』の「エピローグ」とも重なる。

・「日本は滅びるね」漱石の先見

　「全ては夏目漱石の中に書いてある」。いつもそう考えてきた。行き詰ると、この国民的な大作家の本の扉をたたく。近代国家ニッポンと共に歩んだ生誕150年を過ぎた文豪の著作、評論集は的確な自省、機知に富み先を見通す透視眼を持つ。例えば代表作の一つ『三四郎』で語られる「日本は滅びるね」。そして「ストレイシープ」（迷える羊）のルフラン。確かに当たっていると。今の日本農業の衰退、地域の疲弊は度しがたい。一刻も早く〈真〉の地方創生に取り組まねばならない。

・司馬「記者は無償の功名心」

　司馬遼太郎の名作『坂の上の雲』は明治の新生日本を活写した。主人

公は漱石の親友で俳人の正岡子規、日露戦争で日本を勝利に導く軍人で子規と四国・松山で同郷の秋山好古、真之兄弟。世界最強のバルチック艦隊を迎え撃つ際に真之が発した電文「本日天気晴朗ナレドモ浪高シ」。明日への道は晴れでも風は強い。先の文学の香りする揚文も心に刻みたい。

自ら文化部の新聞記者だった司馬の言葉に「無償の功名心」がある。新聞記者のことを言い得て妙である。そんな気持ちも忘れたくない。

幕末の思想家・佐藤一斎の名著『言志四録』に「少にして学べば、壮にして成す」「壮にして学べば老いて衰えず」そして「老いて学べば死して朽ちず」。学び続けることは挑み前に進む心意気も重なるに違いない。

■「全ては人である」二人の盟友

新聞記者は〈じんかん〉とも読む人間が存在しなければ成り立たない。特ダネにしても、あるネタ元、人を介すことが多い。

この間、多くの人に支えられここまで来た。

中でも長い友人であり、ネタ元でもあり、著者の浅薄な知識を刺激し明日へと書くヒントを与え続けてくれた二人に感謝したい。いわば〈盟友〉とも言える存在だ。

一人は冨士重夫。全中で農政の主流を歩み常務、専務、JC総研理事長などを歴任した。私個人にとって農政記者四十年の〈伴走者〉でもあった。いろいろ無理を聞いてもらった。東日本大震災後のJA全国大会議案で「脱原発の姿勢を鮮明にすべき」と言ったところ、「まあ検討するか」と応じてくれた。JAグループと脱原発はなかなか結びつかないが、今後のエネルギー政策と絡め再生可能エネルギーと農業の一文を加えた。政治、経済、政策に詳しい万能の人でもある。その知識の一端

を油にしながら、記者道の夜道を灯しどうにか歩き続けてこられた。

　もう一人は、中央酪農会議事務局長を経てＪミルク専務を務めた前田浩史。何度か触れた「米と牛肉の経済学」ではないが、水田農業を柱とした米と畜産の関係を日本型酪農の在り方でよく話し合う。酪農乳業記者40年の知恵袋を担ってくれた。前述したように、酪農問題は課題が複雑で事態も刻々と変わる。３カ月ほど最新情報に接しないと先が読めなくなる。長年、代表的な酪農乳業記者の一人として執筆できるのも、前田の支援があればこそかもしれない。

　元米国務長官のコリン・パウエルの言葉を借りれば、結局は「全ては人である」に尽きる。

■「1955年」に生まれて

　オリバー・ストーン監督、トム・クルーズ主演「７月４に生まれて」。日本でも話題となった。ベトナム反戦がテーマ。〈７月４日〉は米国独立記念日。主人公の生まれた日と重なる。

　この名画に因むなら「1955年に生まれて」ともなろう。1955（昭和30）年は歴史の大きな区切りとなる。

　いわゆる〈55年体制〉の保守、革新の源流ができ、日本政治の胎動の時だ。同年11月15日に保守合同で自民党が結党。対するは左右合同の社会党である。同時に自民党農政が動き出す。同月に第３次鳩山一郎内閣、農相は河野一郎だった。

　日本酪農政治連盟、中央畜産会が設立する。９月10日にはガット加盟。その38年後の1993年12月、コメ部分開放などのガット農業交渉が妥結する。当時の政府は1955年産米の平均農家手取額を１石（150キロ）当たり１万160円とした。

　1955年に生まれて。人生は自民党農政と同時に始まった。

■ 天職の新聞記者

　先述した二つの言葉。牧の〈新聞記者で死にたい〉と司馬の〈無償の功名心〉を両翼に、これからも羽ばたきたい。こうした信念を胸に、著作書き進めた。次第に痛感したのは記憶の壁だ。

　『ガンサーの内幕』は1963年にジャーナリストのジョン・ガンサーが書いたインタビュー論の嚆矢だ。新聞記者にとって必読書の一つ。その中に「記憶とは当てにならない水先案内人だ」とある。『農政記者四十年』は自民党政調・吉田修の『自民党農政史』がなければ成り立たなかった。以前の話を聞くにはやはり官僚の頭脳がすごい。元々記憶力がいい上に、政府高官を辞めた後も関係団体の役職に就いており、当時の様子を再現するのに役だった。

　自ら〈天職〉と定めた新聞記者の道だが、〈三つの坂〉にいつも遭遇した。上り坂、下り坂、そしてまさか。まさかは真の坂、真坂とも書く。この〈三つの坂〉の巡り合わせを楽しみながら。〈天職〉を全うしたい。

　自民党農政スタートと同じ1955年に生まれた。1925（大正14）年からの歴史を持つ農林省から半世紀、中川一郎農相の揮毫で現在の農林水産省に変わった1978年に記者人生を踏み出す。同年は伝説の農協人・宮脇朝男前全中会長逝く。そして、官邸農政、農産物自由化、規制緩和を推し進めた憲政史上最長の安倍政権が終わった2020年に記者人生で一つの区切りを迎えた。取材現場にこだわり続けた。思えば、ドラスティックでドラマチックな歴史と併走してきたことだけは間違いない。偶然か必然か天命か、いずれにしても運命的なものを思う。

■ 背中押すヘッセの言葉

　平和を愛し、人間を慈しみ、自然を尊んだ文学者ヘルマン・ヘッセは

清貧の人生を生きた。彼の小説は読むほどに心が浄化されてくる。

　純真さが色あせないヘッセに、いつも気持ちを奮い立たせてくれる言葉がある。

　〈君の中には、君に必要なすべてがある。「太陽」もある。「星」もある。「月」もある。君の求める光は、君自身の内にあるのだ〉。

　そう、今後とも、体の内面からわいてくる不思議な力、内在するレジリエンスを信じたい。令和「Rの時代」を進む上で、求める光は自身の内にあるはずだ。

■ 渋沢栄一「晩晴を貴ぶ」の意

　明治の経済人・渋沢栄一は倒幕のテロリストから幕臣、パリ万博での欧州視察で近代化に目覚め今に通じる『論語と算盤』を著わし、自ら実践した。NHK大河ドラマ「青天を衝け」の主人公で、3年後の2024年からは一万円札の〈顔〉ともなる。

　先日、皇居近くの東京商工会議所を訪ね特別展「令和によみがえる渋沢栄一」を見て、業績の広さと深さに驚いた。渋沢は東商初代会頭も務めた。頼まれれば和服にたすき掛けで揮毫に応じた。よく書いた文言は「人間貴晩晴」と「順理則裕」という。

　先の「人間貴晩晴」は〈天意夕陽を重んじ、人間晩晴を貴（たっと）ぶ〉から取った。美しく沈む夕陽の輝きは天の意志だ。人間も輝く晩年を社会のために尽くすべきだといった意味合いだろう。記者にとって人生後半戦の役割は何か。そう思案しながら本著を書き進めた。

　次の「順理則裕」は、道理に順（したが）って生きることが、結局は繁栄につながる。『論語と算盤』の真意でもある。グローバル化に伴う市場万能の新自由主義とは違う道を示す。
「エピローグ」にあたり、渋沢が掲げた理念の大切さも思う。

■〈しんか〉五面体を心に

同じ〈しんか〉と読む五つを心の拠り所にしてきた。いわば〈しんか〉五面体だ。

まず「進化」。課題を踏まえ前進しなければならない。次に「深化」。物事の深掘りが欠かせない。「伸化」。伸びしろはどこか。さらに「新化」。立ち止まらず新たな局面を切り開く。最後に、それらを集約することで、総合知の「真価」を発揮していく。

「進化」「深化」「伸化」「新化」そして「真価」。これら五つを胸に、時代のうねりを渡って行く舟を漕ぎ続けてみたい。

■ 今年の漢字「結」への思い

2021年初に中家徹全中会長が自ら揮毫した今年の一字は「結」。的を射た漢字だと思う。

・努力が実を結ぶ

選んだ理由は少し多いが五つ。まずコロナ終結の願い。次に結びつき、JA自己改革への結集力。さらに米価安定への努力が実を結ぶように。そして結が〈ゆい〉と読むように助け合い。最後に「結果」を出す。干支の牛のように一歩一歩着実に進み「振り返った時に新たな発展につながった年だったと結べるように」と結んだ。

・「結」四字熟語

「結」をもう少し意味を持たせ四字熟語にしたらどうか。

まず浮かぶのは〈大同団結〉。気候変動を伴い世界的な食料危機の足音が近づく。一方で国内はいまだに砂上の楼閣にある飽食の幻想にある。

コロナ禍での需給変動を乗り切るには、同じ方向に進む〈大同団結〉が欠かせない。

　知恵を授かるには〈芝蘭結契〉。〈しらんけっけい〉と読むが、良い影響を受ける賢者、知恵者との交わりは、今の五里霧中の中で前に進む羅針盤の役割も担う。

・一結杳然こそ願い

　書き屋たるもの〈一結杳然〉を目指す。〈いっけつようぜん〉と読む。よく漱石などが説いた。文章の余韻とはどういったものだろう。読後に残る風情を指す。馥郁たる品格を織り成す文章とは何だろう。10年を超すコラム書きの中で、何か一条の光、ヒントが見える時もある。だが、いまだに手探りが続く。

・「結」は「おむすび」に帰結

　いろいろ考えてみても「結」の字は奥深い。この一年はこの漢字を胸に進むことにしよう。

　ふと「結」から〈おむすび〉を思う。やはり日本人は文化・文明の原点に稲作、水田の存在が大きい。水の管理を起点に調和と秩序と勤勉さで国を築き上げてきた。武家社会の石高制もコメが起点だ。

　東日本大震災から今年で10年。それ以前の空前の都市型災害として1995年の阪神・淡路大震災がある。ここでは多くのボランティアが復旧、復興に尽力した。その時の応援者の胃袋を満たしたのが、おむすび。だから発災時の1月17日は「おむすびの日」となる。人と人とが手を結ぶ意味合いもこもる。まさに〈ゆい〉。協同組合の源流でもある。〈おむすび〉は需給緩和が深刻な主食用米の消費拡大にも〝結〟び付くはずだ。

■ トッドの「思考地図」

　現代の知性、歴史人口学者のエマニュエル・トッドは数々の予測を当ててきた。例えば〈ソ連崩壊〉〈リーマンショック〉〈トランプ大統領誕生〉〈英国EU離脱〉。なぜ未来を予測できたのか。

・記者と共通の思考回路

　近著『エマニュエル・トッドの思考地図』で手法を明かしている。これを読み、やはりそうだったのかと思う箇所がいくつかあった。40年以上の新聞記者生活でも、特ダネを取る時などと共通する感覚、思考回路が重なる。彼の〈思考地図〉で説く三つのフェーズは、今後の農政を考える際にも参考にもなる。

・フェーズ3「芸術性」

　思考地図での三つとは①経験主義②対比③芸術性だ。まずは経験主義、つまりは思考の大前提となるデータ収集など。次に対比は、歴史との比較など大局的な観点が重要となる。最も重要なのは最後の芸術的と呼ぶ要素だ。個人的な本能、直感、歴史家としての経験を自由に解放させて、いくつかの予測を断行する。〈ポスト・コロナ〉などの命題は、こうした思考法でないととても見通せないと指摘する。

　未来に訪れるものを描こうとする場合は、リスクを取り、思い切る芸術的な要素が欠かせない。外側に属している〈外在性〉にも注目する必要とも強調する。

・セレンディピティを思う

　トッドの本を読みながら、『思考の整理学』を書いた英文学者・外山滋比古の〈セレンディピティ〉とも共通すると思った。〈セレンディピ

ティ〉は、新たな発想の見つけ方だ。よくノーベル受賞者が口にすることでも有名だ。あるものを探し別なものを偶然見つけ、新たな発見をする。それぞれの浮遊する思考が、偶然に合わさり違う化学変化を起こす。一種の芸術性ともつながる〈ひらめき〉こそ大切と説く。

　事実を追う新聞記者にも、こうした発想、創造力が欠かせない。「この道しかない」などと一方通行に進めば、袋小路に迷い込みかねない。

　本著『農政記者四十年』の各章冒頭の〈ことば〉でも文学、芸術の書を多く取り上げた所以でもある。無味乾燥の官僚文は、芸術性を持って紙背を読み解けば違った思惑も透けて見える。

・何者か、どこへ行くのか

　トッド流の芸術フェーズで考えると、これまで実際に鑑賞した中で不思議と心に残る三つの絵画が浮かんだ。江戸中期の天才絵師・伊藤若冲「象と鯨図屏風」、ウィーンの美術史美術館で観た寓話的なブリューゲル「雪中の狩人」、未来への問いを含むゴーギャン「われわれはどこから来たのか　われわれは何者か　われわれはどこへ行くのか」。

　「エピローグ」本文最初の〈鉄網珊瑚〉の四字熟語は、実は今年2月に千葉市美術館で観た「田中一村」特別展から学んだ。奄美で絵画に没頭した孤高の画家で〈日本のゴーギャン〉と称される一村の17歳の時の作品名にあった。国民的画家・東山魁夷と東京美術学校（現東京芸大）で同期だが、生前は無名で終わった天才だ。紅梅の枝を鉄網に、梅花をサンゴに見立て馥郁たる作品に仕上げた。大切なものを探す意のある〈鉄網珊瑚〉という言葉を使うとはよほど教養も備えていたのだろう。トッドの芸術的ひらめきの一端は、文を構想する上でも参考になる。

　これらの絵の真意こそ、今後の社会、あるいは明日の農業へヒントがあるかもしれない。トッド本を読み、そんな意を強めた。今後の宿題にしたい。

■ エンパシーあるいは〈分かち合い〉

　結語で、大切な言葉にエンパシーを思う。日本語で〈共感力〉などと訳すが、相手の立場に立って気持ちを分かち合うことだ。日本に迫る「静かな有事」人口減少社会に警鐘を鳴らすジャーナリスト・河合雅司は、最新刊『未来を見る力』でも、コロナ禍、人口減少のダブル危機克服に〈エンパシー〉こそ欠かせない能力だと説く。

　農政と絡めれば「仲間作り」につながる。都市と地方、消費者と生産者。立場の違いを踏まえ相互理解を深め、手を携え前に進む。それが可能となる政策立案が必要だ。それには協同組合の存在と役割が大きいはずだ。協同という言葉の元となったラテン語の「コムニカチオ」は〈分かち合い〉を意味する。エンパシーあるいは〈分かち合い〉は、今後の農政、日本農業の指針でもあるはずだ。

写真1　ふれあいが酪農理解に結びつく（中央酪農会議提供）

写真2　JA直売所は農業ファンづくりに直結（沖縄・やんばる市場で）

■ 首都圏の国立大学院か新聞記者か

　誰にでも、なにがしかの人生の転機があるだろう。1978年春、今後どうするかと迷った。茨城大学から東京農工大学大学院に合格していた。

農工大には農政学の泰斗・梶井功教授、統計学を駆使した農業就業人口分析の中安定子助教授ら重厚な研究陣がそろっていた。

　大学院は当初、東京大学を目指したが、必須のドイツ語がなかなか難しく断念した。だが先日、東大農経出身の久保田元全農広報部長と話していたら、「東大大学院に入るのにドイツ語が出来るのはそれほどいなかったはず」と内実を聞き、思わず「えっ、そうなの」と。実態は分からないが、そうだったのかもしれない。

　結局、日農記者になった。首都圏の国立大学大学院に行っていたら、取材する立場ではなく取材を受ける側だったかもしれない。時々、そんなことも考えた。しかし、選択した記者一直線人生に悔いはない。

　こんな思いに浸りながら、ひとまず「農政記者四十年」の思い出を巡る旅を描く筆を置きたい。

　（2021年5月朝・快晴。千葉市近郊にある近所のいつもの「コメダ珈琲」のいつもの赤いソファのある白木のテーブル席で。〈あの日〉を思い「大震災10年の課題」をテーマとした依頼原稿を書きながら。）

記者のつぶやき

　本著記者コラムも、いよいよ「最後のつぶやき」に入ろう。

　19世紀が帳を下ろす1900年に逝った哲学者・ニーチェに「音楽は魂を外に連れ出す」。そんな哲人の名言を思い浮かべた。

　本著の着地点「エピローグ」で〈最後のつぶやき〉には、副題〈食と農のララバイ〉とも絡め〈そらふね〉と読むララバイ・シンガー中島みゆきの「宙船」を聴きながら執筆した。

　〈地平の果て　水平の果て　そこが船の離陸地点　すべての港が灯りを消して黙り込んでも　その船を漕いでゆけ　おまえの手で漕いでゆけ　おまえが消えて喜ぶ者に　おまえのオールをまかせるな〉。

　刺激的な歌詞が電流のように体に流れ、自然と手が文字を刻み続ける。そして思わずつぶやく。〈オールを任せるわけにはいかんな〉と。

　1952年生まれの道産子で、本名「美雪」の2字にうなずく。祖父は北海道・十勝の開拓と振興に尽力し、父は命に寄り添い続けた医師。先のニーチェの名言ではないが、受け継ぐ彼女の歌には言霊がこもる。

　冒頭「ことば」で載せたマルクスの「ここがロドス島だ。ここで跳べ」はイソップ寓話から取り実践を促す。先の「宙船」とも重なる。マルクスの格言と絡め、学生時代に観た国鉄動力車労組青年部の長編記録映画「さあ跳べ！ここがロドゥス島だ」に驚いたのを思い出す。新聞記者は単なる評論家であってはならない。戒めの言葉でもある。

　ジイドの〈一粒の麦もし死なずば〉は比喩的だが、一つの記事が多くの反響を呼び結果となり実を結ぶことがある。そんな報道の可能性が「明日」を切り開くはずだ。本著『農政記者四十年』を書き始めた動機の一つでもある。

　最近書き留めたのは生誕140年を迎えるツヴァイクの名言。進み退きながら「自分の意のままに光と影を分けることはすばらしかった」は最高の人生回顧に違いない。人生の光陰は意のままにはならないが、自覚して行動する力こそが尊い。これを「最後のつぶやき」にしたい。

終わりに

〈石ばしる　垂水のうへの早蕨の　萌え出づる春になりにけるかも〉

　希望あふれる音律がいい。明るい日と書く、まだ知らぬ〈明日〉への一歩にふさわしい。新元号「令和」の典拠ともなった日本が世界に誇る歌集『万葉集』。この中で一番好きな歌だ。作者は志貴皇子。「よろこびの御歌」と題詞が添う。

　岩にぶつかって落下する滝の水がしぶきを上げる。その上には、待つほどもなく早蕨が萌え立つだろう。ああ春だなぁ。

　長い記者生活は、言の葉の大海を進む航海と似ている。座礁しない的確な羅針盤と共に、疲れを癒やし、傷を治す支えが欠かせない。いつも励まし背中を押してくれる周りの方々に改めて感謝したい。

　まず母・節子へ。学べば道は自ずと開かれると教えてくれた。

　今春、ちょうど三回忌を迎えた。この本は母に捧げる鎮魂の著書でもある。

　茨城・日立高等女学校を出て教員資格を持つ。厳しく優しく、勉強熱心で、新しいもの好き。旅行が趣味で好奇心旺盛な女性であった。数字と論理性を重んじ、よく「男子たるもの国立大学理系の頭脳を持て」と語った。新聞記者になった時に「面白そうね」と喜び、仙台の実家に帰ると「連立政権の細川首相はかっこいい」など、いつも政治家の話を興味深そうに尋ねていた。孫、ひ孫と会うのを楽しみにしていた。享年90。死に顔は相変わらず美人だった。こうつぶやいた。「長い間ごくろうさま。ありがとう」。

　次に妻・勅子（よしこ）。札幌の音大を出た後に、音楽教室を開き子供達にピアノを教えたこともある。コラムで音楽をテーマにする時は意見を何度か聞いた。先日、孫の音楽発表会でもピアノ伴奏も務めた。いまだに、早朝に出て夕方に帰る著者の健康を第一に考えてくれている。

　子供や孫たちにも感謝したい。「良妻賢母」の女子大を出た長女・絵理の3人の子供の勇真、ゆめか、飛勇。いつも笑顔と前に進む元気を与えてくれる。中学生の勇真は、既に170数センチと家族で一番長身なイケメン・バレーボール選手として活躍した。小学3年のゆめかは勉強、バイオリン、習字と何でもこなす張り切りガール。先日は、絵画で「こども県展」入賞を果たした。飛勇は今春から小学生。末っ子ながら自立心ある頑張り屋で笑顔のかわいいハンサムボーイだ。

　長男・耕平は大学の政経学部を出た後、社会の役に立ちたいと国家試験で理学療法士資格を取った。コロナ禍、東京都内の病院で今、患者のリハビリや社会復帰を支える。

　本著は数々の資料提供などがなければ成り立たなかった。共に励ましあってきた記者達やJAグループなど仲間達の応援のおかげだ。特に、全中農政部をはじめ全農、共済連、農林中金の全国連広報部や中央酪農会議には各種情報や写真提供などを受けた。

　記者人生の中で、最も充実していたのは11年近く在籍した日農論説委員室の月日だ。

　知的バトル。コラムネタ探しと向学のための美術館巡り。論説テーマ設定。全国各地への150回を超す農政講演会と多くの人との交わり。地方巡りは生産現場の実態を知る上でも貴重な財産となった。さらには精鋭、論客である論説委員室メンバーとの切磋琢磨、談論風発、丁々発止、侃々諤々の日々がなければ今の自分はない。

　本著を書くきっかけを与えてくれた方々にも感謝したい。長い友人でもある農水省元水産庁長官・林野庁長官を歴任した中須勇雄、郷里の大先輩の元NHK解説委員・中村靖彦、記者仲間でもある共同通信編集委員を務めた石井勇人。中村、石井両氏は農政ジャーナリストの会会長も務めた。「長い記者生活の軌跡を後世に残すべき」と執筆へ背中を押してくれた。

本著を編んでいただいた農林統計協会編集各氏にもお礼申し上げる。「記者人生の生々しい経験を描くべき」と編集方針を示していただいた。

　なお、本著の政策評価や人物評は、全て個人的見解であることをお断りしておく。

■ プロフィール

伊本 克宜（いもと・かつよし）
農政ジャーナリスト。元日本農業新聞論説委員長。
現在、農業協同組合新聞客員編集委員、
千葉県立農業大学校非常勤講師

仙台市出身。1955年生まれ。
茨城大学卒（農業経済学専攻）。
1978年日本農業新聞入社、編集局報道部記者、論説副委員長を経て
2010年から論説委員長など。この間、1993年のガット農業交渉の最
終合意時のジュネーブ特派員、1996年ローマ世界食料サミットなど
国際取材。主に政治・農政・農協問題を取材。論説委員を経て2020
年11月からは農政ジャーナリストとして取材、新聞・雑誌等に連載
など原稿執筆中。

農政記者四十年
～食と農のララバイ、あるいは大震災十年とコロナ禍～

2021 年 6 月 23 日　印刷
2021 年 6 月 30 日　発行　Ⓒ　定価はカバーに表示しています。

著　者　伊本　克宜

発行者　高見　唯司

発　行　一般財団法人　農林統計協会

〒141-0031　東京都品川区西五反田 7-22-17
　　　　　　　　　　　　　TOC ビル 11 階 34 号
http://www.aafs.or.jp
電話：出版事業推進部　03-3492-2987
　　　編　集　部　03-3492-2950
振替：00190-5-70255

40 years in a reporter of the Japan Agricultural News

PRINTED IN JAPAN 2021